Carl-Auer

Stimmen zum Buch

»An Publikationen über Organisationstheorien und Management-Ratgebern herrscht bekanntlich kein Mangel. Im vorliegenden Buch beschäftigen sich die Autoren jedoch auf ungewöhnliche Weise mit den Herausforderungen an modernes Management. Da geht es um das Meistern von Widersprüchen in Organisationen, um die Kunst, mit der Gleichzeitigkeit einer Flut von Informationen und Anforderungen umzugehen und bei alldem noch einen freien Geist zu bewahren. Was das Buch aber ganz besonders anregend macht, ist der didaktische Aufbau. So werden den manchmal ins Philosophische gehenden Texten kurze Anmerkungen, die offensichtlich aus der Diskussion im Autorenteam entstanden sind, beigefügt. Zwischendurch sind Erfahrungsberichte aus Unternehmen eingestreut oder Links zu weiterführenden Artikeln gesetzt. Ich gratuliere den Autoren zu diesem gelungenen Werk, das mit seinem frischen und ungewöhnlichen Zugang zu den Themen Führung und Organisation eine anregende Lektüre verspricht und Mut macht, auch in Zeiten höchster Komplexität die Ungewissheit als Kreativitätstreiber zuzulassen.«

Erwin Hameseder, Generaldirektor Raiffeisen Landesbank Niederösterreich

»Dieses Buch regt dazu an, über sein eigenes Führungsverhalten nachzudenken. Das ist keine Selbstverständlichkeit, wenn man stark im Geschäftsalltag involviert ist, aber eine absolute Notwendigkeit in volatilen Zeiten. Das Buch gibt wertvolle Anregungen und ist durch seinen Aufbau exzellent zu lesen. Ein Tipp für jeden Manager.«

Walter Rothensteiner, Generaldirektor der Raiffeisen Zentralbank Österreich AG

»Dieses Buch verwirrt, und das ist gut. Denn durch die Verwirrung entstehen neue Sichtweisen auf Führungsthemen, die intellektuell spannend und für die Praxis bereichernd sind.«

Christoph Badelt, ehemaliger Rektor der Wirtschaftsuniversität Wien

»Kurzweilig und doch mit Tiefgang liest man dieses Buch in einem durch oder ›kreuz & quer‹. Es lädt dazu ein, eigene Vorstellungen über Führung zu reflektieren und Bewährtes mit neuen und teils überraschenden Sichtweisen zu verknüpfen. Ein Muss für jeden Manager, um sich aktuelle Anregungen für die Herausforderungen unserer Zeit zu holen.«

Christine Dornaus, Mitglied des Vorstandes der Wiener Städtische Versicherung AG

»Wer sich nicht von Kausalitätsmaschinen abschrecken lässt und bereit ist, den Hofnarr zu geben, findet in diesem Buch einen wunderbaren (Alltags-)Begleiter für moderne Organisationsentwicklung, denn es ist ein klarer Appell ans Andersmachen, Irritieren und Perspektivewechseln. Den Autoren gelingt es treffsicher mit Paradoxien und der VUCA umzugehen und klar herauszuarbeiten, dass dies das »new normal« ist. Der frische und etwas andere Mix aus Bildsprache, Beispielen und Praxisberichten lässt das Buch kurzweilig und tief zugleich werden. Gewollte Paradoxie? Sicher! Wortgewandt werden alte Annahmen und Paradigmen auseinandergenommen, um ihnen im Anschluss einen neuen (freien) Geist einzuhauchen. Für mich ist *ÜberLeben in der Gleichzeitigkeit* mehr als ein Lesebuch, es ist ein Buch aus dem Leben für das Leben in modernen Organisationen.«

Sven Robin, Führungskräfteentwicklung der Aareal Bank AG

»Eine umsichtige Führung in Bezug auf Vielfalt zum Wohl der Organisation, ihrer Umwelten und der in ihr arbeitenden Personen ist für Führungskräfte eine permanente Aufgabe. Diese Führungsaufgabe erfordert Beobachtung, Offenheit, das Aushalten von Widersprüchen, Paradoxien und Unsicherheit sowie ein Zulassen von Lösungen, die auf eine Umkehrung und Verschiebung von Gegensätzen abzielen und damit das Denken in festen Identitäten und Oppositionen grundsätzlich verändern. In diesem Buch finden die Leser_innen wertvolle theorie- und praxisorientierte Ansätze für ein solch visionäres und veränderndes Führungshandeln.«

Regine Bendl, Professorin für Gender und Diversität in Organisationen, Wirtschaftsuniversität Wien

Susanne Ehmer/Wolfgang Regele/
Doris Regele/
Herbert Schober-Ehmer

ÜberLeben in der Gleichzeitigkeit

Leadership in der »Organisation N. N.«

2016

Umschlaggestaltung: Uwe Göbel
Satz: Verlagsservice Hegele, Heiligkreuzsteinach
Printed in Germany
Druck und Bindung: CPI books GmbH, Leck

MIX
Papier aus verantwortungsvollen Quellen
FSC www.fsc.org FSC® C083411

CPI Mehr Bäume. Weniger CO_2.
www.cpibooks.de/klimaneutral

Erste Auflage, 2016
ISBN 978-3-8497-0103-1

Bibliografische Information der Deutschen Nationalbibliothek
Die Deutsche Nationalbibliothek verzeichnet diese Publikation
in der Deutschen Nationalbibliografie; detaillierte bibliografische
Daten sind im Internet über http://dnb.d-nb.de abrufbar.

Informationen zu unserem gesamten Programm, unseren Autoren
und zum Verlag finden Sie unter: **www.carl-auer.de**.

Wenn Sie Interesse an unseren monatlichen Nachrichten
aus der Vangerowstraße haben, können Sie unter
http://www.carl-auer.de/newsletter den Newsletter abonnieren.

Carl-Auer Verlag GmbH
Vangerowstraße 14
69115 Heidelberg
Tel. +49 6221 6438-0
Fax +49 6221 6438-22
info@carl-auer.de

Inhalt

Wir sagen voll Überzeugung und gerne Danke

Das Autorenteam hat im Laufe seiner gemeinsamen Praxis als Berater, Unternehmensgründerinnen und als neugierige, fragende, streitende und suchende Partner gelernt, sich immer wieder über das Grundgefühl der Dankbarkeit zu erden und einander zu vergewissern. Daher ist uns diese Danksagung ein emotionales Bedürfnis und kein abstraktes Ritual.

Die Theorie zur Organisation N. N. wurde im Rahmen eines Redmont-Forschungs- und -Entwicklungsprojekts und in intensiver, inspirierender Diskussion, Reflexion und Auseinandersetzung in Bezug auf theoretische Grundlagen, aktuelle Beratungsprojekte und Erhebungen in Organisationen entwickelt, erstmals in einem Artikel 2013 (Schober-Ehmer u. Vogel) veröffentlicht und in Workshops im redmont•consulting•cluster weiterentwickelt. Die markante Bezeichnung unseres Konzeptes verdanken wir einer kreativen Stunde im Hause Uta-Barbara und Marc Vogel. Das neue Konzept von M&A Plus entstand in einer Arbeitsgruppe des redmont•consulting•cluster und in Zusammenarbeit mit Emanuel Müller von der Sazun GmbH.

Wir danken Euch für das Kreieren, Entwickeln, für die Hartnäckigkeit, für das Experimentieren und Wagen – es hat viel Spaß gemacht. Wir freuen uns auf Weiteres von (in alphabetischer Reihenfolge): Christian Baudisch, Guido Czeija, Torsten Groth, Christian Hofmann, Adrian Holter, Athanasios Karafillidis, Stephan Kasperczyk, Irene Kernthaler-Moser, Gerhard Krejci, Marion Schadler, Annette Springmeier, Markus Toporowski, Uta-Barbara Vogel.

Unsere Lust und Energie, diese Konzepte und Erfahrungen in das vorliegende Buch zu transformieren, waren das eine, aber ohne den intensiven Zuspruch von Fritz B. Simon bezüglich dieser Themen und dieser nicht ganz üblichen Art des Buches wäre es bei der Idee geblieben.

Dank an Mike Lynn für die Zwischenlektorate und die kreativen Hinweise, so zu schreiben, wie uns (außerhalb der Berater-Community) der Schnabel gewachsen ist.

Und ohne die spannenden und herausfordernden Projekte, mit so vielen aufgeschlossenen und neugierigen und experimentierfreudigen Kunden hätten wir das Buch gar nicht schreiben können.

Der Dank untereinander soll auch seinen Ausdruck finden: Doris, Susanne, Wolfgang, Herbert, es war ein aufregender Weg, manchmal im steilen, absturzgefährdeten Gelände, uns manchmal im Nebel irgendwie dahintastend, aber letztlich die meiste Zeit in der Sonne, auf weiten Fluren, lachend, suchend, inspiriert und neugierig unterwegs.

Jeder von uns hat noch seine ganz persönlichen Impulsgeberinnen, die zu den jeweiligen Perspektiven auf Organisation und Führung beigetragen haben. Das findet sich dann bei den Hinweisen zu den Autorinnen und Autoren.

Susanne Ehmer, Doris Regele, Wolfgang Regele, Herbert Schober-Ehmer
Wien, im Dezember 2015

Vorwort

Früher ... nein, da war nicht wirklich alles besser. Aber es war einfacher. Die Anforderungen an diejenigen Personen, die die Verantwortung für das Treffen von Entscheidungen und ihre Umsetzung in Unternehmen tragen (üblicherweise »Führungskräfte« genannt), haben sich in den letzten zwei Jahrzehnten radikal verkompliziert. Früher, als man Organisationen noch nach dem Maschinenmodell zu verstehen versuchte, ging es stets um die Suche nach dem einen »richtigen«, dem »rationalen« Weg der Entscheidungsfindung. Das Management und die Managementlehre orientierten sich am Ingenieursmodell. Die Idee der Berechenbarkeit und des (betriebs)wissenschaftlich begründeten, daher »einzig richtigen« Entscheidens sollte das Verhalten von Führungskräften leiten. Das klappte zwar damals schon nicht, da Unternehmen noch nie wie Maschinen funktioniert haben. Denn immer schon hat erst der Rückblick, also die Vergangenheit, gezeigt, ob man den getroffenen Entscheidungen Rationalität unterstellen konnte. Die Insuffizienz derartiger – auch an den Universitäten gelehrter – Modelle fiel nicht auf, solange die jeweiligen Unternehmen hinreichend erfolgreich waren und die manchmal fatalen Folgen von – analytisch umfassend begründeten – Entscheidungen erst sichtbar wurden, wenn diejenigen, die sie zu verantworten hatten, schon längst zu einem anderen Arbeitgeber weitergezogen oder in den Ruhestand gegangen waren. Kurzfristige Erfolge konnten ungestraft als Bestätigung des angewendeten Modells gefeiert werden. Die Entwicklung von Führungstheorien folgte dem Beispiel des Mannes, der in die Hände klatscht, um Elefanten zu verscheuchen, und die Tatsache, dass keine Elefanten um ihn herum auftauchen, als Bestätigung seiner Theorie bewertet.

Doch die Zeiten haben sich geändert, und auch die Zukunft ist nicht mehr das, was sie früher mal war. Die mit der Globalisierung und der rasanten Entwicklung der Informationstechnologien verbundene Beschleunigung hat dazu geführt, dass plötzlich überall Elefanten auftauchen. Die bei jeder Entscheidung zu berücksichtigenden Faktoren haben sich multipliziert, sind unübersehbar und in ihrer Relevanz schwer gegeneinander abzuwägen. Die schlichten, an geradlinigen Ursache-Wirkungs-Vorstellungen orientierten betriebswirtschaftlichen Konzepte erwecken heute nicht mal mehr den Schein, sachgerecht zu sein. Die Komplexität von Gesellschaft, Wirtschaft, Märkten, Politik u. a. m. ist nicht mehr zu leugnen und täglich in den Organisationen zu erfahren. Shareholder bedienen, Stakeholder nicht vergrämen, die hierarchische Logik aufrechterhalten, Teams in ihrer Selbstorganisation unterstützen, strikte Prozesslogik umsetzen, innovative Projekte vorantreiben, Kostenmanagement durchsetzen, Compliance und CSR-Regeln einhalten und das alles täglich und gleichzeitig: Führungskräfte sind mehr und mehr mit einer Fülle an widersprüchlichen Anforderungen konfrontiert, müssen auf paradoxe Handlungsaufforderungen eindeutige Antworten finden, denen jedoch keine Entweder-oder-Logik gerecht werden kann. Und die Lage ist im wahrsten Sinne des Wortes nicht mehr überschaubar, da offensichtlich ist, dass die verfügbaren Informationen immer (!) unvollständig sind.

Kein Wunder, dass in dieser Situation die Flut der Bücher zum Thema tsunamiartige Ausmaße annimmt. Doch die meisten sind das Papier nicht wert, auf dem sie gedruckt sind, da sie in der alten Logik der Suche nach einfachen Patentrezepten verharren. Umso größer die Freude, mit dem vorliegenden Band eine Ausnahme zu finden, in der nicht nur in angemessener Weise auf die Paradoxien und Widersprüchlichkeiten des heutigen Wirtschaftens eingegangen wird, sondern auch eine Form gefunden wurde, die der Gleichzeitigkeit der Vielzahl relevanter Faktoren, die Einfluss auf das Überleben und den Erfolg von Organisationen haben, gerecht wird.

Darüber hinaus erlaubt das Buch einen sehr praktischen Einblick in die Zahlen-Daten-Fakten-Welt der Mergers & Acquisitions und vermittelt, wie es möglich wird, deren Prozesse auch lustvoll zu gestalten.

Ein Buch, das zeigt und erlebbar macht, dass soziale Systeme Kommunikationssysteme sind, in denen kein Teilnehmer – welche Position er auch immer inne haben mag, ob Teammitglied oder Topmanager – die Kontrolle über das System hat, obwohl er Einfluss nehmen kann und sollte (bzw. nimmt, auch wenn er nicht will). Es ist also nicht beliebig, was man tut und wie man entscheidet, auch wenn das alte Maschinenmodell der Organisation schon lange auf den Müll gehört. Wenn man die hier präsentierten Konzepte – auch sie bilden nur ein Modell, das sei angemerkt – verwendet, wird man den paradoxen Handlungsaufforderungen, mit denen man in Management und Führung unweigerlich zu tun hat, auf jeden Fall gelassener und kompetenter begegnen.

Prof. Dr. Fritz B. Simon
Prof. f. Führung und Organisation, Universität Witten/Herdecke

Vorbemerkungen und Einladungen

Es ist nicht unwahrscheinlich, dass spätere Generationen auf unsere Epoche als das Zeitalter der Gleichzeitigkeit zurückblicken werden.

Gleichzeitig steuern und navigieren, gleichzeitig schreiben und telefonieren, gleichzeitig konferieren mit Montreal, Bangalore und Paris, gleichzeitig konzipieren und präsentieren, gleichzeitig abgeschottet und ständig erreichbar, gleichzeitig daheim und weltweit präsent – wir sind die erste Generation, die all das gleichzeitig kann und ist.

Für Unternehmen und die Menschen, die sie steuern, bedeutet das die Herausforderung, gleichzeitig konservativ und innovativ zu denken, gleichzeitig kompetitiv und ertragsorientiert zu kalkulieren, gleichzeitig fördernd und fordernd zu führen, gleichzeitig aggressiv und sympathisch aufzutreten ... – die Liste lässt sich fortsetzen.

Kein Wunder, dass sich viele Entscheidungsträger gleichzeitig überinformiert und unterorientiert fühlen, total vernetzt und beklemmend isoliert, hoch motiviert und burn-out-gefährdet.

Das Autorinnenteam antwortet auf die zunehmend paradoxen Herausforderungen der Zeit und des Wirtschaftsumfeldes mit einem Ansatz namens »Organisation N. N.« – »N. N.«: für uns »nomen nominandum« = »das *noch* zu bezeichnende«; damit operieren wir, um dem soziologischen Konzept, die Organisation als »Leerstelle«, als temporale Form (Baecker 2012) mit einem Begriff fassen zu können.

In der Kultur der Gleichzeitigkeit, in der alle Aktionen, Positionen, Ziele und Geschwindigkeiten parallel zur Disposition stehen müssen, genügt es nicht mehr, wenn sich eine Organisation alle paar Jahre »neu erfindet«. Sie muss als Tabula rasa, als unbeschriebenes Blatt, als offenes Spielfeld einladen, sich laufend mit fröhlicher, kreativer Energie im ständigen Fluss der Veränderung neu zu definieren, und das nicht mit ausschließlicher Schärfe, sondern mit unscharfen Rändern, die es erlauben, mit paradoxen Zugängen auf paradoxe Herausforderungen zu antworten.

Und nun ganz unparadox eine stinknormale ...

Einleitung

Im *Eröffnungscocktail* begegnen Sie dem freien Geist und werden in der VUCA-Welt willkommen geheißen. Von hier aus wandern, fliegen oder schwimmen Sie dorthin, wonach Ihnen im jeweiligen Moment ist.

Wenn Sie aktuell stark mit Widersprüchen oder Veränderungsturbulenzen zu tun haben, werden Sie möglicherweise mit *Alice ins Wunderland* oder ins Abenteuer »Paradoxien« gehen, schauen sich ganz praktische Ereignisse alltäglicher Paradoxien an und bewegen sich von Change-Müdigkeit zu einer Innovationskultur.

Sind Sie neugierig geworden, eine *Organisation N. N. zu führen*? Sich bei Ihren Beobachtungen zu beobachten und Ihre Organisation evolutionsfähig zu halten? Das Unvorhersehbare als fixen Bestandteil in Ihre Konstruktion von Sicherheit einzubauen? Dann machen Sie ein Experiment pro Tag und tanzen den Organisationstango.

Im *Hologramm von Entscheidungen* verknüpfen Sie die Kunst der Planung mit der Gunst der Stunde, halten Ausschau nach Visionen und spüren die Kraft der Widersprüche. Und dies muss nicht schwer sein, um gut zu sein.

Jede Expedition braucht eine Ruhepause. Hier bietet sich an, das *Kaleidoskop der Führung* genüsslich durchzuschütteln, auseinanderzunehmen und neu zusammensetzen. Es dreht sich ja letztlich um den Mythos »Mittelpunkt«. Und, jedenfalls bei den echten Expeditionen, um Lust und Angst. Schicken Sie den Hero in die Wüste, und entscheiden Sie immer wieder neu.

Wundern Sie sich nicht, wenn Sie sich nun zwischen Konfusion und Sicherheit hin und her geworfen fühlen, das gehört gewissermaßen dazu. *Es geht nicht ohne Tschentschn* (österr. für »Nörgeln«). Die Autoren bieten nun kreative Formate zur erneuten Ausrichtung an, es könnte ein Spiel sein oder ein Dialog. Probieren Sie Alternativen zu Ihrem bisherigen Handeln, und entdecken Sie dabei die Macht inneren Bilder.

Wenn Sie schon länger unterwegs sind, fragen Sie sich vielleicht: »Bin ich noch *fit (genug) für Leistung*?« – und können entdecken, dass unter anderem »die großen Sechs« Ihnen helfen, neue Kraft für die Herausforderungen der VUCA-Welt zu sammeln.

Wenn nicht bereits zwischendurch geschehen, werden Sie spätestens jetzt Ihre *Muster wechseln*, bei lustvollem Lernen lassen Sie sich wirksam irritieren, nicht nur in einem Spielraum werden Perspektiven gewechselt, zwischen Denken und Gefühl entdecken Sie, wo Sie kreativ und spielerisch werden und wie Sie aus Krisen lernen.

Und in jedem Kapitel haben wir Rezepte verstreut und Links zu Vorträgen, Erfahrungsberichten und persönlichen Statements eingerichtet. Und ungefragt mischen sich hin und wieder zwei Kommentatorinnen oder Kommentatoren ein. Zehn (bzw. elf) Kommentatoren und Kommentatorinnen haben sich dafür beworben. Sie finden sie am Ende des Buches, in der Gesellschaft der Autoren und Autorinnen. Wem Sie die *Erlaubnis* des Kommentierens übertragen, möge Lust und Laune entscheiden (siehe S. 334).

Teil 1

1 Willkommen beim Eröffnungscocktail

Wir laden ein in die weite Welt der Gedanken und Erfahrungen. Begegnen Sie Neuem, Bekanntem, Verdrehtem, Irritierendem ...

Sie haben dieses Buch nun schon einige Minuten aufgeschlagen, und wir wollen Sie, geschätzte Leserin, geschätzter Leser, herzlich begrüßen. Einen direkten Dialog zur Klärung Ihrer Erwartungen an die Lektüre können wir leider nicht beginnen, somit diese Erwartungen auch weder bestätigen noch gleich an dieser Stelle enttäuschen.

Wir fragten uns, welche der folgenden Seiten, welche Erkenntnisse, Anregungen oder Rezepte Sie bereits aus Studium, Seminaren, Praxis oder Fachbüchern längst kennen, welche Sie ohnehin gern anwenden, welche Sie vielleicht schon wieder vergessen haben und was wirklich neu für Sie sein könnte. Natürlich waren wir zwei Autorinnen und zwei Autoren in den Phasen des Schreibens besonders aufmerksam, was aus der Fülle an Gedanken, Ideen, Konzepten zum Gegenstand »Organisation und Führung« in der Praxis angekommen ist und was davon auch umgesetzt wird.

Manchmal ein ernüchternder Befund: Wissen und Verstehen und sogar Einverstandensein zeigen sich nur allzu selten im Verhalten und im Handeln. Eine Beobachtung, die uns ermutigt hat, zentrale Themen, neue Entwicklungen und Konzepte darzustellen – mit dem Risiko, manches zu wiederholen, und in der Hoffnung, dass dabei eine etwas andere Perspektive neue Impulse gibt.

Hier ist es nun: ein Buch mit dem Anspruch, Vielfalt, Zirkularität, Komplexität und Kreativität moderner Unternehmen lebendig zu spiegeln, ein Buch, in dem wir die Dimensionen von Organisation und Ökonomie mit den Dimensionen des Menschlichen, der Beziehungen, der Gefühle, des Köpers – behauptend, fragend und auch staunend – abbilden. Ein Buch, das die subtilen Unterschiede in den Zugängen, Beobachtungen, Überlegungen, Gefühlen, Bildern und Schreibstilen von uns vier Autoren und Autorinnen (Beratungsprofis allesamt, ausgeprägte individuelle Persönlichkeiten – Narzissmus mit eingeschlossen) nicht verleugnet und doch ein Ganzes bietet. Daran kann man auch scheitern.

Hier muss ich mich schon das erste Mal einmischen!

Was gibt's denn?

Was die da vorhaben! Übergeschnappt ...

... nee, jetzt lass uns doch erst mal sehen!

Um das zu vermeiden,

- ... werfen wir Lektüre als linearen Prozess über Bord und *definieren* dieses Buch als ein weitläufiges Terrain, das Sie zu Entdeckungsreisen, Kurzbesuchen, so manchem Wiedersehen und der einen oder anderen überraschenden Begegnung einlädt.
- ... gehen wir über die Grenzen der Buchseiten hinaus und laden Sie ein, Videos, weiterführende Artikel, Checklisten etc. mithilfe von QR-Codes zu besuchen (siehe auch das Verzeichnis auf S. 324).
- ... verzichten wir bewusst auf eine *klassische* Einführung und vertrauen darauf, dass die Überschriften Ihrer Intuition genügend Orientierung für das Wandern und für das Verweilen in *ausgebreitetem Terrain* bietet – oder auch für das Verlassen des Terrains. Es gibt keine *zwingende* Reihenfolge, die Kapitel zu lesen: »Flanieren« wäre der für uns passende Begriff.
- ... wollen wir nicht primär mit dem Neuesten verblüffen, sondern vielmehr mit anderen, mit ungewohnteren Perspektiven und Blickwinkeln zu Neuem anregen.
- ... haben wir ein *Lesebuch* geschrieben – hierhin blättern, sich dort vertiefen, zurückgehen, ins Internet springen ...
- ... und außerdem wählten wir eine wilde Mischung der männlichen und weiblichen Schreibweise, so *gendergerecht* wie das Leben.

Und wenn Sie das letzte Kapitel lesen, dann bewegen Sie sich auf einem der Felder praktischer Anwendung all unserer Überlegungen, wo Sie es mit den aufregenden Prozessen eines Mergers zu tun bekommen. Unser Konzept heißt: *M&A Plus.*

Diese oft fließende, manchmal sprunghafte, keinem starren Format folgende Lektüre spiegelt die Kernbotschaft dieses Buches:

Wir müssen die Ungewissheit umarmen, weil es Gewissheit nicht mehr gibt.

Denn wie die Organisation der Zukunft aussieht – besser: ausgesehen haben wird –, ist erst in der Rückschau gewiss. Ungewissheit soll jedoch nicht abschrecken, sondern motivieren, die Zukunft und zugleich sich selbst und seine Organisation zu formen. Nicht im Sinne stabiler Festungen – oder Festlegungen –, sondern im Sinne des kreativen Entwurfes.

Wir sprechen nicht von Prophezeiungen, die verlangen, an sie zu glauben oder von einem anderen Orakel eine andere Prophezeiung einzuholen. Wir sprechen von Zukunftsentwürfen und wollen eine Fähigkeit entwickeln, die von Leadership jetzt und in Zukunft gefordert wird:

> Statt nur mit festgefügten Gewissheiten und in den Raum gestellten Behauptungen wollen wir auch mit Optionen, mit Annahmen operieren, immer wieder neue Perspektiven einnehmen, um mit hoher Achtsamkeit neue Zusammenhänge und Wechselwirkungen entdecken zu können.

Führung ist so vielfältig wie die Anforderungen, die an sie gestellt werden. Sie lässt sich weder auf 300 Seiten darstellen, noch gibt es die eine Antwort oder Lösung für alle Fragen. Mehr noch, es werden in der *Next Society* neue Anforderungen auf Führung zukommen, die noch gar nicht zu benennen sind. Es werden noch ganz andere Organisationsformen und Führungsmodelle entstehen. Sicher aber werden wir es weiterhin mit Vielfalt und mit Ungewissheiten zu tun haben – und sich darauf einzulassen, dazu laden wir Sie ein.

Die einzelnen Themen basieren zwar auf einem umfassenden (system)theoretischen Verständnis, können und sollen jedoch in ihren Grundideen oder -prämissen durchaus auf unterschiedliche Pfade, Schau- und Nebenschauplätze oder auch mal hinter die Bühne führen. Redundanzen sind daher beabsichtigt.

Wenn Sie unsere Überzeugung teilen, dass angesichts der turbulenten Veränderungen begrenzendes Denken bestenfalls begrenzten Erfolg bringt, werden Sie unseren Zugang mögen. Falls Sie nach dem Stein der Weisen im Sinne der *einen,* allgemeingültigen Lösung für erfolgreiche Führung und gutes Management suchen, haben Sie gerade einige Euro in den Sand gesetzt. Das tut uns leid, aber vielleicht können Sie das Buch weiterschenken – für Sie selbst zur Verlustreduktion und für andere zu einem möglichen Gewinn.

Wenn Sie weiterblättern und weiterlesen, wünschen wir viel Vergnügen bei manch vertrauten und hoffentlich vielen überraschenden Begegnungen.

Die erste Überraschung erwartet Sie schon auf den nächsten Seiten ...

Der Freie Geist

In Phasen großer gesellschaftlicher Umbrüche und Entwicklungen, die irritieren, wenn nicht gar verwirren können, ist es gut, einen *freien Geist* als Freund zu haben: der Ungebundene, wenig Zensurierende, der Suchende, der Entdecker, der nicht bewerten muss, um Sicherheit zu gewinnen. Also irgendwie einer, der sich erlaubt, sich vom Verstand – der ja meist schon recht konditioniert ist – zu unterscheiden und ihn auch gerne irritiert.

Wenn Sie ihn (gendermäßig ist das korrekt, der freie Geist ist weiblich und männlich zugleich) einladen und ihn bei aller Freude und liebevoller Ironie ernst nehmen und ihm erlauben, sich zu *zeigen,* wird er (weitestgehend) frei von konzeptionellen, normativen, kontextuellen Begrenzungen darauf verweisen, welche Möglichkeiten und Potenziale sich in jedem Augenblick entfalten können. Doch Vorsicht, obwohl er in aller Freiheit achtsam ist, ist er doch ein ungeniert Wahrnehmender und *Denkender* – an nichts gebunden, ein *freies Element* (vgl. Ehmer 2015).

> Es wird aufschlussreich sein zu entdecken, wie dieser freie Geist (manche geben ihm den Namen »andere Bewusstheit« oder schlicht »Fantasie«) beobachtet, wahrnimmt, denkt, worauf er sich konzentriert, worauf er achtet, wessen er gewahr wird. Dann kann er zur wunderbaren Partnerin werden, von der der konditionierte Verstand lernen kann, anders zu beobachten, zu planen, vorauszusagen, zu bewerten, zu entscheiden. Der freie Geist öffnet, der Verstand erkennt die Begrenzung, und beide entdecken die Möglichkeit der Verknüpfung.

Man kann sich solche freie Geister auch holen. Früher hießen sie Hofnarren, heute sind es manchmal Beraterinnen (aber auch nur jene, die sich eine gewisse Unabhängigkeit geschaffen haben), Kabarettisten sowieso. Am konkreten Beispiel des Hofnarren kann man erkennen, ohne Paradoxie kann Ungebundenheit nicht zur Geltung kommen: Befreit von gesellschaftlichen Normen, aber *gebunden* an die Rolle war es ihm möglich (war er verpflichtet), Dinge zur Sprache zu bringen, die jeder andere aus Angst vor unberechenbaren und teils hochriskanten Zornausbrüchen des Herrschers nicht zu sagen wagte, wollte er nicht – im wahrsten Sinne des Wortes – Kopf und Kragen riskieren. Er konnte (meist) ungestraft klare Worte sprechen, harte Analysen darlegen, Kritik äußern. War es gar zu ungefällig, war es eben nur eine *Narretei* – im günstigen Falle.

Unterstützend war seine deutlich erkennbare Unverwechselbarkeit: ein Buckel, Kleinwüchsigkeit, eine Narrenkappe. Gewissermaßen Symbole der Außenperspektive.

CEOs sitzen zwar nicht mehr auf Thronen im Hermelin (auch wenn die ledernen Hochlehner irgendwie doch die Erinnerung an diese Symbole erhalten), und Berater, Coachs müssen nicht verkrüppelt daherkommen, aber auf das Muster sollte man nicht verzichten, will man Verdeutlicher, Perspektivenwechsler, Anwältin von Widersprüchen, *Verneiner und Bejaher* zugleich sein. Doch die meisten fürchten die Narrenkappe, sie verkleiden sich lieber mit Nadelstreif, umgeben sich mit PowerPoint-Folien und beschwören die Rationalität. Sie wollen auf den Etagen der Macht geachtet sein, dabei kommt nicht nur der Sinn für Humor und Spiel zuweilen sträflich abhanden; indem sie den Unterschied vermeiden, verliert diese Funktion (der frechen Außenperspektive) an Kraft.

Daher plädieren wir dafür, sich selber einen *inneren* Hofnarren, einen inneren freien Geist zu *erzeugen*. Dann könnte es sein, dass er, dieser freie Geist, Ihnen empfiehlt – gleich jetzt, wo Ihre Augen vor diesem Doppelpunkt stehen:

> »Ich bin es, dein neuer Freund, dein innerer Narr und freier Geist, lass uns ein erstes Experiment versuchen, nutze einfach deine Fantasie – vielleicht wirst du es später dann wirklich versuchen. O. k., du bist heute ein nicht nur kühner, sondern kecker CEO, der beim nächsten Managementmeeting eines seiner Teammitglieder zum ›Hofnarren‹ ernennt und ihn für die Zeit dieses Meetings von seiner Funktion, Rolle und Expertenposition entbindet.
>
> Gut, lass die Fantasie weiter spielen: Du hast den Richtigen dafür ausgewählt, ist das nicht ein Vergnügen, wie der, plötzlich keinerlei Normen verpflichtet, aus allen Routinen des Systems fällt! Überraschend, welche Fragen der stellt, wie locker er fixe Annahmen auf den Kopf stellt! Und je mehr ihm diese Rolle gefällt, umso erfrischender frech, ja frivol und quer denkt er … genial! Zwei Mutige, von denen du es gar nicht erwartet hast, sind in dieses Spiel eingestiegen, endlich werden auch er und ›das Andere‹, das ›Noch-nicht‹ sichtbar!
>
> Wie gefällt es dir, wenn du mich – deinen neuen, frechen, freien Freund – wirken lässt? Wie fühlt sich diese innere Freiheit an, und welche Entdeckungen machst du? Einige hast du eigentlich vor dir selbst versteckt. Wie zeigen sich jetzt deine Überlegungen, Strategien, das Geschehen in deiner Organisation …?

... ok, das kannst du jetzt bewerten, wie du willst, das überlass ich dir.

Aber als dein ›freier Geist‹ weise ich darauf hin, hau den Narren nicht in die Pfanne – der Grat zwischen deiner Freude an erwünschten, scharfen neuen Perspektiven, kritischen Analysen, klaren Worten und deinen legendären Zornausbrüchen wegen so ungefälliger, unbequemer Beleuchtungen aktueller Zusammenhänge und Einschätzungen ist schmal. Erkenn das rechtzeitig!

... aber jetzt bleib mit mir noch im Gedankenspiel, siehst du, wie die anderen in der Runde reagieren? Der Narr kann sich sichtlich auf die Sympathie der anderen verlassen! Die identifizieren sich mit ihm. Und er kennt sein Privileg, Anteile eines jeden zu verkörpern, die sie selbst so gar nicht ausleben. Ist ihnen nicht gestattet, wird ihnen doch gar nicht zugestanden.

Sei mal ehrlich, die meisten trauen sich gar nicht erst, ihre ganzen Potenziale zu sehen, Mann, wenn die wüssten, was sie alles können oder sind! Und sag, wer ist nicht gern mal ›schräg‹? Wer verspürt nicht auch mal – natürlich ganz geheim – den Impuls, so ein bisschen unmoralisch, verwerflich oder unethisch zu handeln, wer hat nicht hin und wieder Lust, sich einfach danebenzubenehmen oder sich knapp unpassend zu verhalten? Ehrlich! Kennst du etwa jemanden, dem oder der das völlig fremd ist?? Und wenn ich mich jetzt wieder zurückziehe, bis du mich erneut rufst, und wenn du ohne mich überlegst, ob so ein ›Narr des Tages‹ nicht wirklich hilfreich wäre dabei zu entdecken, was jenseits der Grenzen an Erkenntnissen wirkt, die es wert wären, ins ›Diesseitige‹ geholt zu werden ...?«

Moment, in welchem Buch befinden wir uns da?

O. k., schon schräg, dieser Einstieg, aber kein Aufruf zur Anarchie, eher eine Einladung, ein wenig anders zu denken, alles andere kennen wir doch!

Eine der Autorinnen flüstert mir gerade zu, es ist lediglich eine Einladung, die Kunst der Balance zu lernen.

Diese Kunst (Bewegung, Spiel in höchster Konzentration) ist die Voraussetzung für ein gewissenhaftes Erkunden und Gestalten von Grenzen. Nur an Grenzen erkennt man Unterscheidungen, Möglichkeiten und Verbindungen, kann man Gewohnheiten überspringen, entscheiden, was tragfähig und gesellschaftlich akzeptiert ist und was in Bewegung gebracht werden sollte, weil es dem neuen Ganzen dient.

Der *freie Geist* steht vor der Tat. Er hilft uns, Handeln probeweise durchzuspielen; mit ihm können wir das Außer-Gewöhnliche und die Möglichkeit des Scheiterns, des Missfallens *begutachten*, mit ihm können wir uns mit der Lust auf das Neue und mit der Angst, ins

Abseits zu geraten, vertraut machen und damit den Wahrnehmungshorizont erweitern.

Der *freie Geist*, der Narr, die Fantasie ziehen uns an, locken und erheitern uns, sie ermöglichen uns Distanz zu uns selbst, und sie erzählen uns, dass wir uns auch in einer Welt, die immer mehr *VUCA* scheint, erfolgreich bewegen können.

Willkommen in der VUCA-Welt!

Achtung, dieser Beitrag kann Irritationen auslösen, Nebenwirkungen sollten Sie nicht ausschließen!

Wenn diese ausbleiben, wen soll man dann fragen?

Zuerst einmal der Reihe nach …

Zur Einstimmung einige Originalzitate aus einer Befragung von 30 Topführungskräften im Dezember 2014 zu den herausforderndsten Widersprüchen, die sie im täglichen Geschäftsleben zu bewältigen haben:

»Alles ist sprunghafter, unklarer, widersprüchlicher geworden.«

»Wir sollen für Kunden und Mitarbeiter berechenbar sein und strategische Gewissheiten vermitteln, zugleich aber flexibel auf jede noch so unterschiedliche Erwartung antworten.«

»Wir sollen rasch entscheiden, aber natürlich alle Aspekte berücksichtigen.«

»Wir sollen die Erfahrung und Loyalität der älteren Mitarbeiter respektieren, aber auch die Ungebundenheit und Neugier der Y-Generation nutzen. Und was erst mit der Z-Generation?«

»Wir sollen Entscheidungen in eigenständige, dezentrale Einheiten verlagern, sie jedoch durch ein zentrales Controlling koordinieren – aber ohne bürokratische Regeln.«

»Wir sollen die unterschiedlichen Logiken von Hierarchie und Matrix, von Teams und Netzwerken unter einen Hut bringen und natürlich als Unternehmen resilient und nachhaltig sein.«

»Wir sollen auch ›weiblicher‹ sein.«

Finden Sie sich bei der einen oder anderen Aussage wieder? Auf wie viel Stabilität, nutzvolle Routinen können Führungskräfte heute bauen? Wie eindeutig und sicher sind die Entscheidungen, die sie zu treffen haben oder mit denen sie konfrontiert werden? Wie eindeutig sind die Zurechenbarkeiten, wie präzise können Ursachen identifiziert werden, und wo und wie kann man »Schuldige« finden?

Zur Charakterisierung solcher Situationen gefällt uns die Wortkreation »VUCA« besonders gut. Bessere Begriffe als *volatility*, ***un-certainty***, ***complexity*** und ***ambiguity*** kann man für die oben genannten Aussagen kaum wählen. Das Akronym »VUCA« wurde etwa 1990 im amerikanischen Militärvokabular kreiert, fand zwar rasch Eingang in die Strategieterminologie, geriet aber im Laufe der Jahre wieder in Vergessenheit. Es schien ein typisches Schicksal von Managementmoden zu haben. Seine Renaissance ist im Blick auf die Geschehnisse und Entwicklungen in den letzten Jahren mehr als verständlich.

Lassen Sie uns hier einen anderen Zugang entdecken. Die Welt der Surrealisten, als ein Beispiel, kann man auch immer neu sehen oder einfach feststellen, dass sie ein *Klassiker* ist, deren Aussagen noch immer stimmen; Neuerfindung oder Dekonstruktion ist nicht erforderlich. Und wenn man die Angebote für *Weltkonstruktionen* – oder, etwas bescheidener, für Beschreibungen der *Um-Welten* von Organisationen – nicht als die einzig gültigen annimmt, dann sind

Ist doch erstaunlich, wie sich im »Management-Talk« und im systemtheoretisch angehauchten Organisationsverständnis die Unterscheidung »System – Unternehmen/Umwelt« etabliert hat. »Welt« ist ja alles und damit nicht fassbar. Auch das »Um« ändert an der Unbestimmtheit nichts. Im angelsächsischen Sprachgebrauch wird das »Um« mit dem Begriff »Stakeholder« doch deutlicher gefasst und rascher erfassbar, mit wem man als Unternehmen zu rechnen hat, will man sich erfolgreich bewegen.

Ja, genau. »Environment« bezieht sich ausschließlich auf die »natürlichen« Umweltbedingungen. Aber vielleicht ermöglicht diese Unbestimmtheit dem, der unterscheidet (wir – die Anderen), über die konkreten Stakeholder hinaus auf jene Dimensionen zu blicken, die noch keinen Repräsentanten besitzen?

die Vorstellungen, die mit *VUCA-Welt* verbunden werden, einige Jahrtausende alt. Davon mehr im »Hologramm der Entscheidungen«.

Aber bleiben wir in der Gegenwart. Die *gefühlte Unternehmensdynamik* hat schon viel mit VUCA zu tun. Wir mögen diese Wortkreation: VUCA. Einerseits lässt ihr Klang schon ahnen, auf welche Welt man gleich schauen wird; andererseits kreiert der Begriff eine Problematik, die er im wahrsten Sinn gleichzeitig (im Sprechakt als solchem) auflöst.

Die einzelnen Begriffe – »Volatilität«, »Unsicherheit«, »Komplexität« und »Ambiguität« – charakterisieren die Welt, in der sich Führung heute bewähren muss. Die Erkenntnis, dass Mitarbeiterinnen, Teams, Bereiche, Unternehmen doch nicht linear gesteuert werden können, löst verständlicherweise Unbehagen aus. So dürften sich noch immer viele Führungskräfte an die Hoffnung klammern, dass man sich im Führungsalltag doch auf die »Kausalitätsmaschinen« namens »Struktur«, »Spielregeln«, »Stellenbeschreibungen«, »Motivationsrezepte«, u. v. m. verlassen kann. Leider gefehlt. Die Pointe des Begriffes VUCA: Er macht dieses Phänomen der Unfassbarkeit in einem Begriff wieder fassbar: *»Die Welt ist VUCA, na klar, dann kann man ja gar nicht wissen, was richtig ist, wie sollten wir dann?«* Wie beruhigend, die beunruhigende Nichtkausalität wird durch eine originelle *Wortkausalitätsmaschine* beruhigt.

Wir scheinen ohne Kausalitätsmaschinen nicht auszukommen, z. B. das Unbewusste – das ja niemand kennt, man selbst vor allem nicht – ist auch so eine Maschine, die das Unerklärbare zu erklären scheint.

Was sind nun die Lösungen, wie lauten die Rezepte für etwas, für das es ja keine Rezepte geben dürfte; was setzen wir an die Stelle von Fatalismus, selbst wenn es sich um einen unbekümmerten, fröhlichen Fatalismus handelt, der sich mit dem Motto »Anything goes!« oder mit Ereigniskontingenz angefreundet hat (vgl. Ortmann 2009, S. 23). Lassen Sie uns zunächst den alten Zaubertrick erfolgreicher Führung beiseitelegen, der vorschlagen würde: »Benenne kein Problem, wenn du dazu noch keine Lösung hast.« Wir gehen weiter und meinen:

Wenn die Welt VUCA ist, dann sei selber VUCA!

Wir laden ein, in jedem dieser vier Begriffe, die ja eigentlich ein Problem benennen, das Lösungspotenzial zu entdecken. (Wenn wir in den nächsten Imperativen das vertrauliche DU-Wort verwenden, dann verbirgt sich darin die ernst gemeinte Einladung, Sie zu Komplizen unserer Subversivität zu machen.) Voilà:

- Wenn das Umfeld volatile ist (lat. *volatilis* = »fliegend, geflügelt, flüchtig, schnell, vergänglich), dann erlaube Dir Pragmatismus statt Prinzipientreue, aber erkläre Deinen Direct Reports Deine Sprünge.
- Baue in Deine Strategie ein *Sowohl-als-auch* oder schlicht Alternativen ein.
- Verzichte auf das »Wir tun so, als ob es stabil wäre«, und operiere mit dem, was ohnehin alle wissen: Jede Planung, jede Aussage über das Zukünftige, jeder Forecast trägt das Unbeständige schon in sich. Planung ist kontrollierter Irrtum!

- Gestalte Deine Organisation volatil, agil oder, wie wir sagen, mache aus Deiner *festen* Organisation eine fluide und bewegliche.
- Noch ein Zaubertrick, der, einmal gelernt, immer funktioniert: Erkläre Dir die Organisation zur Leerstelle, markiere sie mit dem nomen nominandum zur *Organisation N. N.*, und gib sie für die permanente Kreation frei.

Wenn das zu unklar erscheint, springen Sie gleich zum Kapitel mit den vielen Leerstellen der Organisation N.N.!

- Wenn das Leben oder zumindest das Managen und Entscheiden von Unsicherheit *(uncertainty)* gekennzeichnet ist, dann verstehe Unsicherheit nicht als Problem, sondern als Lösung. So paradox es klingen mag, aber Unsicherheit hilft, die richtigen Fragen zu stellen. Sie ist die Voraussetzung für Kreativität, Achtsamkeit und für einen verantwortungsvollen Umgang mit Risiko. Andersherum: Sicherheit und Erfolg machen blind für die Pfadabhängigkeit, lassen uns unbekannte Risiken eingehen und machen uns sogar dumm.
- Wenn Dein Aktionsfeld nicht eindeutig und kausal strukturiert ist und die Bezeichnung Komplexität *(complexity)* verdient, dann spiele ein komplexes Spiel mit der Komplexität.
- Reduziere sie, durchaus beliebig, wenn Du die Wirkungen der Reduktion nicht außer Acht lässt. Beachte vor allem, wie Deine Reduktion an anderen Stellen die Komplexität erhöht.
- Und manchmal kann man Komplexität nur mit Komplexität bewältigen. Wundere Dich nicht, wenn Ursachen und Wirkungen sich umkehren – dann hast Du gute Hinweise auf zirkuläre Prozesse.
- Wenn Du in Deine Prozesse nicht *sich selbst stabilisierende Mechanismen* (die berühmten Thermostaten) einbauen kannst und mit sich selbst verstärkenden Dynamiken rechnen musst, dann begrenze sie mit Werten, Moral und Sanktionen – und wisse, auch die wirken nur begrenzt.
- Vertraue auf die Klugheit Deiner Mitarbeiter und ihre Fähigkeit zur Selbstorganisation.
- Wenn Deine Organisationswelt (hoffentlich) vielschichtig und bunt ist, dann kann sie nur Mehrdeutigkeit *(ambiguity)* aufweisen. Das Schlüsselwort dafür heißt »Kontingenzerweiterung«: Wisse, es kann so, aber auch anders sein.
- Übe Dich in fröhlicher Ironie, versuche Dich im *Sowohl-als-auch* und schärfe Deine Sinne für die Vielfalt an Möglichkeiten.

- Erlaube Dir mehrdeutige Antworten auf mehrdeutige Situationen. Ruf Dir immer wieder in Erinnerung, dass Eindeutigkeiten nur in einem engen und klar bestimmbaren Kontext gefunden werden (und dies wäre äußerst unrealistisch).

Bist du jetzt auch irritiert? Gut, aber auf jeden Fall sind wir einen Schritt weiter.

Sag's mit dem italienischen Physiker Enrico Fermi: »I am still confused – but on a higher level.«

Und was macht man als Führungskraft mit diesen Empfehlungen, so man diese Sätze als solche nachempfinden kann?

Ha, da muss ich mich einmischen, da wurde mir nämlich ein Beispiel aus einem klassischen, sehr großen internationalen Unternehmen zugetragen.

Jetzt wechselst du aber deine Rolle

Wenn ich schon was weiß, was da helfen kann ...

... na gut, dann erzähl!

Da hat sich ein Managementteam entschieden, statt neue Positionen zu schaffen, auf eine Managementebene zu verzichten und – jetzt halte dich fest – die diversen Standortsteuerungen ganz in die gemeinsame, kollektive (!) Verantwortung der dort wirkenden Abteilungsleiter (zwischen neun und 14) zu übertragen. Motto: Weniger Häuptlinge plus Teamsteuerung plus Selbstorganisation ist gleich mehr Effizienz und mehr Begeisterung!

Na, da werden sich die Oberhäuptlinge doch ihren Einfluss gesichert haben!

Das hat der Oberste der Oberhäuptlinge auch befürchtet, und daher wurde eine Kommunikationsabstinenz verordnet: Die Protokolle der Steuerungsmeetings und der dort getroffenen Entscheidungen durften NICHT an das Managementteam weitergeleitet werden!

... und die Entzugserscheinungen?

... wurden mit strategischen Aufgaben bewältigt.

Entweder hier erst mal weiterlesen, dann können Sie sich an einer begonnen Forschungsarbeit beteiligen, oder Sie wechseln zu einem Thema Ihrer Wahl.

In unterschiedlichen Organisationen wurden schon Hinweise erhoben, weiterführende Fragen gesammelt und obige Überlegungen weitergedacht, nun laden wir Sie ein, die Gedankenspirale (Abb. 1) weiterzudrehen.

Abb. 1: Gedankenspirale: … finden Sie (noch) keine Antworten auf die Fragen!

Die Organisation N. N.

Aus der Leere zur neuen Fülle

Wie erleben Sie Ihr Umfeld, was macht Ihnen zu schaffen, welche Szenarien machen Sie kirre, welche erleben Sie als lustvolle Herausforderung?

Die Beschreibungen aus der VUCA-Welt – die Sie vielleicht gerade gelesen haben – werden Ihnen sicher bekannt vorkommen; Sie sind in bester Gesellschaft, was aber nicht gerade beruhigen wird, wenn man weitere Wirkungen und Nebenwirkungen in Betracht zieht.

Eine Topmanagerin aus einem Finanzdienstleistungsunternehmen hat es verdeutlicht: »… ach ja, und was mit dem Internet im Speziellen noch dazukommt: Alles, was wir tun oder nicht tun, alles, was wir sagen oder nicht sagen, wird kommentiert und fällt als Resonanz auf uns zurück, durch diese permanente Rückkopplung entstehen völlig neue Bilder. Wir können die Auswirkungen in Wirklichkeit nicht mehr berechnen. Und Abschotten hilft daher gar nichts.«

Aus diesen kurzen Skizzierungen fügt sich das *große Gemälde,* das wie ein Bruegel-Bild von Vielfalt und Widerspruch, Unruhe und Verwirrung des Unternehmensalltags erzählt. Jeder hat auch einige kleine »Aquarelle«, die von Kontinuität, Ruhe, Gleichförmigkeit, Widerspruchsfreiheit erzählen, die werden aber nicht so prominent in den Chefbüros präsentiert, die zeigt man eher nur *privat.* Öffentlich bewegen sich Ansprachen, Appelle, Erfolgsstorys und sogar der Small Talk um den Trubel und die Turbulenzen der Märkte, der Gesellschaft, der Mikro- und Makrowelten. Liegt dies daran, dass die Gleichzeitigkeit dieser verschiedenen Phänomene schwer einzuordnen ist, Routinen langweilig sind, oder brauchen Heldengeschichten – und letztlich interessieren nur sie – die stürmische See?

Pieter Bruegel d. Ä.

Wir plädieren schon jetzt dafür, machen Sie sich auch zum Helden der Stabilisierung, der trotz allem diejenigen Leistungen und Fähigkeiten nicht aus dem Auge verliert, die zum Erhalt erfolgreicher Routinen beitragen.

Fakt ist, Komplexität und Unüberschaubarkeit werden wir nicht mehr los. Nicht nur, weil *die Welt* sich in teilweise dramatischer Weise und Geschwindigkeit fortwährend und unvorhersehbar verändert, sondern auch, weil Organisationen permanent herausgefordert sind, in diesen Turbulenzen mit wechselhaften Strömungen und überraschenden Ereignissen überlebensfähig zu bleiben und so – als Teil dieser Welt – diesen rasanten Kreislauf selbst mit beschleunigen, die Unüberschaubarkeit mit ihren Produkt- und Dienstleistungsinnovationen mit herstellen. Alle sind Teil des Spiels – und müssen es sein, wollen sie antwort- und anschlussfähig bleiben. Deshalb sollte sich aber kein Unternehmen davon abhalten lassen, aus der gesellschaftlichen Mitverantwortung heraus an einer Neugestaltung des Wirtschaftssystems und an Antworten auf die Fragen der Nachhaltigkeit mitzuwirken.

Was so unvermeidlich und schicksalhaft erscheint, sind einerseits wirklich überraschende Folgen aus nicht durchschaubaren kybernetischen Prozessen und Wirkungszusammenhängen (Ortmann 2009, S. 9 f.) und andererseits Ergebnisse von bewussten Entscheidungen. Was welcher Ursache zuzuschreiben ist, bleibt oft verborgen oder ist eine nachträgliche *Hilfserklärung*. Wir sind der Wissenschaft und der Philosophie immer dankbar, wenn sie imstande sind, Phänomene und uns seltsam erscheinende Ereignisse einzuordnen.

Der Kultur- und Organisationssoziologe Dirk Baecker konstatierte in seinen *Studien zur nächsten Gesellschaft* (2007, S. 7) vier einschneidende *Erfindungen* der Verständigung zwischen Menschen und Gruppen, die zu dramatischen gesellschaftlichen Umbrüchen führen mussten:

> »Die Einführung der Sprache konstituierte die Stammesgesellschaft, die Einführung der Schrift die antike Hochkultur, die Einführung des Buchdrucks die moderne Gesellschaft und die Einführung des Computers [als Verbreitungs- und Interaktionsmedium] die nächste Gesellschaft.«

Die Gesellschaft wurde jeweils mit einem neuen »Sinn- und Möglichkeitsüberschuss« (Luhmann 1997) konfrontiert, mit dem umzugehen erst gelernt werden muss(te).

Da sind Gesellschaft, Wirtschaft, Wissenschaft, Politik, Kultur, Medien gezwungen, neue Strukturen, Methoden, Rituale, Entscheidungsprämissen, Kulturformen zu entwickeln und zur Verfügung zu stellen, um mit dieser Herausforderung zurechtzukommen.

Tja, die Büchse der Pandora kann nicht mehr geschlossen werden! Die hier initiierten Veränderungen – schau nur mal auf die Paradigmen, Werte, Strukturen, Prozesse, Entscheidungsprämissen und all das – eröffnen lauter Fragen, die nach Antworten verlangen.

... und die weitere Veränderungen vorantreiben ... Wann und wie sich diese Bewegung einpendelt und stabilisiert, wird man erst aus der Rückschau, also historisch interpretieren können.

Die Ausdehnung des Spannungsfeldes zwischen dem Pol der *Unmöglichkeit* und dem Pol der *Notwendigkeit* bringt permanent eine unüberschaubare Vielzahl an Möglichkeiten des Denkens und Handelns hervor: »Es könnte auch anders sein, und wir können auch anders« (Ortmann 2009, S. 17). Die aktuelle Situation ist pointiert – wenn auch inhaltlich falsch – mit dem Slogan *Anything goes* markiert.

Wozu eine Leerstelle?

Jetzt sind Management, Beratung und Wissenschaft gefordert, praktikable Organisationsformen zu entwerfen, die nicht nur ihrem funktionellen und ökonomischen Auftrag entsprechen, sondern auch – wir sagen es bewusst pathetisch – im Erkennen ihrer gesellschaftlichen Verantwortung »menschengerecht« gestaltet sind.

Denen ist hoffentlich bewusst, dass sie hier mit einem vagen Begriff operieren!

Die vertrauen darauf, dass die Bilder der Leserinnen in diesem Kontext nicht zu sehr divergieren werden.

Wir brauchen einen neuen Typus von Organisation. Einen Typus, der in sich selbst die Kontingenz, die Möglichkeit, *es könnte auch anders gehen*, einbaut. Das ist unser Bild von der Organisation N. N.

Die folgenden Überlegungen sind unsere Antworten und pragmatischen Lösungen zur Bewältigung der oben skizzierten Komplexität, der Widersprüche, der Paradoxien, der unterschiedlichen Geschwindigkeiten und der Vielfalt an Möglichkeiten. Antworten, die wir schon in unterschiedlichen Formen beobachten konnten oder mit realisieren durften.

Warum haben wir uns für diesen abstrakten Begriff und für die Einführung einer Leerstelle entschieden?

Das »N. N.« macht deutlich: Der Organisation der neuen Gesellschaft (die wir uns gerade schaffen) wohnt, ohne großes Zutun durch das Management, einerseits der alte Zauber des *Kommens und Vergehens* und andererseits eine neue Mehrdeutigkeit inne. Dirk Baecker spricht von der »temporalen Organisation« (2012, S. 310). Es scheint uns nicht mehr möglich, anhand *eines* Merkmals, *einer* herausragenden Eigenschaft, *einer* typischen Struktur die Organisationen der nächsten Epochen treffend zu gestalten oder auszustatten. Mit dem nomen nominandum (dem [noch] zu benennenden) machen wir deutlich, dass die Verwendung nur einer Bezeichnung, die nur einen Aspekt von Organisationsqualität betonte, die Illusion bediente, es gebe die eine richtige Antwort. Alle derzeit gedachten Attribute – lernend, flexibel, innovativ, adaptionsfähig, systemisch, fluid, zukunftsfähig, resilient … – Sie können das gerne fortsetzen – müssen ohnedies von jeder (halbwegs) erfolgreichen Organisation angestrebt werden, sonst wäre sie im aktuellen turbulenten wirtschaftlichen und gesellschaftlichen Umfeld bald nur mehr Geschichte. Aber selbst diese Erkenntnis liefert *keine verlässlichen und verallgemeinerbaren Aussagen* darüber, welche Eigenschaften dafür ausreichen, die Überlebensfähigkeit *Ihrer* Organisation sicherzustellen. Und das ist zweifelsohne NEU und auf den ersten Blick beunruhigend.

Wir werden im weiteren Verlauf aufzeigen, dass gerade darin aber eine besondere Chance steckt.

Dass es DIE – auf Dauer gestellte – Organisation nicht mehr gibt, ist längst gelebte Praxis. Der Rhythmus des Wandels wird durch die Häufigkeit der Change-Projekte vorgegeben, und die Hoffnung auf Konsolidierung wird vom nächsten Impuls des Vorstandes oder von den »McKinseys« enttäuscht. So scheint es uns nur konsequent, das Temporale mit der Leerstellenmetapher zu begleiten. Der springende Punkt daran ist, dass dieses N. N. – der Paradoxie entgehen wir nicht – eine Aufforderung enthält:

> Beobachte Dein Umfeld, erkenne die Chancen und Gefahren, überlege klug, und entscheide, welche *Organisationsqualitäten* Du – für die nächste Periode – erschaffen willst. Suche und finde inspirierende und erforderliche Eigenschaften, kreiere identitätsstiftende Titel und Storys.

In einer Periode werden Sie vielleicht eine *widerspruchsfröhliche* (statt einer Matrix-)Organisation managen, in der nächsten eine *gesund-dynamische* oder eine *forschend-innovative*, dann eine *ruhig-entschleunigte* usw.

Die Vorstellung einer Organisation N. N. konfrontiert mit der Zumutung, nicht nach der *richtigen* Verfassung zu suchen, sondern macht Mut, sich mit der Organisation oder Teilen davon immer wieder neu zu erfinden. Ein Prozess des Werdens und Vergehens, der die Organisation jenseits des Gegenständlichen und der rationalen Analysen betrachtet.

Das Instrumentarium ist einfach und nützt die Alltagssprache:

- Was hat *Ihre* Organisation so alles drauf?
- Was steckt in ihr noch drin?
- Was macht den Herzschlag aus?
- Womit tut sie sich schwer?
- Wie ist es um ihren Kreislauf und ihren Atemrhythmus bestellt?
- Müssen wir ganz einfach schneller werden – wobei? Und wo gerade nicht?
- Ist es Zeit, mutiger zu werden?
- Braucht es mehr Harmonie oder den Wind der Freiheit?

Das Konzept der Organisation N. N. erlaubt und erfordert es, Organisationen als lebendige Organismen und nicht als »triviale Maschinen« (H. von Foerster) zu betrachten.

Natürlich geben weiterhin die Mitarbeiterinnen, die erzeugten Produkte, die Organigramme und Stellenbeschreibungen, verschrifteten Strategien, die Gebäude, das Inventar usw. eine Auskunft darüber, womit man es zu tun hat – aber all dies *erzählt* nicht unmittelbar, was sich da eigentlich abspielt, wenn gearbeitet, entschieden, produziert, verkauft, organisiert und geführt wird.

Denken Sie, ganz im Sinne des freien Geistes, die *Leerstelle* weiter: Bauen Sie eine solche *Stelle* im Organigramm ein! Sie wird sicher sehr schnell Ausgangspunkt, Impulsgeber, Querdenker werden und Ihre Organisation mit kreativen Impulsen konstruktiv irritieren. Die Leerstelle, das Temporale löst Führung nicht auf – im Gegenteil, diese Leerstelle macht sie unverzichtbar und zum stabilisierenden und zugleich bewegenden Element der Organisation N. N. Sie werden in vielen Kapiteln Anregungen und Antworten auf die Frage »Wie führt man in einer Organisation N. N.?« finden.

2 Organisation N. N. – was macht dann Führung?

Was die Organisation alles nicht ist – oder: Womit hat es Führung eigentlich zu tun …?

Wenn wir eine Führungsperson nach der Organisation, in der sie wirksam ist, fragen, bekommen wir meist ein Organigramm vorgelegt oder auf einem Blatt schöne Kästchen und Linien skizziert. Eine einfache, meist unkomplizierte Abstraktion, die uns rasch Auskunft zu Über- und Unterordnung und zu Themenbereichen gibt und dazu, wie viele *Directs an wen zu reporten* haben.

Toll, mit dieser Zeichnung können wir jetzt im Stockwerk suchen, welches Kästchen zu welchem Zimmer passt!

Da würden wir uns aber – wollten wir uns wirklich in der Organisation orientieren – heillos verirren. Oje!

Natürlich wissen wir, dass die Landkarte nicht die Landschaft, die Speisekarte nicht die Speise, die Bezeichnung nicht der Gegenstand ist, aber es wird nach wie vor (dem Fremden?) suggeriert, mit dem Organigramm hätte man den Schlüssel in der Hand, der Rückschlüsse auf die Wirklichkeit erlaubt. Nur die Insider, die durch diese Linien und Namen *hindurchzuschauen* imstande sind, sehen die Landschaft und das Leben darin, sie erinnern sich an das tägliche Geschehen, die Eröffnung eines Meetings, die Reaktionen auf Fragen oder die Interpretation eines Ereignisses als Problem oder auch als Lösung u. v. m.

Und indem sie Zusammenhänge entdecken oder unterstellen, welche Ereignisse auf welche Ereignisse, welche Handlungen auf welche Handlungen folgen, welche Kommunikationen zu weiteren Kommunikationen, welche Entscheidungen zu weiteren Entscheidungen führen, beschreiben sie, was Organisationen wirklich sind.

Die Produkte, Dienstleistungen, Gebäude, Websites, Bilanzen und Geschäftsberichte sind nicht die Organisation, sondern die *Ergebnisse* von *sozialen Prozessen*.

Zunächst wirkt es etwas ungewöhnlich, nicht von der Organisation als Ding, als Objekt zu sprechen, sondern vom *Prozess des Organisierens* (Weick 1985). Man erfasst jedoch damit viel rascher und klarer, was *eigentlich* geschieht – und darauf sollte es Führung ja ankommen:

- Wie entstehen Erwartungen, wie und zwischen wem werden sie ausgetauscht, bewertet, fokussiert, verworfen? Welche werden in Rollen oder Strategien gebündelt und welche Antworten zur Wahrheit erklärt?
- Wie wird im Prozess der Kommunikation Ereignissen Sinn zugeschrieben?
- Wie und von wem werden Ereignisse und Ergebnisse mit welchen Zuschreibungen versehen, und was meint: rational, originell, intuitiv, unsinnig, sinnvoll gefährlich, zielorientiert, kostenintensiv, bürokratisch, schlank, human, ausbeuterisch?
- Und wie gewinnen diese Eigenschaften, die den Prozessen gar nicht *innewohnen* können, sondern Etiketten sind, Deutungsmacht? Die dann wiederum viel mit den Organisationsmitgliedern macht?

Subversive Fragen, die die gewollte Suggestion, Organisationen seien etwas Feststehendes, unterlaufen. Oder deutlich machen, was Führung heißt.

Was heißt Führen?

Man kann eine Organisation, im physischen Sinne, nicht wirklich gestalten (es sei denn, mit Plastilin oder Ton in einem kreativen Workshop) – das weiß jede Führungskraft aus ihrem täglichen Tun. Man – und nicht nur Führung – kann sich immer nur in Prozesse, in die Verknüpfungen von Handlungen, in Entscheidungsfolgen und in die *Etikettenproduktion* einmischen. Man kann dazwischengehen, intervenieren, man kann versuchen, auf Entscheidungsprämissen Einfluss zu nehmen und Rahmenbedingungen festzulegen. Ob sie dann die geplante Wirkung und den gewünschten Erfolg zeigen, stellt sich immer erst im Nachhinein heraus. Was aber Führung nicht erspart: weiterhin Rahmenbedingungen zu setzen (und manchmal zu diktieren), mal auf ihrer Einhaltung zu beharren oder Nichteinhaltung zu negieren und sie ein andermal auszudehnen. Und zugleich muss Führung – will sie wirklich wirksam sein – mehr denn je auf das vertrauen, was in der *alten Hierarchie* nur im Informellen vorgesehen war: die *Selbstorganisation* von verständnisvollen, intelligenten, verantwortungsbereiten Mitarbeiterinnen und Mitarbeitern. Die müssen in der Organisation N. N. nicht gesucht, motiviert, gepusht werden.

Sie müssen nur selbst erkennen: »Das ist hier bei uns wirklich gefragt.«

Worauf kommt es daher nach wie vor – jetzt – und in Zukunft an?

Neue Chance für alte Slogans

Vertrauen, Glaubwürdigkeit, Respekt und Wertschätzung, Nachvollziehbarkeit, Fairness, Verbundenheit und Selbstverantwortung haben – in welcher Organisation auch immer – an *realer* Bedeutung gewonnen. Diese Begriffe, die viele Unternehmengrundsätze schmücken, werden jetzt zum Maßstab des Vergleichs. Sollten die beob-

Apropos Vertrauen, abgesehen davon, dass die Beschwörung von Vertrauen mich, meist berechtigt, misstrauisch macht, geht es nicht nur um die Qualität einer Beziehung, sondern um eine Erkenntnisqualität!

Meinst du das philosophisch?

Nein, ganz praktisch: Kann ich davon ausgehen, dass Aussagen, Zahlen, Berichte ein stabiler Boden sind, auf dem wir uns ungefährdet bewegen können …?

Ah, und deshalb Vertrauen plus der Schwester Hoffnung, dass das Stabile kein Trugbild war und wir beim ersten Schritt ins Bodenlose fallen!

achteten Handlungen mit den Beschreibungen im Internetauftritt oder in den Unternehmensbroschüren nicht übereinstimmen, wird der Unterschied nicht mehr mit resignativem Achselzucken oder mit zynischen Kommentaren zur Kenntnis genommen, sondern zum Gegenstand ernst zu nehmender Auseinandersetzungen und Störungen, an denen sich die Überlebensfähigkeit der Organisation mit entscheidet.

Agilität, Flexibilität, Adaptionsfähigkeit, Innovationsfähigkeit, das Erkennen von Chancen und Risiken, das Ableiten von Entscheidungen sind ohne eine Unternehmenskultur, in der die oben genannten Attribute gelebt werden, kaum mehr möglich. Werden diese Eigenschaften im Verhalten beobachtbar, kann es gelingen, die zunehmenden Widersprüche, Herausforderungen und Unterschiede mit ihren Konfliktpotenzialen gemeinsam zu bewältigen – sie sind für Aufmerksamkeit, Mitdenken, Mitverantwortung unverzichtbar.

Das Außen ist innen – das Innen ist außen

Eigentlich ist es ganz plausibel, wenn man davon ausgehen kann, dass alles, was eine Organisation über ihre Märkte, Kunden, Lieferanten, Mitarbeiter, über die Wirtschaftspolitik, gesetzliche Rahmenbedingungen, ihre Aufsichtsorgane u. a. m. sagt, stets eine Beschreibung ist, die sie aus ihrer ganz eigenen *Innen*-Sicht *selber angefertigt* hat. Was die Organisation *das Außen* (ihre Umwelt) nennt, wurde eigentlich in ihrem *Innen* entworfen, und zwar meist in einer Weise, dass Führung auf dieses *Außen* eine erfolgswahrscheinliche Antwort finden kann. Wem dazu nichts Passendes einfällt, wird meist die Umwelt als etwas beschreiben, dem man ausgeliefert zu sein scheint – manchmal ein cleverer *Trick*, sich als Opfer der Umstände darzustellen, zu inszenieren. Wenn man die Täterrolle bevorzugen sollte (auch wenn wir wissen, dass man die Opferrolle nicht tatenlos gewählt hat), bieten wir ein alternatives Vorgehen an:

»*Wenn das Außen immer schon das Innen ist*«, dann kann man – das ist der Clou – das Außen auch *anders konstruieren*:

Ah, die alte Weisheit: Was Peter über Paul sagt, sagt mehr über Peter als über Paul.

Fertigen Sie Beschreibungen und Bewertungen des Marktes, der Banken, der Politik, des Aufsichtsrates, der Mitarbeiter, der Zulieferer usw. an, die Sie in den Stand versetzen, statt zu verzagen, neue und besser passende Antworten zu finden. Sie werden mit Erstaunen

Moment, ich soll nicht vom aggressiven, unfairen Wettbewerb sprechen, der uns mit seinen schlechten Billigimporten den Markt zerstört hat?

Klar, ist das im Augenblick eine Katastrophe, aber was leitest du aus dieser Bewertung ab, was machst du mit der Einschätzung, dass du mit deiner Fairness zum Opfer wurdest? Klagen?

Ich ahne, worauf du hinauswillst...

feststellen, wie leicht das gelingen kann. Auch die Akzeptanz eines *Es-ist-wie-es-ist* eröffnet eine veränderte Perspektive, die nicht zu Fatalismus, sondern zu Gelassenheit und Kreativität animiert. Der erfolgreiche Mitbewerber unterscheidet sich im Grunde nur deshalb, weil er anderes anders beobachtet und bewertet.

Gelassenheit und Kreativität braucht es auch dafür, in der *kybernetischen Spirale* des Evolutions- oder Kokreationsprozesses zwischen Organisationen und Gesellschaft einen zielgerichteten und effizienten Prozess des Organisierens sicherzustellen und sich nicht in der Komplexität zu verlieren. In diesem Prozess, in dem sich alle Elemente immer beschleunigter wechselseitig beeinflussen, reicht es schon lange nicht mehr aus, Organisationen nur als Betrieb zu verstehen und dementsprechend zu be-wirtschaften. Spätestens seit den 1960er-Jahren erforderte es die sogenannte Hierarchiekrise, die so wunderbar logische, rationale und zahlenbasierte Lehre Gutenbergs (1958) um Betrachtungsweisen der Sozialpsychologie zu erweitern. Fragen der Motivation, der Gruppendynamik, der Humanisierung von Arbeit veränderten die Managementwissenschaften und die Führungspraxis. Die Globalisierung und Vernetzung der Wirtschaft und Gesellschaft zwingen Organisationen, ihre Steuerung um einige Dimensionen weiter zu spannen: Compliance, Nachhaltigkeit, Werte und gesellschaftliche Verantwortung finden sich auf jeder Website und machen Organisationen anders beobachtbar.

Das N. N. wird zum Wesenselement der temporalen Form der Organisationen der nächsten Gesellschaft. Es *macht Platz* für neue Erfordernisse, Widersprüche und Unterschiede. Es macht beweglich und experimentierfreudig.

> Wandel ist Stabilität, und Stabilität ist Wandel.

Die Organisation der Zukunft verfügt über eine erstaunliche Vielfältigkeit an *stabil-instabilen Prozessen.* Das entspricht so ziemlich dem Gegenteil des bisherigen organisationalen Selbstverständnisses und widerspricht bisherigen Erwartungen an Organisationen und verlangt von Führung Humor und Gelassenheit, Pragmatismus, ohne dass Prinzipien über Bord geworfen würden, und das Spiel mit Paradoxien, das Ermöglichen und Zulassen von Experimenten.

Sei wie ein Tausendfüßler – Bewältigung von Paradoxien

> *Flexible Verlässlichkeit* wäre ein mögliches Schlagwort dafür, die Charakteristik der Organisation N. N. auf den Punkt zu bringen und dem Management eine (paradoxe) Orientierung zu geben. Es liegt in der Natur von Paradoxien, dass sie durch keine kausal begründeten Antworten zu bewältigen sind. Zu den beiden Basistechniken der Bewältigung von Paradoxien – (a) einfach handeln,

statt sich in Überlegungen zu verheddern, und (b) sie durch Negieren unsichtbar machen – muss nun zusätzlich das Management der Widersprüche erlernt werden. Es gilt, Reflexionen als ein kurzes Innehalten zu nutzen, um dann einen nächsten Schritt im Wissen über die Paradoxie (leichtfüßig-tänzerisch) zu setzen. (Siehe *Alice im Wunderland*, dort finden Sie noch mehr Techniken für den Paradoxietanz.)

»Wir sind für ein *stabiles Risikomanagement* zuständig. Ob der Vorstand den Widerspruch in dieser Aussage versteht?«, fragt sich der zuständige Bereichsleiter einer internationalen Bank und resümiert weiter: »Oder wurde bereits erkannt, dass nur *höchste Beweglichkeit* eine andere Form von Stabilität, nämlich Zuverlässigkeit, ermöglicht? Täglich müssen wir mit neuen Regularien rechnen, welche die Welt angeblich stabiler machen und keiner erkennt, dass damit *höchste Unsicherheit* für alle hergestellt wird. Und keiner sagt, dass man nicht wissen kann (!), welche Auswirkungen die Regeln auf die Bewertung der Risiken haben werden, und schon müssen wir mit einer neuen rechnen«.

Beobachten Sie die Beobachtung!

»Wir sehen die Dinge nicht, wie sie sind. Wir sehen sie, wie wir sind.«

(Anaïs Nin)

Wahrnehmen geschieht – ohne dass dies im Alltagsgeschehen in besonderer Weise wahrgenommen wird. Wir können uns auf unsere Sinnesorgane und die *automatischen* Verarbeitungen in unserem Gehirn (meist) verlassen. Außer, die Situation erfordert – damit wir nicht in Schwierigkeiten geraten – eine gezielte aufmerksame Beobachtung. Dann bekommen wir auch das Wahrnehmen in den Blick.

Nicht anders verläuft es in Organisationen. Ohne Kommunikation über die *Beobachtung von Wahrnehmungen* durch Management und Mitarbeiterinnen kann nicht sinnvoll gesteuert werden. Aber selbst in denjenigen Organisationen, wo diese (scheinbare) Selbstverständlichkeit auch wirklich gelebt wird, orientiert sich die Selektion des Ausgesprochenen, Geschriebenen und Gehörten daran, möglichst wenig Irritation – für möglichst alle Beteiligten – entstehen zu lassen. Gepflegt wird der Modus Routine; *alles im grünen Bereich.*

Dieses sich wechselseitige, rücksichtsvolle *Verschonen* mit anderen Perspektiven können sich Organisationen – aus bereits genannten Gründen – kaum mehr ungestraft leisten.

Damit Beobachtung überlebenssichernd sein kann, darf sie selbst nicht unbeobachtet bleiben. Das ist die Zumutung, die Management und Mitarbeiter erst noch realisieren und dann organisieren müssen. Damit Beobachtung Eingang in die täglichen Gespräche der Organisation findet, d. h. bei Meetings und nicht nur in Teeküchen, muss Beobachtung als aktive (Steuerungs-)Handlung erkannt und anerkannt werden. Wie redet man miteinander, wenn man die Beobachtung selbst zum Gegenstand der Beobachtung und der Kommunikation machen möchte?

In der Organisation N. N. weiß das Management:

Wir sind darauf angewiesen, eine Verknüpfung herzustellen zwischen *was* beobachtet *wer wie wann.*

Es wird zur zentralen Führungsfunktion zu beobachten, was mit diesen Beobachtungen geschieht, wie die Beobachtungen kommuniziert und gedeutet werden, zu welchen Entscheidungen, Aktionen und Handlungen dies führt und wie darüber wiederum geredet wird. Beobachten Sie bei Ihrem Meeting:

- Welche Zuschreibungen (sinnvoll, toll, unzumutbar, kreativ, mutig, riskant ...) werden von wem (Funktionen, Rollen, Personen) diesen Handlungen verliehen?
- Welche Bedeutungen (Werte, Angemessenheit, Chancen und Risiken) werden ihnen von wem wo wann beigemessen?

Das klingt komplizierter, als es sich dann in der Praxis erweisen wird. Ohne diesen gestalteten, inszenierten und moderierten Kommunikationsprozess ist eine halbwegs sichere Basis für passende Entscheidungen nicht mehr möglich. Wirksam wird dieser Austausch aber

Diese Form der Kommunikation war ja bisher typisch für die Funktion und das »Gerede« von systemischen Organisationsberatern.

Das Management hatte immer die Chance – je nach Interesse –, es als angemessen zu hören oder als unangemessen abzutun.

Das ändert sich sofort, wenn es selber zum Moderator dieses Prozesses wird und weiß, dass es dabei selbst wiederum beobachtet und kommentiert wird! Eine unangenehme Zumutung – meist zum Nutzen der Organisation.

erst dann, wenn die daraus gewonnenen Erkenntnisse in den Prozessen, Strukturen, Entscheidungsprämissen, Werten und Regeln *erkennbar umgesetzt* werden.

Aus der Praxis für die Praxis:

Die Forderungen nach mehr Flexibilität, nach mehr Beweglichkeit der Mitarbeiter, nach anpassungsfähigen Entscheidungsprozessen, nach wandelbaren Strukturen, nach ad hoc einsetzbaren Teams und dergleichen mehr kennt man schon länger. Selbst Kontrollfreaks fordern Selbstverantwortung und Selbststeuerung und hoffen, dass sich dadurch Wendigkeit, Wandelbarkeit und die richtige Flexibilität (was immer das dann im Einzelnen sein mag) wie von selbst einstellen mögen.

Der Unterschied jetzt: Diesen Forderungen müssen (!) nun Konsequenzen folgen. Wir werden dies im Folgenden anhand einiger Aspekte der Themen von Organisation und Management skizzieren.

Bewertung und Strukturierung von Beobachtungen

Kann man bei der Bewertung von sogenannten Sachverhalten nicht schlüssig auf Algorithmen, auf mathematisch abbildbare Kausalzusammenhänge zurückgreifen, fallen die einfachen und eindeutigen Unterscheidungen gutschlecht, richtigfalsch, wahrunwahr, logischunlogisch weg –, denn man weiß, dass sie nur als Behauptungen durchgehen und letztlich zu Gegenbehauptungen auffordern. Trotz vieler Zahlen ist man auf Einschätzungen, auf die Annahmen der Beobachterinnen angewiesen. Mit der Objektivität kommt man dann nicht mehr wirklich weiter.

Jede Beobachtung macht eine Unterscheidung, wodurch der Beobachter erst seine Welt konstruiert.

Man muss schon den Vorhang lüften und aufzeigen:

- was man in seine Beobachtungen einbezogen, was man außen vor gelassen hat
- womit man das Bewertete verglichen, also welche Unterschiede man in den Fokus genommen hat
- von welchen Referenzebenen man ausging – dem Vorjahr, dem größten Konkurrenten, dem wichtigsten Unternehmenswert, den Vorlieben des Vorstands, um nur einige zu nennen.

Wenn wir richtigfalsch ausklammern, sollten wir andere Differenzpaare für eine Grundorientierung anbieten. Für die Bewertung von strategischen Optionen hat sich der Begriff aus Darwins Evolutionstheorie, »survival of the fittest«, bewährt; wobei »fit« auf die Anpassungs- und die Koppelungsfähigkeit und nicht auf die überlegene Stärke im Konkurrenzkampf zielt (Schober u. Schulte-Derne 1996). Dieser Aspekt würde die Leitdifferenz *angemessen/unangemessen* für die Bewertung von Verhalten (von Kunden, Konkurrenten, Mitarbeitern, Führungskräften, des CEO auf der Pressekonferenz...), die Reaktion auf Veränderung, die Bewertung der Strategie, der neuen Organisation usw. nahelegen. Man muss nur wissen, dass man sich damit ein weiteres Klärungsproblem eingehandelt hat.

Würde man übereinkommen, Knigge nach wie vor als Referenzautorität für das Verhalten in elitären Restaurants gelten zu lassen, dann ließen sich die Grenzen des Benehmens leicht identifizieren. Für Organisationen eignet sich dieses Bewertungspaar (im Beispiel: angemessen/unangemessen) nur dann, wenn man einen stabilen Bezugsrahmen und abgestimmte Bilder bezüglich Werten und Visionen hat. Und selbst dann wird man nicht umhinkommen, sich zuerst über die Maßeinheiten und ihre Messbarkeit zu verständigen. Und natürlich müssen sich auch die Bezugsrahmen, die Werte, Visionen und Ziele auf ihre Angemessenheit hin befragen lassen. Man kann aus dem kommunikativen Zirkel nicht aussteigen.

Selbst wenn man zur Sicherstellung der Handlungsfähigkeit per »Ansage der Hierarchie« dieses Hinterfragen durchbricht, setzt sich doch der Kommunikationskreislauf informell fort!

... und außerhalb der Organisation lässt sich eh niemand das Maul verbieten!

Mit *angemessen/unangemessen* ließe sich leichter operieren, wenn man zusätzlich das (altmodische) *Augenmaß* einführte. Dann könnte man die eigene Perspektive in den Blick nehmen und lernen, ihr zu vertrauen und sie laufend zu korrigieren. Durch den Verzicht auf eine objektive oder abstraktere Kategorie der Einordnung – die vermeintlich zu raschen Urteilen führt – ersparte man sich den Umweg, die *sachlich klaren, persönlich unabhängigen Bewertungen* schlicht als Meinungen (wenn auch gut begründete) zu entlarven. Man müsste nicht warten, bis alle erkennen dürfen, dass der Kaiser nackt ist. Man startete schon von Anfang an mit dem Interesse, wie unterschiedliche Perspektiven, Erfahrungen und Interessen zu unterschiedlichen Beobachtungen und Bewertungen führen.

Beobachtungsmanagement operiert mit der Perspektive. Es lädt ein, neugierig zu fragen, wie die jeweiligen Augen der Beteiligten wahrnehmen und wie die mit ihnen verbundenen Gehirne selektieren, fokussieren, übersehen, verknüpfen, bewerten. Statt eines Kampfes um das Richtige eröffnet man einen Prozess des Entdeckens, um das *Unentscheidbare* entscheiden zu können (siehe oben).

Einige nützliche Fragen dafür, mit dem Perspektivenproblem kreativ umzugehen:

- Welche Fehler haben uns zu überraschenden, neuen Erkenntnissen geführt?
- Wo kam es anders als geplant, und was hat uns das ermöglicht?
- Was erleben wir als Ausnahme?
- Wo wurde eine Seite einer Paradoxie überzogen und mit welcher Auswirkung?
- Welches waren die Kriterien für die Richtigkeit einer Entscheidung, und was wurde dadurch möglich, was verhindert?
- Wann wurde das Kriterium für Richtigkeit geändert? (Z. B.: Wann war die Dezentralisierung für Kreditentscheidungen richtig, wann die durch die Zentrale? Welches ist der Gewinn, welches ist das Risiko?)
- Wie kommt es durch wen zu welchen Umweltbeschreibungen, die zu der Annahme führen, wir müssen uns verändern?

Entscheiden und Beobachten

Die Trennung zwischen *Informationsebene* und *Entscheidungsebene* suggeriert, dass das Sammeln von Informationen entscheidungsfrei wäre. Es wird so getan, als ob die Experten im Auftrag von Führung nur Fakten zusammentragen würden, dabei bleibt aber (gewollt/ungewollt) verdeckt, nach welchen Prämissen selektiert wird. Es ist erstaunlich, wie viel Ungeprüftes und Unkontrolliertes hier Eingang findet und dass man dennoch von der Rationalität der Entscheidung überzeugt bleibt.

In einer Organisation N. N. hingegen schenken die Beteiligten den zugrunde liegenden Selektionskriterien und Annahmen erhöhte Aufmerksamkeit, um beobachten zu können, was Eingang in Entscheidungsvorlagen und Konzepte findet – und was nicht. Das hohe Maß an Selbststeuerung, das die *Charakteristik von Reisefreiheit* innerhalb der Organisation N. N. mit sich bringt, erfordert gerade an den

Außengrenzen eine aufmerksame Wahrnehmung und somit Kontrolle dafür, welche Art von Daten zum inneren Geschehen beitragen.

> Wenn es wirklich um Entscheidungen geht und nicht um Routinen, Konventionen, Automatismen, die keinen Entscheidungsbedarf aufwerfen, trifft man stets auf das *Unentscheidbare*, das überhaupt erst zu einer Entscheidung aufruft.

Ist das wieder ein soziologisches Verwirrspiel?

Nein, im Gegenteil, das öffnet erst – dank Heinz von Foerster, der so pointiert die Paradoxie des Entscheidens auf den Punkt gebracht hat – den Blick für die Unterscheidung: was kann eigentlich berechnet werden, weil Grundsätzliches schon ausgestritten ist, und was muss entschieden werden, weil ungeklärt? Dazu findest Du mehr im »Kaleidoskop der Führung«.

Diese Paradoxie klingt verwirrender, als sie ist. Wenn sich an einer Kreuzung die Frage stellt, rechts oder links oder weiter geradeaus – und man weiß, zu welchem Ort man will –, dann wird man entweder sein Navigationsgerät einschalten, eine Landkarte aufschlagen oder einen Wegkundigen fragen. Wenn sich jedoch erst mit der Kreuzung die Frage auftut, wohin ich eigentlich will, treffe ich auf das Paradoxon, das Unentscheidbare entscheiden zu müssen – mit allen Risiken und Überraschungen, die nun auf mich zukommen werden. Gemeint ist also das Entscheiden über Risiken und Chancen in eine stets unbekannte Zukunft hinein (Schober u. Buchinger 2006, S. 203 f.).

In Organisationen sind wir immer mit einer Fülle des Unentscheidbaren – vom Alltäglichen über Prämissen bis hin zu Strategien – konfrontiert. An diesen Prozessen reproduziert sich die Organisation und schafft sich über das Prinzip des *temporär Gültigen* die Basis, Entscheidungen als das zu definieren, was sie sind: vom Willen gekürte Setzungen, die korrigierbar sind bzw. neu entschieden werden können.

In der Organisation N. N. gilt ein anderes Spiel

Auch Entscheidungen über Entscheidungen sollen bewusst und ganz offiziell an beobachtete Beobachtungen rückgebunden werden können. Das hat weitreichende Folgen, denn dann wird es schwer, sie von der perspektivischen Wahrheit auf eine nicht mehr hinterfragbare, abstrakte, objektive Sachwahrheit, z. B. der Rationalität von

Zahlen und Algorithmen, zu transformieren. Im Gegenteil, die Zahlenlogik der Betriebswirtschaft selbst wird zum Gegenstand der kritischen Reflexion. Ein Aufwand, der sich lohnen dürfte, macht das doch frühzeitig auf Risikopotenziale aufmerksam.

Die *einzig richtige* Entscheidung wird dann kaum mehr zur Verfügung stehen. Das bedeutet, mehr oder weniger unterschiedliche Lösungen, Verfahren und Strukturen gleichzeitig zuzulassen und über abgegrenzte Experimente und über Fehler zu lernen. Damit werden mittel- und langfristig Ressourcen und Nerven geschont.

In der Organisation N. N. kommt das Management nicht auf die Idee, beispielsweise aufgrund der Empfehlung von Beratern das gesamte Unternehmen auf eine Matrixstruktur mit allen nachfolgenden Prozess-, IT- und Trainingsmaßnahmen umzustellen. Es wird vielmehr in einem Geschäftsbereich anregen, unterschiedliche Struktur*logiken* neu zu verknüpfen und in einem anderen verstärkt projektorientiert zu arbeiten und im dritten die gut eingeführte Linienlogik ein wenig zu optimieren.

Eine Organisation N. N. mit einerseits hochautonomen und andererseits stark vernetzten Teilbereichen sichert die Entscheidungsqualität durch *nur temporär gültige Kommunikationsstrukturen und Regeln.* Nur sie ermöglichen es, wenn erforderlich, Entscheidungsprozesse zu verlangsamen oder zu beschleunigen und zugleich Bindungen sicherzustellen.

Ein Ereignis aus der Praxis eines IT-Unternehmens:

Mittels einer Art Soundingboard im Intranet können von definierten Stellen einen halben Tag lang Bedenken eingebracht werden. Anschließend bewerten Minientscheidungsteams, welche Hinweise und Bedenken bedacht werden müssen. Interdisziplinäre Teams entwickeln in einem weiteren halben Tag Lösungsvorschläge, die unmittelbar in überschaubaren Experimenten umgesetzt werden.

Evolutionsfähigkeit

Innovative Unternehmen müssen *evolutionsfähig* sein.

Das bedeutet zu erkennen, wie die eigene Organisation, und mit ihr das Management, Optionen variiert, wonach sie selektiert und mit welchen Mechanismen sie sich stabil hält. Das innovative Unternehmen erkennt seine Muster des kontinuierlichen Wandels, lässt bewusst mehr Instabilität zu und behält sie verlässlich im Blick. Und nicht mehr und nicht weniger leistet die Form der Organisation N. N.

Experimente (gut geplant und vorbereitet) werden zum wichtigen Element. Sie eröffnen der Organisation die Möglichkeit, bei denjenigen Fragen und Themen, die im bestehenden Lösungsmodus nicht mehr adäquat (zeitlich, sachlich, sozial) bewältigt werden können, quasi spielerisch neue Muster zu entdecken und zu lernen.

Experimentieren wie im »Als-ob-Spiel«:

Hunde, Steinböcke, Löwen und andere Tiere lernen spielerisch-ernsthaft das Kämpfen. Ohne sich gegenseitig wirklich zu verletzen, entdecken sie Strategien und Taktiken. Ernsthaft bleibt das Spiel, weil die Grenze zum Töten zwar nicht überschritten und doch dabei genau gespürt wird, mit welchem Biss, mit welchem Stoß sie tatsächlich hätte getötet werden können.

Freestyle:

Der Vorstand eines internationalen Industrieunternehmens hatte erkannt, dass bestimmte wichtige strategische, persönliche, moralische Themenaspekte im gewohnten Modus der Meeting-Verläufe mit ihren zeitlichen und räumlichen Bedingungen nicht adäquat bearbeitet werden können. Nach einem kurzen Brainstorming hatte er ein neues Format gefunden und sich dazu »committet«:

»Unsere *Free-Style-Vorstandssitzung* findet jeden Montag im Haus des CEO mit gemeinsamem Frühstück statt. Auf den Tisch kommen nicht nur Kaffee und die Frühstückseier, sondern auch diejenigen Themen, die jeden im Augenblick wesentlich bewegen. Damit stellen wir sicher, dass Themen, die durch unsere formalen und kurzfristigen Entscheidungsprämissen ausselektiert würden, ihren Ort und ihre eigene Bearbeitungszeit bekommen.«

Dieser andere Rahmen eröffnete ein anderes Spiel, ermöglichte einen anderen Stil, eine andere Gesprächskultur:

»Wir tun so, als wären wir jetzt ganz frei von unserer Vorstandsverpflichtung, und können so unserer Vorstandsverantwortung besonders effizient nachgehen«.

Na, sind die gescheit! So konstruktiv dem postpatriarchalen Syndrom zu entkommen!

Gemanagte Paradoxie als Voraussetzung von Kreativität und ein kluges Spiel mit dem nützlichen Als-ob.

Ein anderes Ereignis aus der Investitionsgüterindustrie – eine überraschende Inszenierung:

Um als neue Geschäftsleitung einen Unterschied zu dem patriarchalen, von den meisten Mitarbeitern sehr positiv bewerteten Führungsstil der Gründer zu markieren, entschieden sich die verantwortlichen Topmanager, eine Teamführung zu etablieren und wirklich als Team zu arbeiten. Um diesen Kulturwechsel deutlich zu machen, nutzten sie nach kurzer Zeit eine der üblichen Veranstaltungen mit der Führungsmannschaft zu einer überraschenden Inszenierung.

Sie setzten sich auf der Bühne in einen Halbkreis und diskutierten in einer nicht geprobten Form, wie sie zukünftig Führung und Kommunikation gestalten wollen, wo sie ihre Unterschiede und Gemeinsamkeiten sehen. Sie befragten einander und gaben sich vor versammelter Runde Feedback.

Nicht nur das Erstaunen, sondern auch die Wirkung dieses originellen Paradoxiemanagements war groß. Ohne große Worte und Erklärungen zeigten sie, wie sie zukünftig die Arbeit an und mit Grenzen, üblicherweise Schnittstellen, verstehen wollen. Einerseits als Abgrenzung – wir fünf auf der Bühne – und andererseits als Einladung und Öffnung – Ihr könnt unseren internen Gesprächen zuhören und uns befragen.

Ohne großen Aufwand hat diese Geschäftsführung eine wirkungsvolle Intervention in die Organisationskultur gesetzt, an der sie sich natürlich in Zukunft messen lassen muss. In einem nächsten Schritt wurden Wissensforen eingeführt, in denen Mitarbeiterinnen und Führungskräfte an Themen aus für sie fremden Disziplinen arbeiten: Der Produktionsexperte entwirft Tools für die Finanzsteuerung, der HR-Manager entwickelt Vertriebskonzepte. Handlungen statt Broschüren.

Erst über Inszenierungen, über beobachtbares Handeln und den damit einhergehenden Erregungsgrad bzw. durch die Irritation wird man entdecken, was an Werten, Entscheidungsprämissen und Regeln in die Kultur eingeschrieben ist. Erst über den Verstoß gegen ungeschriebene Gesetze entdeckt man etablierte Erwartungen und kann dann neue Handlungsweisen erlauben.

Der Change braucht einen Change

Der idealtypische Verlauf von Change (Change-Projekt initiieren – organisieren – umsetzen – konsolidieren – Routinen pflegen – infrage stellen und irritieren – nächstes Change-Projekt initiieren usw. usf.) gehört schon lange der Vergangenheit an. In der Praxis überlagern sich diverse Projekte, viele werden gar nicht zu Ende geführt, geschweige denn umgesetzt. Fragt man, mit welchen Begriffen Change-Projekte zu charakterisieren sind, werden am häufigsten »hektisch«, »unrhythmisch«, »dissonant«, »asynchron«, »stressig« genannt. Es kann auch anders gehen.

Wenn *das Prozessieren* zum Grundmerkmal der Organisation N. N. gehört, kann vom Modus der diskontinuierlichen Veränderungsmaßnahmen auf den Modus des stetigen Wandels umgestellt werden. Dann werden andere Eigenschaften zum Change gehören, dann kann er als ein *fließender, eleganter, dynamisch-gelassener Tanz* gestaltet werden. Ein Tanz – wie Heinz von Förster die neue Form der Führung von Selbstorganisation so plastisch nannte –, der wie beim Tango Argentino die Bewegungen des Gegenübers (des Kunden, Shareholders, Mitarbeiters ...) als Impulse aufnimmt und hieraus mit eigenen Impulsen aus einer Mischung von bekannten Elementen und überraschenden Improvisationen nächste Akzente und nächste Impulse setzt.

Führen Sie noch oder tanzen Sie schon?

Führen ist Beziehung

Oder, nüchterner gesagt:

> Die Balance von Verlässlichkeit, Stabilität und Anpassungs- bzw. Gestaltungsfähigkeit wird in der Organisation N. N. nicht alleine im Vertrauen auf festgefügte Strukturen, strikte Regeln, fest definierte Kommunikationsverbindungen – die dann wiederum durch Berater und verschiedene Projekte gestört werden müssen – geschaffen, sondern durch einen *permanenten Prozess von Beobachten und Adaptieren* des Außen durch das Innen, von nochmaligem Beobachten und erneutem Anpassen.

Wahrscheinlich kennen Sie auch jene Change-Projekte, die meist mehr der Beruhigung (wessen auch immer) als der Veränderung dienen. Wir meinen jene Projekte, anhand deren man sich und anderen zeigt, dass man die Probleme sieht und die Herausforderungen erkennt. Solche Projekte werden nicht unberechtigt als ein So-Tun-als-ob verdächtigt (sind nicht zu verwechseln mit dem experimentierenden Als-ob!) und viele Beteiligte fragen sich: Welche Veränderung ist tatsächlich erwünscht, an welche Strukturen, Entscheidungsprämissen, Paradigmen will man wirklich rangehen?

Um Glaubwürdigkeit zu suggerieren, inszeniert man dieses Als-ob aufwendig. Man richtet ein Steering Committee (einen Lenkungsausschuss), Sounding Board (ein Podium) und verschiedene Hebelprojekte ein, engagiert Beraterinnen und löst so eine Dynamik aus, die überraschend schnell den Fokus von den inhaltlichen Themen auf die Art und Weise der Steuerung des Projektes verschiebt.

Oh ja, das kenne ich, du kannst dir vorstellen, was los war, als der etwas anstrengende Leiter von »Prozesse und IT« nicht ins Steering Committee, sondern ins Sounding Board »ausgelagert« wurde, der war am Kündigen.

... und dass der über die Reklamation der HR-Vorständin – oder wie sagt man? – dann doch dort aufgenommen werden musste, hat niemanden gutgetan.

Nach den ersten Meetings haben die Fachberater das Handtuch geworfen und nach Gruppendynamikern gerufen!

Da wäre ich gerne Mäuschen gewesen ...

Nicht notwendig, was wirklich im Unternehmen kursierte, waren die »Beziehungsschlachten«.

Die Paradoxie – Change wird verkündet und als ein Als-ob inszeniert – wird auf der Bühne des Unternehmens mit einem raffinierten (und meist aufwendigen) Spiegelkabinett *invisibilisiert*: Berichte, Statements, Workshops dienen dazu, sich selbst und alle glauben zu machen: ja, wir wollen den Change, wir halten an ihm fest – obwohl man bereits ahnt, dass viele der Ideen, die mit Aufwand und Engagement entwickelt wurden, schließlich doch nicht realisiert werden und noch vor Abschluss schon das nächste Change-Projekt gestartet wird. Das Management in der Organisation N. N. braucht solche Inszenierungen nicht mehr, weil es sich selbst zum Gegenstand des Lernens und Entwickelns gemacht hat: *Es nutzt lieber das experimentierende Als-ob.*

Prozesse, schön und gut – aber es geht doch immer auch um Strukturen

Die Organisation N. N.verlässt sich nicht mehr (alleine) auf Struktur und klare funktionale Zuordnungen, sie nutzt vermehrt die Intelligenz, Aufmerksamkeit und Schnelligkeit der einzelnen Menschen und ihre wechselnde interdisziplinäre Zusammenarbeit – eine

Zusammenarbeit, die durch Führung gefördert, in die aber nicht unmittelbar eingegriffen wird. Gehören Sinn, Verbundenheit und

Tagesgeschäft ist führungskräftefrei.

Ja, mit diesem Leitsatz hat der Büromöbelhersteller Blaha sichergestellt, dass die autonomen Arbeitsteams tatsächlich ihre Aufgaben und Probleme selber lösen können – und die Führungskräfte Zeit für Führungsaufgaben haben.

Sehr erfolgreich, wie man hört.

Entwicklung zum Alltag von Führungskommunikation, dann wissen Mitarbeiter, worauf es ankommt, wenn man sie nur lässt.

Hierarchie und Heterarchie sind in der Organisation N. N.

In einer Heterachie ist die Interventions- und Durchsetzungsmacht nicht an einer Stelle monopolisiert wie in der Hierarchie ...

... je nach Situation, Erfordernis und Kenntnisstand »herrscht« ein anderer.

ideologisch entstaubt. Jeweilige Funktionalitäten werden erkannt, bewusster genutzt und als Entlastung interpretiert. Hierarchie ermöglicht beispielsweise nach wie vor die Zuschreibung von Verantwortung und Schuld, und zugleich kann man sich – meist – darauf einrichten, dass es nur definierte Punkte (Sachverhalte, Stellen, Zeiten) des Eingreifens und gezielter Irritationen durch die Vorgesetzten gibt. Außerhalb dieser Ereignisse kann man sich als Mitarbeiterin darauf verlassen, ungestört arbeiten zu können. In einer heterarchischen Struktur (z. B. in jeder Teamkonstellation) muss man sich auf die Zumutung überraschender Interventionen von Gleich- und wechselnd Höhergestellten einstellen. Zudem ist man zur Entscheidung genötigt, ob und wie man ihre Überlegungen und Erwartungen berücksichtigt oder nicht.

Die erfolgreiche Koordination von autonom agierenden Einheiten auf gleicher Ebene (siehe ein Fußballspiel) ist abhängig von höchster Aufmerksamkeit aller füreinander, von der Bereitschaft, sich jederzeit überraschen zu lassen (angespielt zu werden), unmittelbar zu entscheiden und zu handeln und bei diesen Handlungen auch die Möglichkeiten der anderen zumindest im Fokus zu haben (gebe ich den Ball weiter, oder dribble ich selbst zum Tor?).

Mit einem Wort, es geht um Selbstorganisationsfähigkeit, und die ist – siehe oben – von der Bereitschaft der Einzelnen abhängig, ihre Intelligenz der Organisation zur Verfügung zu stellen.

Und hier kommt die künstlerische Note von Führung ins Spiel

Die aktuelle Diskussion über die passende Struktur einer Organisation dreht sich immer weniger um die Frage, ob und, wenn ja, wie viel »Stablinien-«, »Matrix-«, »Netzwerk-«, »Team-«, »funktionale« oder »Geschäftsfeldgliederung« die höchste Effizienz garantiert. Es nimmt der Begriff des *Designs* Eingang in die Suche nach der Gestaltung von Organisationen.

Da sag ich nur: »Apple!«

Ästhetik tritt an die Stelle der Zweckrationalität, da es die *nächsten Organisationen* immer mit vielen und teilweise divergenten Zwecken und Rationalitäten zu tun haben werden. Die oben benannten Begriffe sind dann mögliche Designelemente, die zu eleganten und nützlichen Gesamtdesigns zusammengefügt werden können. Und man kann davon ausgehen, dass im Prozess des Design Thinking neue Elemente gefunden werden. Der Prozess der Ästhetisierung der Gesellschaft, der im Konsum schon längst angekommen ist, konnte nicht vor den Toren der Organisation haltmachen. Führung bekommt eine künstlerische Note. Die aus Gründen der Rationalität ausgeklammerte *Emotionalität* und *Sinnlichkeit* musste durch die Führungskräfte und Human-Resources-Abteilungen mit aufwendigen Incentive-Programmen und Verführungsinszenierungen in den Produktionsprozess eingeschleust werden, da wirkliche Motivation nicht anders zu gewinnen war. Das war früher, in der Präphase der Organisation N. N.!

Design Thinking

Die Organisation N. N. wird selber Formen annehmen, die Freude und Lust am Arbeiten, am Entscheiden und Übernehmen von Verantwortung hervorzubringen imstande sind (siehe vertiefend »Kaleidoskop der Führung«, »Die verdeckten Steine im Kaleidoskop«).

Unvorhersagbarkeit – und die Konstruktion von Sicherheit

Man nennt es auch (strategische) Planung.

Würde Planung nicht eine so entlastende Funktion für das Gehen im unbekannten Morgen darstellen, müsste man sie als das entlarven, was sie ist oder zumindest geworden ist: ein Ratespiel, eine wunderschöne Illusion, an die man so gerne glauben möchte, auch wenn die Realität uns mit anderen Erfahrungen konfrontiert.

Planungsdaten können Wunschvorstellungen in Zahlen abstrahieren, die Innenwelt der Organisation (Umsätze, Gewinne, Kosten, M&A-Zahlen usw.) abbilden, aber sie können nicht mehr die Landkarten für den Weg in die Zukunft (genannt Forecast) erzeugen, die dem Management helfen, sich besser zu orientieren. Sie sind reine Abbildungen von Vermutungen, getragen von Erfahrungen aus der Vergangenheit und der Hoffnung, dass diese Vergangenheit von der Zukunft nicht so sehr abweichen möge. Abbildungen einer Landschaft, die es noch gar nicht gibt und die sich im Blick zurück als völlig instabil, fast trendlos, herausstellt (siehe die Preisschwankungen der Rohstoffe, Aktienkurse, die nichts mehr mit der Realwirtschaft zu tun haben, u. v. a. m.).

Um trotz dieser Unvorhersehbarkeit handlungsfähig zu bleiben – schon die nächste Sekunde ist letztlich nicht wirklich vorhersagbar –, müssen (?) wir so tun, *als ob* die Prognosen stabile Orientierungsgrößen lieferten. Berater und Wirtschaftswissenschaftlerinnen sind die Meister der Illusion. Vielleicht weniger faszinierend als David Copperfield, bieten sie alle Jahre wechselnde Prämissen an, die versprechen, bisherige Erfolgswege, in welchem Terrain auch immer, fortsetzen zu können:

> »Fokussieren Sie sich auf Ihre Kernkompetenz, diversifizieren Sie in die Tiefe, in die Breite, entwickeln Sie ein starkes Branding in Ihrem Zielmarkt, leiten Sie Ihre Strategien aus den Algorithmen ihrer Portfoliodimensionen ab, behalten Sie das Ziel stets im Auge ...«

... sind keine falschen, aber eben auch keine richtigen Empfehlungen, sie verlieren schlicht an Bedeutung.

> Muss sich das Unternehmen oder auch nur ein Projekt in einer höchst dynamischen Umwelt bewähren – in einer Welt mit vielen Mitspielern, die nach kaum berechenbaren Strategien agieren und in der kaum eindeutige Muster erkennbar sind, wo jede Option mit einer anderen relativiert werden kann –, dann braucht das Unternehmen oder das Projekt eine spezifische Kompetenz in Beweglichkeit und Umsichtigkeit.

Die Spielregeln der Organisation N. N. nutzen die praktische Fähigkeit der Menschen und ihr Herz und Gehirn, die sie zur Bewältigung unterschiedlicher Situationen des Alltags entwickelt haben. Wir sprechen hier u. a. von jenen Sensoren, blitzartigen Kalkülen, Aktionen und Reaktionen, die es den meisten Menschen ermöglichen, sich z. B. in der morgendlichen Rushhour von einer U-Bahnstation zur anderen zu bewegen und rechtzeitig den nächsten Zug zu erreichen, ohne sich oder andere zu sehr zu beschädigen. Mitarbeiterinnen einer Organisation N. N. handeln autonom und achtsam – weil es von ihnen erwartet und ihnen auch zugestanden wird. Das Umfeld im Blick habend, das übergeordnete Ziel nicht aus dem Blick verlierend:

- erkennen sie Chancen
- entscheiden sie im – nicht zu engen Rahmen – spontan
- korrigieren sie Fehler – wer auch immer sie verursacht hat – rasch
- warten sie nicht ab, ob sie Anweisungen für einen anderen Weg erhalten, sondern handeln eigenständig, klug und intuitiv.

Es gibt einen einfachen Begriff dafür, der recht leicht über die Lippen geht, aber weitreichende Auswirkungen in der Steuerung von Unternehmen haben wird: Sie erkennen und nutzen die »Situationspotenziale« (Jullien, 1999).

He, wo bist du hin?
Ich les hierzu schon »Im Hologramm der Entscheidungen«!

Zum einen werden sich Unternehmen von der Idee und Gewissheit verabschieden müssen,

> »dass ihr Schicksal ausschließlich in der Wirtschaft beschlossen ist, das heißt, sich auf den Märkten entscheidet [...], es entscheidet sich gleichzeitig in den Labors der Wissenschaft, in den Gebetshallen der Kirchen, [...] in den Plenarsälen der Parlamente, in den verschlossenen Konferenzen von Verbänden und Lobbyisten, in Internetforen und den Netzwerken der Social Media« (Baecker 2007, S. 22).

Die qualitativen Methoden der System-Umwelt-Analyse haben immer schon versucht, diese Einflussgrößen zu erfassen und sichtbar zu machen, wobei es meistens bei der Beschreibung blieb. Jetzt, wo jedes Unternehmen weiß, welche Wirkung eine Internetkampagne gegen ein Produkt haben kann, lernt man, so zu beobachten, dass man zirkuläre, kybernetische Prozesse erfassen kann. Man lernt,

> »sich von jenen kontrollieren zu lassen, die man kontrollieren will [...]. Jede Kontrolle muss offenhalten, wovon sie sich kontrollieren lässt, um die Kontrolle nicht zu verlieren« (ebd., S. 23).

Und zugleich muss man wissen, in Netzwerken ist jede Beziehung »unberechenbar austauschbar« (ebd.).

Zum anderen genügt es – und das möge eine entlastende Aussage sein –, statt Ereignisse vorherzusehen, ihre potenziellen Auswirkungen einschätzen zu können. Es genügt, abschätzen zu können, was geschehen würde, wenn ein erfolgskritischer Prozessschritt durch *irgendein* Ereignis ausfällt. Wenn der kritische Geschäftsprozess die Luftfracht von A nach B ist, dann ist es unerheblich, ob der Luftraum wegen eines Vulkanausbruchs oder eines Lotsenstreiks lahmgelegt wird: Hat der Logistiker den potenziellen Stillstand eines seiner Kernprozesse frühzeitig antizipiert, kann er auf Alternativen zurückgreifen, die unabhängig sind vom Grund des Ausfalls.

Kultur der Widersprüche

In der Organisation N. N. wird die Paradoxie von *Vertrauen* und *Kontrolle* bewusst genutzt und belebt, aber anders als bisher betrachtet und gewertet. Kontrolle wird nicht als Gegenpol verstanden, sondern als Qualität der aufmerksamen Beobachtung, als ergänzender Blick und Support. Wie der Partnercheck beim Klettern: Ich kann darauf vertrauen, mein Partner *kontrolliert,* wie ich mich anseile, meine Griffe und Tritte setze, und sichert somit mein Vorankommen und Überleben.

Abb. 2: Vertrauen baut auf Kontrolle

Kontrolle wird zur effizienten Begleitung von Komplexität und Vielfalt, denn sie sichert ab, dass Vereinbarungen und Spielregeln eingehalten werden, ohne die dahinterliegenden Algorithmen und komplexen Prozesslogiken unbedingt kennen und verstehen zu müssen.

Das löst aber nur in einem Klima von Vertrauen keine Frustrationen aus.

Dissonanzen und Erwartungsenttäuschungen sind erwünschte Indikatoren, denn sie machen deutlich, dass die Organisation ihre Überlebenschancen im Fokus hat. Daher werden die daraus entstehenden Konflikte nicht als Problem, sondern schon immer als Teil des Lösungsprozesses bewertet. Eine konstruktive Streitkultur steht nicht im Gegensatz zu Verbundenheit. Verbundenheit schafft denjenigen Rahmen des Vertrauens (in dem man sich auch was trauen kann), der es ermöglicht, Unterschiede erst in Beziehung aufeinander deutlich herauszuarbeiten und aus dem Spannungsfeld neue Erkenntnisse zu generieren.

Ein besonderes Raffinement der Kultur einer Organisation N. N. zeigt sich beim Thema »Sicherheit/Unsicherheit«. Inszenierungen der Kommunikation dienen nicht mehr nur dem Absorbieren von Unsicherheit, sondern eröffnen der Organisation eine unverzichtbare Arena, in der sich Unsicherheit als Überlebensqualität und Quelle der Kreativität zeigen kann. Unsicherheit, nennen Sie es gerne Ungewissheit, öffnet den Vorhang zum *Es-könnte-auch-anders-richtig-sein, zum Wir-könnten-Wichtiges-nicht-gesehen-haben.* Sie wird zur klugen Begleiterin von Entscheidungen und Handlungen, ohne sie zu behindern.

Was noch zu Führung zu sagen wäre

Wie wir oben schon ausgeführt haben, hat das Management in der Organisation N. N. nicht nur die Struktur, die Mitarbeitenden, den Markt, die Kosten, den Profit, die Kundenreaktionen usw., sondern immer auch sich selbst im Blick. *Immer* meint tatsächlich, dass die Selbstbeobachtung stets *mitläuft* und nicht nur bei Klausuren, Mitarbeitergesprächen und Führungsaudits reflektiert wird, sondern ganz *normal,* nahezu ritualisiert z. B. Teil der Agenda von Meetings ist. Nennen wir es das Kaizen oder den KVP der Führung. Diese Form der Achtsamkeit macht Führung

Ah, genau, der kontinuierliche Verbesserungsprozess! Hatte mal bei Toyota Qualität der Produkte und Geschwindigkeit der Produktionsprozesse maßgeblich verbessert.

nicht nur in einer neuen Weise bedeutend, sie *energetisiert* das Feld von Führung.

Das Management in einer Organisation N. N. entwickelt einen intelligenten Umgang mit der Unterscheidung von Wissen und Nichtwissen, d. h., es täuscht weder sich noch andere mit Gewissheiten, wo es keine hat, sondern setzt an ihre Stelle weiterführende Fragen. Es versorgt in periodischen Abständen die Organisation und sich selbst mit *Außenperspektiven* (Kunden, Berater, Zellen von Querdenkerinnen), um sehen und erkennen zu können, was (bisher) nicht gesehen und erkannt wurde. Das erleichtert eine dynamische Balance zwischen *Nutzen erfolgreicher Routinen* und *Erfahrungen* und dem *Suchen nach Neuem*, es öffnet den Blick darauf, welche Routinen bloß bremsende Wirkungen haben und wo diese Bremsen zu lockern sind oder welche neuen installiert werden müssen, wenn das Tempo zu risikoreich wird.

Führungskräfte in der Organisation N. N. haben ein breites Rollenverständnis und Rollenrepertoire.

> Sie verstehen sich als Leader, Impulsgeberin, Ermöglicher, Sinnstifterin, Rahmenschaffer, Reflexionsgenie, Fragende und, wenn erforderlich, als knallharte Entscheider und Realisiererinnen.

Und statt sich den Kopf zu zerbrechen, was noch alles zu tun ist, erkennen sie, was sie und andere unterlassen können, um Entwicklungen zu ermöglichen. Sie achten auf jene Dimensionen, die bestimmtes Handeln wahrscheinlicher machen, z. B. welche Bonifikationen welche Verhaltensweisen auslösen (müssen) und welche unerwünschten Nebenwirkungen sie haben könnten. Sie sind sparsam mit Appellen, denn sie wissen, Moral hat eine schwache Position gegenüber der Macht und Anweisungskraft von Bonifikations- und Sanktionssystemen, und sie werden dennoch auf Moral (die von Werten abgeleitete Verhaltenserwartung) nicht verzichten.

Und was ist nun die Elevator-Speech?

Die nächsten Sätze noch nicht, aber sie wollen auch gesagt werden:

Das, was wir Welt, Gesellschaft, Wirtschaft, Kultur, Wissenschaft, Religion nennen, ist das Ergebnis kommunikativer Prozesse und Beschreibungen, seien sie nun an Universitäten, in Konferenzräumen oder am Biertisch angefertigt. Wir suchen nach Sicherheit und erfinden dafür Erklärungen, möglichst Kausalitäten und wissen doch, die

Wissen um das Spiel des Tangos

Wer führt, sollte tanzen

Ein Experiment pro Tag!

Welt ist nicht vorweg berechenbar (nicht einmal die physikalische – wenn man sich auf die Quantenebene begibt). Aber gestaltbar.

Ab jetzt beginnt die Aufzugsfahrt:

Organisationen sind wie die Welt nicht vorweg berechenbar, aber gestaltbar. Wenn man eine Organisation zur Leerstelle, zur Organisation N. N. *erklärt* und auf die Wirkung des nomen nominandum vertraut, dann öffnet sich der Raum der Gestaltung, in dem die Fantasie sich klug entfalten kann. Das hält die Organisation fit, flexibel und evolutionsfähig.

Wir würden gerne dem Wunsch nachkommen und diese komplexe Thematik – um sie einfacher jonglieren zu können – auf drei Spielbälle, auf drei Aspekte reduzieren. Sie werden gleich sehen, dass uns das nicht gelingt. Wir sprechen uns auch nicht gegen sinnvolle Vereinfachungen aus, wir sagen nur, dass hinter dem *Einfachen* das *Vielfache* nicht verschwinden sollte. Wir erinnern daher gerne an folgende Begriffe, die wir im Text verwendet haben, und hoffen, damit Ihre Fantasie anzuregen, Ihre Organisation N. N. zu kreieren (siehe Abb. 3).

Abb. 3: Anregung, Ihre Organisation N. N. zu kreieren!

3 Alice im Wunderland

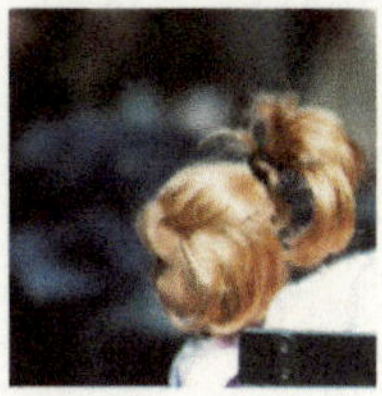

Paradoxien sind zentraler Bestandteil von Organisationen, mehr noch: kein Leben ohne Widersprüche!

Toll oder nicht – diese Frage stellt sich erst gar nicht. Wir sehen vielmehr die Frage, was man in der Organisation, verstanden als eine Paradoxiebewältigungsmaschine, tun kann, um von einer zweidimensionalen zu einer mehrdimensionalen Logik zu gelangen, ein praktisches Paradoxiemanagement zu betreiben und *Orte* der Entscheidung nicht nur zu finden, sondern zu kreieren.

Diese Orte sind auch ausschlaggebend dafür, wie der Manager, die Führungskraft – als Beobachter – seine Konstruktionen und Unterscheidungen vornimmt. Jeder Manager und jede Managerin weiß es und ist zugleich erstaunt, dass das selbst erzeugte Bild der Organisation im nächsten Moment schon nicht (mehr) gilt. Mit Karl Weick (etwa 1985) zeugt dies vom fortwährenden Prozessieren von Organisationen. Mit Lewis Caroll (1978, S. 67) lassen wir hier Alice zu Wort kommen:

> »Würdest du mir bitte sagen, wie ich von hier weitergehen soll?«
>
> »Das hängt zum großen Teil davon ab, wohin du möchtest«, sagte die Katze.
>
> »Ach, wohin ist mir eigentlich gleich …«, sagte Alice.
>
> »Dann ist es auch egal, wie du weitergehst«, sagte die Katze.
>
> »… solange ich nur irgendwohin komme«, fügte Alice zur Erklärung hinzu.
>
> »Das kommst du bestimmt«, sagte die Katze, »wenn du nur lange genug weiterläufst.«

Soll jetzt das Management nur lange genug laufen und dabei hoffen, damit der Paradoxie zu entkommen, den evolutionären Prozessen seiner Organisation unterworfen zu sein und sie gleichzeitig organisieren zu müssen? Wie lässt sich mit dieser Paradoxie umgehen?

Und was können gelingende Inszenierungen sein, Entscheidungen zu entscheiden?

Wir nehmen Sie mit ins Abenteuer »Paradoxien« und auch in das einer Innovationskultur, mit der Zumutung, sich zwischen Neu und Alt, Ermöglichung und Begrenzung oder Stabilität und Veränderungsfähigkeit zu bewegen.

Zwei kleine Exkurse und einige praktische Ereignisse lassen Bilder entstehen.

Abenteuer Paradoxien

Widersprüche erfolgreich managen

»Hast du das Rätsel inzwischen gelöst?«, fragte der Hutmacher, wieder zu Alice gewandt.

»Nein, ich gebe auf«, sagt Alice. »Was ist die Lösung?«

»Ich habe keine Ahnung«, sagte der Hutmacher.

»Ich auch nicht«, sagte der Märzhase.

Alice seufzte. »Ich finde, ihr könntet mit eurer Zeit etwas Besseres anfangen, als sie auf Rätsel zu verschwenden, für die es keine Lösung gibt.«

»Wenn du über Zeit so viel wüsstest wie ich«, sagte der Hutmacher, »würdest du nicht sagen, dass wir ›sie‹ verschwenden. Es muss ›ihn‹ heißen.«

»Das versteh ich nicht«, sagte Alice.

»Natürlich nicht!«, sagte der Hutmacher und warf hochmütig den Kopf zurück. »Wahrscheinlich hast du auch noch nie mit Zeit ein Gespräch geführt« (Caroll 1978).

Wenn man Paradoxien als Rätsel auffasst, was sie ja sind, ist man schon in die Falle getappt (dann hilft nur Aufgeben), denn Rätsel warten auf ihre Lösung. Paradoxien warten auf ihr Management.

Sie kennen die Klassiker: Die Anforderungen und Logik der Produktion *beißen* sich immer wieder mit den Vorstellungen und der Logik des Vertriebs und des Marketings. Auch wenn man aus den Konflikten gelernt hat, dieses Spannungsfeld kann nicht *befriedet*, sondern nur je und je neu organisiert und gemanagt werden.

Oder, anders betrachtet: Obwohl man den Kundenwünschen gerecht werden will, kann das Unternehmen dies nur dann sicherstellen, wenn es gleichzeitig die Kosten bei der Herstellung seiner Produkte und Dienstleistungen reduziert – also sich klar gegen bestimmte Erwartungen entscheidet. Zugleich muss das Unternehmen Routinen und Standards ausbauen und – schon taucht der nächste Widerspruch auf – die Prozessinnovationen vorantreiben.

Oder ein Blick in die Finanzwelt zu einem sehr gängigen Produkt: In jedes Kreditgeschäft hat sich ein Widerspruch eingenistet.

Der Kredit ist für die Bank zugleich Quelle des Ertrags und Risiko des Verlustes. Hier wohnt die Paradoxie dem Produkt selbst inne.

Vor ähnlichen Widersprüchen steht täglich jede Führungskraft. Wirksam ist sie nur, wenn sie ihre Mitarbeiter kennt, auf sie zugeht und versucht zu verstehen – also sich auf Nähe einlässt. Zugleich weiß sie, dass andere sie daraufhin beobachten, wie gerecht sie handelt, sich also nicht von Einzelinteressen beeindrucken lässt, und wie es ihr gelingt, Gesamtperspektiven, ökonomische und organisatorische Aspekte zu ihren Entscheidungsprämissen zu machen. Dazu braucht sie genügend Distanz. Nähe und Distanz gleichzeitig – wie kann das gehen? Aber auch die Mitarbeiterinnen stehen immer wieder vor solchen Dilemmata: Einerseits sollen sie als *Unternehmer im Unternehmen* agieren und andererseits als loyale Funktionsträger die Erwartungen ihrer Chefs erfüllen und sich in die Hierarchie einfügen. Viele weitere Beispiele könnten folgen.

Haste den Xing-Chef, den Thomas Vollmoeller, dazu gehört? Echt voll daneben: »Die Mitarbeiter müssen das machen wollen, was sie machen sollen.«

Was das dann genau ist – das entscheidet immer noch der Chef! (*Die Zeit*, Nr. 41/2014).

Es gibt also Unterschiede, die miteinander in einem untrennbaren Zusammenhang stehen. Unterschiede, bei denen...

- der eine Teil erst durch den anderen einen Gesamtsinn ergibt,

Eh klar, eine Zentrale kann nur in Unterscheidung von dezentralen Einheiten gedacht werden.

- sich eine Seite immer auf die andere beziehen muss
- jede Seite eine richtige oder zumindest berechtigte Perspektive einnimmt
- die Unterschiede zueinander im Widerspruch stehen,

... bezeichnen wir als *logisch unauflösbare Widersprüche* oder Paradoxien.

Aristoteles, der *unsere* Logik »erfunden« hat, erkannte solche Problemstellungen und bezeichnete sie als logisch ausweglos, als Aporien.

Griech., *he aporía*, du schlau! Bei Sokrates ist die Aporie eine unauflösbare theoretische Problemstellung, die die paradoxe Erkenntnis des eigenen Nichtwissens ermöglicht!

Weiß ich doch. Der führte seine Gesprächspartner dabei mithilfe der Mäeutik (Hebammenkunst) in die Aporie, um sie so auf die Suche nach *Wahrheit* zu leiten. Insbesondere die frühen platonischen Dialoge als Zeugnisse dieser philosophischen Strategie enden sämtlich aporetisch.

Bin beeindruckt, warst wohl bei Wikipedia!

(Vgl. https://de.wikipedia.org/wiki/Aporie [6.12.2015].)

Um dennoch handlungsfähig zu bleiben, hat man u. a. Organisationen *erfunden*. Sie sind immer auch Antworten auf Paradoxien. Sie stellen Strukturen und Räume zu ihrer Bearbeitung zur Verfügung (zum Beispiel in Matrixknoten, durch Differenzierung in Abteilungen oder durch Gleichzeitigkeit). Widersprüche gehören zum Organisationsalltag und sind immer auch eine besondere Herausforderung für Führung.

Management kann sich immer weniger auf einfache Lösungen zurückziehen. Es darf sich aber auch nicht zu sehr in Widersprüchen und Paradoxien verstricken, es muss eine Richtung einschlagen, entscheiden und handeln.

Um erfolgreich *Paradoxiemanagement zu betreiben*, sollte man das Feld der Paradoxien und Widersprüche, die in der eigenen Organisation wirksam sind, gut kennen und mit sich mit der Dynamik dieser Phänomene vertraut machen.

Erinnerst du dich – der berühmte Elchtest, der 1997 die Mercedes-Benz-A-Klasse im wahrsten Sinn zum Kippen brachte? Das ist so lange her und ist uns noch immer so deutlich in Erinnerung!

Ein, wie sich nachher herausstellte, Paradebeispiel für fehlgeleitetes Konflikt- und Paradoxiemanagement!

Der Anspruch an höchste Qualität und Ingenieurs-Know-how einerseits und die Anforderung andererseits seitens des Marketings, schnellstmöglich mit einem neuen Modell auf den Markt zu gehen, wurde einseitig entschieden, aber nicht gemanagt.

Kein Leben ohne Widersprüche

Noch mal kurz zurück zu Adam und Eva: Ohne X- und Y-Chromosom keine Eizelle, ohne Durchtrennung der Nabelschnur und die gleichzeitig liebevolle Umarmung kein Überleben, ohne Stabilität keine Chance auf Beweglichkeit. Leben ist paradox und fordert Antworten auf Paradoxien, die meist weitere Paradoxien erzeugen. Das ist so selbstverständlich, dass erst der bewusste, reflektierende Blick darauf Erstaunen und manchmal auch die *Tausendfüßlerlähmung* auslöst.

Wenn Ihr Leben, zumindest die Organisation, in der Sie arbeiten, gut geordnet erscheint, dann haben Sie entweder Ihre Widersprüche kreativ gemanagt, haben raffinierte Formen des Strukturierens und Prozessierens kreiert, oder Sie haben diese Widersprüche ebenso kreativ und raffiniert unsichtbar gemacht. Wie auch immer, jede dieser Strategien hat ihre Berechtigung – allerdings auch ihren Preis.

Dazu ein kleiner philosophischer Exkurs:

Sogar Gott erschafft im Luzifer seine Unterscheidbarkeit, also selbst der *All-Mächtige* zieht sich nicht auf das All-umfassende, das nur vom Nichts unterschieden werden kann, zurück. So scheint Gott gar nichts andres übrig zu bleiben, als den Menschen als Widerspruchwesen zu schaffen, von ihm unterschieden und doch mit ihm eins, wie wir aus der Genesis wissen: *»siehe nun ist Adam einer wie ich«* – was er nur sagen konnte, nachdem Adam und Eva vom Baum der Erkenntnis gegessen hatten und folglich das Paradies verlassen mussten. Die Einheit wird immer aus der Differenz erschaffen, das eine ist im anderen erhalten. Und wenn der Mensch in sich das Göttliche trägt, war es nur folgerichtig, dass Gott in der neutestamentarischen Erzählung Mensch wird. Ein Widerspruchskonzept, das erst durch die Trinität zu seiner Vollendung gebracht werden kann. Im Pfingstwunder des Heiligen Geistes werden wir auf die Lösung auch der existenziellsten Paradoxien hingewiesen: »Kommuniziert!«

Wir werden hier über das unvermeidliche Spiel, das Jonglieren mit, das Organisieren, Managen, Auflösen von Widersprüchen nachdenken und überlegen, wie es gehen kann, *Nähe-Distanz, Eigenständigkeit/Verbundenheit, Stabilität/Veränderung, Vertrauen/Kontrolle* oder *Freiheit/Regeln* gleichzeitig zu realisieren. Und wir werden Ideen entwickeln, wie man solche unauflöslichen Widersprüche erkennen, verstehen, bewusst nutzen und durch Strukturen und Prozesse handhaben kann.

Alles hat seinen Ursprung im Unterschied: Jede Unterscheidung, die erst durch ihr Gegenteil verdeutlicht werden kann, trägt in sich die Tendenz zu den oben schon erwähnten in der zweiwertigen Logik unauflösbaren Widersprüchen und damit zu paradoxen Herausforderungen.

Viele theoretische, wissenschaftliche, philosophische, religiöse Konzepte sind angetreten, um – möglichst dauerhafte – Antworten auf diese existenzielle Zumutung zu geben. Man kann auch sagen, den Widerspruch in ein eindeutiges Wahrheits- und Objektivitätskonstrukt zu *verwandeln.* Wenn sich eine Aussage, in der nur mehr das *eine* ohne das *andere* gedacht werden kann, durchgesetzt hat, dann haben wir es mit *einer* Wahrheit zu tun. Und die ist nicht mehr befragbar – sonst wäre sie keine. Wie man aus dieser Formulierung ersehen kann, gehen wir davon aus, dass jede Wahrheit Ergebnis eines kommunikativen Prozesses ist, entstanden durch soziales *Evolutionieren* und nicht vom Himmel gefallen.

Aber ärgerlicherweise gelingt es selten, die Unterscheidung des einen vom anderen wirklich zum Verschwinden zu bringen. Je mehr das andere – manchmal mit Gewalt – zum Verschwinden gebracht werden soll, umso deutlicher tritt es hervor.

Nehmen wir beispielsweise *Ordnung* und *Freiheit* – die eine Position kann ohne die andere nicht gedacht werden. Wird nun eine der beiden Positionen unterdrückt oder verleugnet, bleibt die andere (meist besonders) wirkungsmächtig bestehen – und ruft letztlich wieder nach der (ausbalancierenden) anderen Position.

> Das bedeutet, scheinbar eindeutige Antworten erzeugen weitere, oft brisantere Widersprüche (immer wieder aktuell: Die Revolution frisst ihre Kinder), die wiederum nach Antworten – aus Wissenschaft, Politik, Religion, Kultur, Bildung usw. – suchen. Die Geschichte kommt nicht an ihr Ende.

Leben ist Widerspruch – auf diese Zumutung möchte man manchmal gerne verzichten. Damit Sie nicht resignieren, laden wir Sie zu einem kreativen Spiel mit Formen und Prozessen ein, im Wissen, dass die Lösung den Widerspruch nicht aus der Welt bringen wird.

Paradoxiebewältigungsmaschinen

Wir betrachten Organisationen – und ihre Formen des Managements – als *Paradoxiebewältigungsmaschinen*, die versprechen, Vielfalt und Widerspruch in sinnvolle Handlungsfolgen zu überführen.

Ein Einzelner kann nicht *zur gleichen Zeit* ein Auto entwerfen, bauen und verkaufen, das gelingt nur über das soziale System »Organisation«. Und wenn der Einzelne als genialer Pionier und Erfinder – sowie es z. B. der legendäre Ferdinand Porsche war – das Produktionsband stoppen lässt, weil er seine neue Idee für das Getriebe sofort umsetzen möchte, bringt er das Unternehmen ins Schleudern und an den Rand des Ruins. Zur Bewältigung dieser Paradoxie von Stabilität und Erneuerung, Ordnung und Grenzüberschreitung braucht es neue Antworten, neue Formen des Organisierens.

Nicht jedes Widerspruchsfeld *erzeugt* Paradoxien. Wenn jedoch jede Seite des Widerspruches richtig und berechtig und in ihrer Wirkung von der jeweils anderen Seite abhängig ist, bewegt man sich in einem Paradoxiefeld. Die eingangs erwähnten *Klassiker* sind hierfür bekannte Beispiele.

Bis in die 70er-, 80er-Jahre des vergangenen Jahrhunderts (die Widersprüche waren überschaubar) konnte man sich darauf verlassen, die Hierarchie und ihre Repräsentanten stehen bereit, um Widersprüche – falls sie denn *hochkochen* – mit eindeutigen Antworten außer Streit zu stellen; auch wenn die Antworten nicht immer nachvollziehbar waren. Es gab die eindeutige Anweisung *»So und nicht anders«*. Im *Murren und Räsonieren* in Teeküchen oder Kantinen wurde der Widerspruch *aufbewahrt* und konnte, falls erforderlich, mit der leichten Häme *»Ich habe es ja schon immer gewusst«* hervorgeholt werden.

Widersprüche, die bearbeitet und bewältigt werden müssen, haben sich vervielfacht. Es ist vorbei mit widerspruchfreien Räumen. Das Management kann sich – will es Organisationen erfolgreich führen – immer seltener auf die einfache Lösung des *Entweder-oder* zurückziehen, weil sich immer öfter das *Sowohl-als-auch* oder das *Weder-noch* Vortritt und Beachtung verschafft. Zugleich darf es sich nicht in Widersprüchen und Paradoxien verstricken. Auch wenn die Welt volatil, unsicher, komplex und mehrdeutig (VUCA) geworden ist, muss entschieden und gehandelt werden.

Ein Dilemma – die Begleiterscheinung von Widersprüchen – fragt nach Lösungen.

Was kann man tun?

Wenn alles halbwegs läuft, *nichts*. Auch nicht, sich von unseren Überlegungen *irritieren* lassen.

Wenn es hingegen irgendwo hakt, wäre der erste Schritt, sich vom Wunsch nach der einzig richtigen Lösung zu verabschieden und die Unsicherheit zum Freund und zur Quelle von Kreativität zu machen. So vorbereitet, kann man sich auf eine Entdeckungsreise in die eigene Organisation begeben. Mit der Perspektive *»Das Leben lebt von Widersprüchen«* kann man das Zusammenspiel von Strukturen, Prozessen und Kulturen in den Blick nehmen. Mit recht einfachen Fragen und Verfahren wird man entdecken, warum die eigene Organisation *so* erfunden und gestaltet wurde, Führung *so* inszeniert wird und für welche Widersprüche und Paradoxien die Organisation *einst* die passende Lösung darstellte.

Unser nächster Schritt folgt der Vermutung, dass es aktuell um neue oder andere Formen von Widersprüchen geht, auf die die bestehende Organisation mit all ihren Grundannahmen, Spielregeln,

Entscheidungsverfahren, formellen und informellen Strukturen und Prozessen nicht vorbereitet ist.

Da sich Organisationen und Führung *um Paradoxien herum inszenieren*, empfehlen wir, den Fokus genau auf diese Prozesse zu richten und Konflikte in diesem Licht neu zu interpretieren.

Generell lösen Organisationen Paradoxien durch *Auffaltung* eines ganzen Bewältigungskomplexes in autonome Einheiten, üblicherweise in Bereiche, Divisionen, Abteilungen, Teams usw., die jeweils funktional, regional, kundenbezogen usw. ihre Aufgabe erfüllen sollen. Bezogen auf das Unternehmen, können (und dürfen) Organisationen aber nicht autonom handeln. Der Gesamtzusammenhang *Unternehmen* holt die Paradoxie zurück und *zwingt* Repräsentanten der Subsysteme in einen Konflikt, der wiederum (am besten) kommunikativ wird (bzw. gelöst werden muss).

Vergessen die einzelnen Bereiche (z. B. Vertrieb und Produktion), dass sie nur zusammen denkbar und wirksam sind, und *wünschen* sich eine Entscheidung nach dem *Entweder-oder-Prinzip*, sollte das Management auf Formen des Paradoxiemanagements zugreifen – statt in hierarchische Reflexe zu verfallen.

Praktisches Paradoxiemanagement

Für die Umsetzung und Handhabung greifen wir auf hilfreiche Entscheidungsformate, Strukturen oder Strategien zurück. Wir nennen:

I. die Orte, an denen Entscheidungen passieren oder getroffen werden
II. das Konzept des Tetralemmas als eine mehrdimensionale Logik
III. Konsequenzen für Entscheidungen
IV. gelingende Inszenierungen
V. Fragen für eine Entdeckungsreise
VI. den Paradoxiecheck.

I. Orte der Entscheidung

	Explizit direkt, gezielt, dokumentiert, ausdrücklich	**Implizit** indirekt, innewohnend, verwickelt
Person Das Bearbeitungsmuster wird von der persönlichen Werte- oder Grundorientierung geprägt (z. B.: Risiko, Ordnung, Beziehung, Sache)	Die Entscheidung wird an andere Personen, z. B. interne oder externe Experten, delegiert – und bleibt auf der Ebene *Person zu Person.* (»O.k., wenn die das so entschieden hat, passt's schon.«) *Risiko:* Die Organisation lernt nicht weiter.	Die (bewussten oder intuitiven) Überlegungen zum Paradoxiemanagement der Entscheider an der Spitze werden *nicht* kommuniziert, man kann nur aufgrund der Handlungsanweisungen Rückschlüsse ziehen. *Risiko:* hohe Abhängigkeit von einzelnen Personen.
Funktion und Rolle Das Bearbeitungsmuster wird geprägt durch die in der Funktion gebündelten Erwartungen (also der Stellenbeschreibung).	In der Stellenbeschreibung sind die zu bearbeitenden Widerspruchsfelder und Verantwortlichkeiten (Konfliktmanagement) festgelegt. Die Inhaberin der Stelle kann die dazu erforderlichen Entscheidungen alleine treffen oder einen Kommunikationsprozess in Gang setzen. *Risiko:* Orte oder Prozesse der Klärung (Meetings etc.) können zum Kampfplatz für Einflusssphären werden.	Der Funktion werden aufgrund ihrer Bezeichnung Perspektiven und Ausrichtungen zugeschrieben. Die Rollenträgerin wird mit unausgesprochenen Dilemmata konfrontiert. *Risiko:* Die Widersprüche werden vom Umfeld personalisiert, also dem Rollenträger zugeschrieben, der sie (in schlaflosen Nächten) bewältigen muss. Im Feld widersprüchlicher Erwartungen kann er meist nur *falsch* entscheiden. Irgendwer ist immer unzufrieden.
Organisation das Bearbeitungsmuster wird von der Art der Differenzierung geprägt (hierarchisch, funktional, regional, matrixförmig, teamförmig, netzwerkartig, hybrid, u. Ä.).	Für das Management der Paradoxien sind formale Kommunikations- und Entscheidungsprozesse und Formate vorgesehen. *Risiko:* Das Management erfordert Zeit und Energie, die Organisation ermüdet. Folgen: u. a. Unachtsamkeit, Unlust, Ideenarmut etc.	Die mit den Organisationsmustern verbundenen Routinen, Gewohnheiten, Traditionen, Kulturen sind das Öl im Getriebe: Es läuft. *Risiko:* Es kann nur indirekt gelernt werden, Alternativen werden nicht bewusst bzw. gezielt entwickelt.

Tab. 1: Orte der Entscheidung
(Dank an Torsten Groth und Guido Czeija für ihre sehr anregende Mitwirkung)

Ein kleiner Ausflug in die Praxis: Prozessdesign für die kommunikative Bearbeitung von Paradoxien

Mit einigen ganz *einfachen* Prinzipien kann der Umgang mit dem Unausweichlichen der Paradoxien sehr praktikabel gemanagt werden (der folgende Text ist angeregt durch ein Konzept von Peter Heintel – vielen Dank!). Gefragt ist ein gemeinsames *Spiel:*

- Emotionale Verwicklungen durch innere und äußere Distanzierungen lockern, weil ...
- ... Widersprüche sind, wie sie sind, da gibt es keine kausalen Verursacher, daher ...
- ... anstelle von »Wer ist schuld?« fragen: »Was ist los?« So ...
- ... erobert man sich die Freiheit der Selbstbeobachtung, und diese wiederum ermöglicht es ...
- ... zu entdecken, welche Widersprüche *treiben.* Nun erkundet man: Gibt es ...
- ... dazu schon bestehende (evtl. vergessene) Antworten? Und: Brauchen ...
- ... wir neue? Wenn ja, dann: Über ...
- ... welche Experimente, abgegrenzte Bereiche oder Themen wollen wir lernen? Und wie man weiß ...
- ... gelingt Lernen am besten über institutionalisierte *ehrliche* Feedbackrunden.
- Die *einfachen* Prinzipien sind leicht zu erkennen:
- In die Hierarchie bauen Sie teamförmige (heterarchische) Formate ein,
- in die Kultur der Logik und Linearität (die für technische Prozesse passt) *schmuggeln* Sie die Kultur der Unterscheidung (Diversität) *ein,* und
- Sie *muten* es sich und anderen *zu,* manch nicht Ausgesprochenes zum Thema zu machen.

Das war's schon, legen Sie los!

Von der zweidimensionalen zur mehrdimensionalen Logik –

II. Unser Favorit: das Konzept des Tetralemmas

Wir halten das Tetralemma (Simon 1988, Varga von Kibéd und Sparrer 2000) für die ebenso interessante wie zentrale Denkfigur, will man sichtbar gewordene Widersprüche kommunikativ, sachlich, interessengeleitet und emotional bearbeiten. Daher stellen wir hier das

Grundprinzip nach Varga von Kibéd und Sparrer sowie unsere praxisgeleiteten Überlegungen dar.

Die im Widerspruch stehenden beiden Aspekte oder Positionen (A, B) werden einander in folgender Weise aufeinander bezogen:

Das Eine (Position A)	**Sowohl, als auch** (A UND B)
Weder, noch Keins von beiden	**Das Andere** (Position B)

Abb. 4: Widersprüche

Je nach Form der Bewältigung wird eines dieser vier Felder *gewählt*, die anderen werden ausgeblendet. Das bedeutet, dass manche Positionen vertreten sind und andere eben nicht.

Begleiten Sie uns durch die Denkfigur mit ihren verschiedenen Varianten, den Mustern der Paradoxiebewältigung.

1. Entweder-Oder, Das Eine oder Das Andere

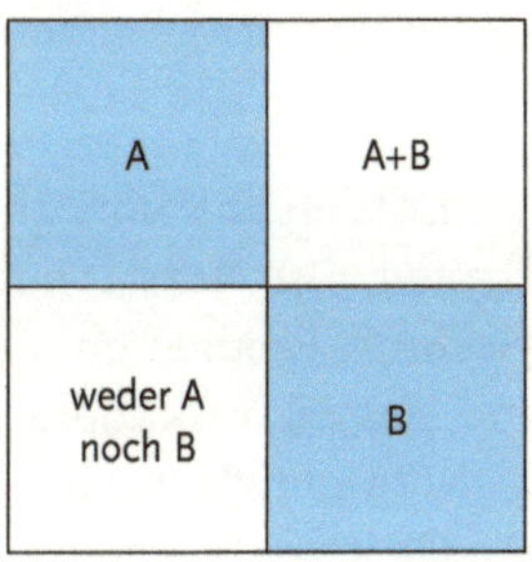

Abb. 5: Entweder-Oder

Es ist durchaus sinnvoll, im ersten Denkschritt zu untersuchen, ob die Positionen mit richtig-falsch, berechtigt-unberechtigt zu entscheiden sind. Welche (zweiwertigen) logischen Ableitungen, welche Expertisen und Erfahrungen sprechen für die eine und welche für die andere Seite?

In der gängigen Praxis wird bei dieser Überprüfung die Position *sowohl als auch* gar nicht gestattet. Durch Eindeutigkeit wird für die Handelnden Sicherheit hergestellt.

Kann einer Seite *ungestraft* der Vorzug gegeben werden, ist das Problem (erst einmal) gelöst. Die andere Seite wird *verabschiedet*, wenn möglich durch *Sprechverbote invisibilisiert*. Wird dennoch *gefragt*, greifen Betroffene gerne auf die Verleugnung des Unterschiedes und Widerspruches zurück – denn andernfalls müsste die Entscheidung neu geöffnet werden, und alles begänne von vorne.

Die Gefahr: Das *Tabu*, denn die unsichtbar gemachte Seite lässt sich nicht dauerhaft wegdenken und erscheint unkontrollierbar erneut, oft im ungünstigsten Ausgenblick. Der Unterschied der beiden Seiten steht jedoch nicht mehr ohne Weiteres konstruktiv, als verhandelbare Alternative, zur Verfügung.

2. Sowohl als Auch

Bei diesem Muster unterscheiden wir zwei Bearbeitungsformen:

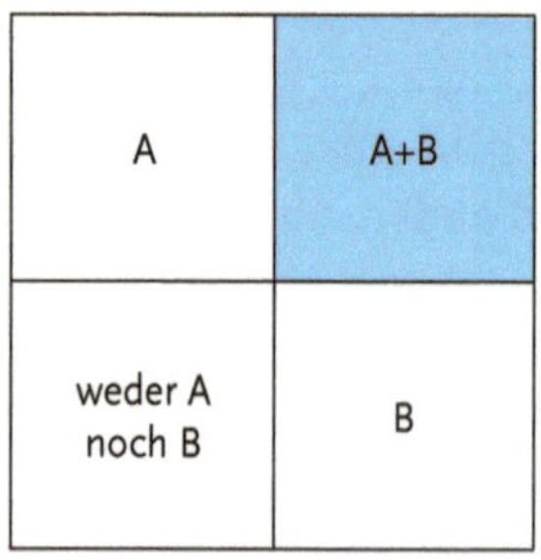

Abb. 6: Sowohl-als-auch

Die eine Form ist die *klassische* organisatorische Ausdifferenzierung, das Bilden von Subeinheiten. Die Bezeichnung für den jeweiligen Bereich (Vertrieb, Entwicklung, Produktion, Personal usw.) markiert die damit eindeutige und *einseitig* verknüpfte Ausrichtung, verbunden mit der Gewissheit (Notwendigkeit), dass durch bestimmte Koordinationsprinzipien die Gleichzeitigkeit der Unterschiede nicht zu einer Disbalance verkommen. Das *sowohl als auch* wird also zusätzlich organisiert.

Die Einführung des Generalmanagementgedankens und die dazu geschaffenen Entscheidungsgremien sollen sicherstellen, dass die Tendenz der Hierarchie zum *Entweder-Oder* nicht zum Tragen kommt. Die organisationale *Aufhebung* in Abteilungen erfordert immer auch die Auseinandersetzung mit generellen und in gewisser Weise abstrakteren *sowohl als auch* Prinzipien: Autonomie *und* Verbundenheit, Eigenständigkeit *und* Abhängigkeit, Einzelinteressen *und* Gesamtinteresse.

Eine Gefahr besteht darin, dass sich das Management von der Personalisierung und Etikettierung verführen lässt. Jedes »na klar, typisch Techniker, Verkäufer, Controller…« lädt die nüchternen Funktionsunterschiede emotional auf, und die Einladung, »doch auf das Ganze zu schauen«, wird schnell als Entwertung einer Seite des Widerspruches interpretiert. Das erschwert Lösungen.

Veränderungsprozesse sind besonders prädestiniert für die Bearbeitung des Widerspruches *Bewahren vs. Erneuerung* – es braucht hier beides. Werden diese Aspekte Personen zugeschrieben (und das meist mit negativen Attributen: der Bewahrer, der ewige Bedenkenträger vs. der Utopist, der Revolutionär), werden die inhaltlichen Lösungen, die beides verknüpfen, erschwert. Zumal es selten vorkommt, dass ein Funktionsträger solche (negativ konnotierte) Etikette mit Stolz trägt.

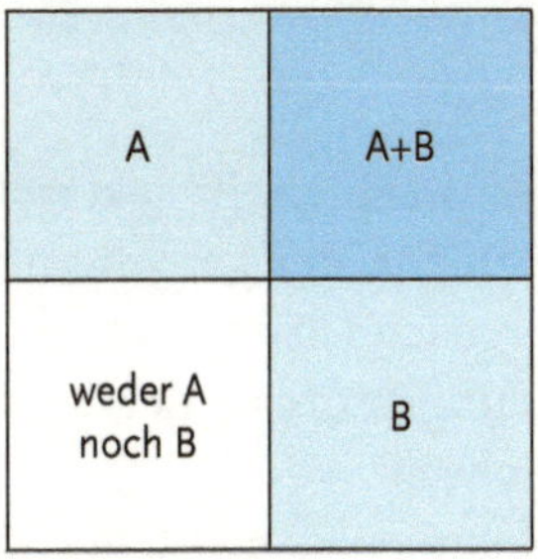

Abb. 7: Sowohl-als-auch

Die zweite Form sucht, auf kreative Weise, nach bisher nicht gedachten Verknüpfungen. So wird beispielsweise der Streit zwischen Serien- und Massenfertigung durch ein Modularsystem gelöst, oder die funktionale Logik und die marktbezogene Logik werden in einer Matrixorganisation *aufgefangen*. Dem *sowohl als auch* wird dadurch eine Struktur und ein Ort der Bearbeitung geschaffen.

Projekte und Workshops sind passende Formate dafür, Unterschiede im Spiel zu halten und Innovationen, die ja meist neue Verknüpfungen von bereits Bekanntem darstellen, zu entdecken.

Die Gefahr sehen wir darin, dass bei einer widerspruchs- und konfliktresistent bleibenden Organisations- und Führungskultur im Kern kein Paradoxiemanagement geleistet, sondern um eine Entscheidung Entweder-Oder gekämpft wird.

2.a Auflösung und Erhalt des Widerspruchs durch zeitliches Oszillieren

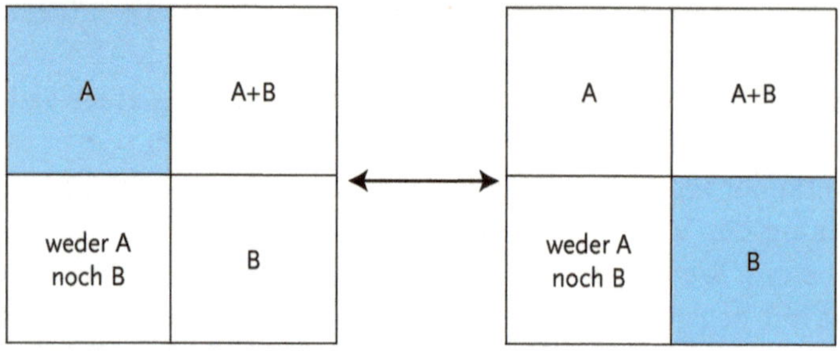

Abb. 8: Zeitliches Oszillieren

Das *Zuerst und Danach* ermöglicht, Inhalte, Funktionen und Personen oszillieren zu lassen und auf diese Weise A+B nutzen zu können.

Beispiele hierfür sind:

- die Bereichsleiterin, die in einem Projekt *einfaches* Teammitglied ist
- der Entwicklungsingenieur, der gemeinsam mit der Vertriebsmanagerin beim Kunden nach Lösungen sucht
- ein Strategieentwicklungsprozess, der zwischen Bottom-up- und Top-down-Ansatz wechselt
- ein stringentes Projektmanagement, das Selbstorganisationselemente vorsieht
- ein heterachisches Managementmeeting in einer hierarchischen Grundstruktur
- die Auslagerung von Innovationsabteilungen, deren Ergebnisse danach in die Linie *zurückgeholt* werden.

Eine Gefahr besteht darin, dass Personen, die *arhythmisch* handeln, trotz bester Absicht leicht frustriert werden und oft verständnislos reagieren – schließlich wird in der jeweils anderen Oszillationsphase dasselbe Verhalten toleriert oder belohnt.

3. Weder das Eine, noch das Andere – sondern ganz anders

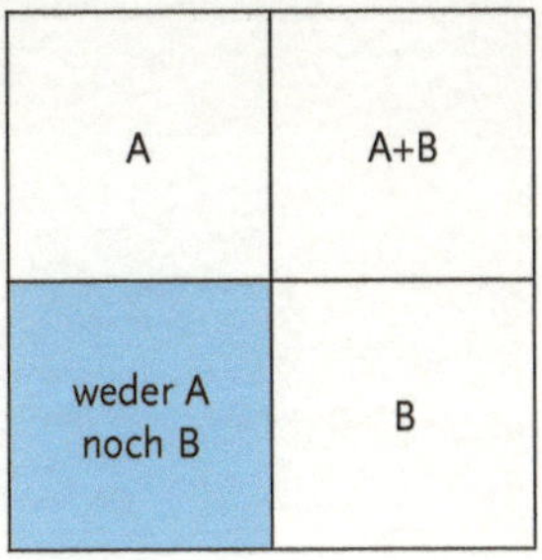

Abb. 9: Weder-noch

Diese Denkfigur des Tetralemmas ist bei konkreten Alternativen ein sehr wirksamer Impuls, neue Türen zu öffnen.

Weder Plan A: ein Kostenreduktionsprogamm, noch Plan B: Investition in einen neuen Markt, sondern z. B.: gar keinen Plan erstellen und investieren in die Kooperation des Geschäftsführungskreises untereinander und in einen aktiven Netzwerksaufbau mit den Zulieferern.

Ja, das ist ein konkretes und erfolgreich realisiertes Beispiel aus der Automotive Industry, als Weg aus der Krise.

Eine Gefahr: Das Suchen einer derartigen Lösung kann sehr zeitaufwendig sein, der Erfolg ist nicht gesichert.

Für die Bearbeitung von grundlegenden Paradoxien kann die Arbeit mit diesen Überlegungen mehr zur Verwirrung als zur Lösung beitragen, da die Überlegung »weder Autonomie noch Verbundenheit« die Paradoxie nur scheinbar zum Verschwinden bringt. Unbewusst – oder vorübergehend – kann diese Form des Invisibilisierens sicher zur Entlastung beitragen (»Lasst uns über anderes nachdenken!«), der Widerspruch wird aber ein unbeobachtetes *Eigenleben* beginnen.

Es steckt aber auch eine überraschend wirksame Chance in dieser Denkfigur, die wir öfter in der Praxis erleben konnten. Wenn es als Mantra einige Male ausgesprochen wird (»Weder das Eine, noch das Andere – sondern ganz anders!«), lösen sich fixe Verschaltungen im Gehirn, und bisher Ungedachtes wird sichtbar. Wenn schon die Entlastung ein kluger Weg ist, dann sollte man die Paradoxie ...

4. ... bewusst offenlassen...

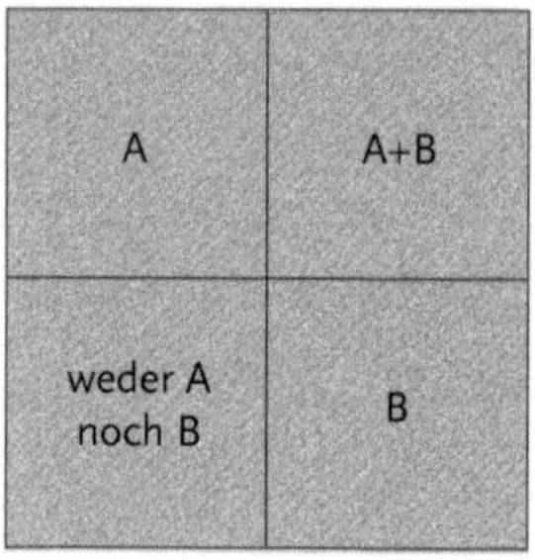

Abb. 10: Offenlassen

... und auf die dynamische Kraft der Selbstorganisation und der agierenden Mitarbeiterinnen vertrauen. Die Paradoxie wird über (intuitives) Handeln bewältigt.

Entweder nach dem Modell *Versuch und Irrtum*, der genügend Platz für Intuitionen lässt und innerhalb klarer Rahmenbedingungen Experimente ermöglicht, – oder es wird bewusst eine *Entscheidung der Nichtentscheidung* getroffen, und man hofft auf die Chance des Zufalls bzw. auf neue Lernchancen, die noch nicht einzuschätzen sind.

Die Gefahr hierbei: Subtil spielen sich Muster ein, die nicht mehr weiter infrage gestellt werden. Die Entscheidung gerät in Vergessenheit, die Organisation *vergisst* die Paradoxie zusehends.

5. So tun, als ob

Per Anweisung von oben wird offiziell Eindeutigkeit hergestellt nach dem *Entweder-Oder*-Muster, die offiziell – aus bestimmten, meist systemerhaltenden Gründen – nicht infrage gestellt wird. Es wird allerdings eine andere *Praxis* gelebt, womit die andere Seite der Paradoxie quasi im Untergrund weiterlebt. Alle *wissen* Bescheid, aber alle *tun so, als ob* man die Anweisung ernst nähme. So bleiben beide Seiten im Blick, man setzt sich nicht zynisch und mit Macht über einen Aspekt hinweg, sondern durch das Als-ob bleibt sie, auch moralisch, im Gedächtnis. Eine gewisse Form von Harmonie ist sichergestellt.

Ob man dieses Herangehen empfehlen kann, ist eine andere Frage – wir wollen uns nicht dem Vorwurf aussetzen, Scheinheiligkeit zu relativieren –, aber es lohnt sich, diese durchaus gängige Praxis genau zu beobachten, damit man ihre Wirksamkeit und ihre Risiken für das Funktionieren einer Organisation einschätzen kann.

Die Gefahr dieser Praxis ist, dass dadurch auch andere sinnvolle Regelungen der Scheinheiligkeit ausgesetzt werden.

Aber tun Sie nicht so, als ob Sie nicht sehr gewieft mit dieser Methode vertraut wären – nein, tun Sie so, als würden sie das So-tun-als-ob gar nicht kennen.

III. Was heißt das für Entscheidungen?

Entscheidungen, die dem Handeln vorausgehen – und sich damit über die Paradoxien hinwegsetzen (»Klar, wir gehen nach links«) –, müssen sich von einer besonderen Pointe irritieren lassen (die man schnell wieder vergessen möchte): Sie sind selber ein Paradoxon (!).

Uiuiu!

> Entscheiden heißt, aus Alternativen wählen, einen Weg vorgeben und so Handeln ermöglichen, und zugleich verweist Entscheiden immer *zurück:* Es gab mehrere Optionen – sonst wäre eine Entscheidung keine.
>
> Eine Entscheidung sollte aber, um Sicherheit zu stiften, diese Optionen zum Verschwinden, zum Verstummen bringen. Gleichzeitig macht genau die Entscheidung deutlich: Da war noch was.

Jede Managerin kennt das aus ihrer Praxis zur Genüge.

Immerfort wird gerechnet, überlegt, behauptet, verworfen und dann endlich gewählt. Ein Akt der Beendigung durch die Entscheidung, so glauben zumindest kurzfristig die Entscheider, und müssen bei sich und den anderen feststellen, dass im Augenblick der Entscheidung schon die Frage auftaucht, hätte man nicht ...? Dann folgt die hierarchische oder Expertenantwort: Das war die beste Wahl. Da darf es nicht wundern, wenn von Will-Kür geredet wird. Tatsächlich kommt hier der Wille (einer Führungskraft, eines Teams...) ins Spiel. Paradoxie und Willkür werden (kommunikativ) verpackt mit den rhetorischen Figuren der Rationalität. (Vgl. Groth 2013, S. 90 f; darin wird auch verwiesen auf Luhmann 2000, S. 136 ff.)

Lust am ernsten Spiel mit den Paradoxien gefunden? Dann wechseln Sie von der Spielerin zur Regisseurin und eventuell zur Autorin.

IV. Gelingende Inszenierung entdecken – von der Vergangenheit lernen

Mit dem Blick des Gestalters entdeckt man, was Strukturen bisher ermöglicht haben oder nun auch erschweren, man wird erstaunt Entscheidungsprämissen, die raffiniert unauflösbare Widersprüche umsegelt haben, verstehen. Man wird erkennen, wie die Unternehmenskultur und ihre Kommunikationen manche Widersprüche zum Verschwinden gebracht haben, und wird nachvollziehen können, warum neue Mitarbeiter seltsame Fragen gestellt haben.

Wenn Manager und Beraterinnen vorübergehend in die Rolle von Ethnologen schlüpfen und, ausgestattet mit einigen Fragen, das Feld der Organisation *erforschen,* werden sie rasch zu neuen, interessanten Ergebnissen kommen.

Das gelingt dann besonders gut, wenn man sich auf einige Paradoxien einlässt:

- zugleich in das Geschehen eintauchen und aus der berühmten Helikopterperspektive beobachten (*Nähe/Distanz, Wissen/Nichtwissen*)
- Tabus ernst nehmen und sie zugleich befragen
- verstehen und staunen.

V. Mögliche Fragen für diese Entdeckungsreise

- Welche Paradoxien *werden gesehen?* Welche werden *unsichtbar* gemacht?
- Wo werden sie über *Oszillationen* gelöst?
- *Welche Paradoxien werden oszilliert:*
  - ... sozial = Austausch von Funktionen und Personen?
  - ... inhaltlich, sachlich = neue Annahmen und Werte?
  - ... zeitlich = verschieben von Prioritäten auf der Zeitachse?
- Wann, wo führt Oszillation zur Überforderung von Organisation und Personen?
- Welche Paradoxien werden wo und wie gemanagt, d. h. eigentlich verhandelt?
- Für welche Paradoxien sind hierarchische Formen eine passende, sinnvolle Lösung?
- Welche werden über Eindeutigkeit der einen Seite gelöst?
- Was geschieht mit der anderen Seite?
- Wie verschafft sich die andere (unsichtbare) Seite Gehör und Raum?
- Wie zeigt sich das in den Strukturen und Entscheidungsprozessen?
- Wer beobachtet was, und welche Bewertungen setzen sich durch (»Der tut nur so, als ob«, »Ein kreativer Weg«, »Hier kommt man nur mit Intrigen durch«, »Man muss die Möglichkeiten offenhalten«)

Einige Fragen, die zu Lösungen anregen:

- Was muss man *stabil halten*, damit anderes offen bewältigt werden kann? Z. B.: strikte Regeln von Scrum-Projektmanagement-Phasen, innerhalb deren selbstorganisiert gearbeitet werden kann.
- Welche *anderen Strukturen* wären Antworten auf unsere Widersprüche?
- Welche Strukturen, Events, Freiräume, Rahmen, Budgets schaffen wir uns, damit *Experimente, Entdeckungen möglich werden?*
- Wie gelingt es, das *Nichtgewählte* als Option nicht zu entwerten und im Prozess der Entwicklung weiter präsent zu halten?

VI. Paradoxiecheck

Ein *Paradoxiecheck* unterstützt Sie dabei, mit einem wachen und neugierigen Blick die Paradoxien Ihrer Organisation oder Ihrer Abteilung zu erkennen und zu entdecken, wo Veränderungen und Entwicklungen angebracht wären.

Die Organisation selbst ist ja bereits eine intelligente und originelle Antwort auf die Frage, wie jeweils beide Seiten einer Paradoxie genützt werden können: jede Form von Arbeitsteilung, die Verlagerung von Widersprüchen in einen Matrixknoten, die Implementierung von Teamarbeit in die Hierarchie u. v. a. m.

Und jede Lösung bringt weitere Widersprüche hervor. Kein Wunder, wenn sich Führung – da sie ja gelernt hat, diese Widersprüche zu berücksichtigen – in Fäden, Knoten und Netzen an Interessen verstrickt. Wenn Sie das bemerkt haben, verzichten Sie auf das »Proaktive«, dann folgen Sie *nicht* dem Imperativ, Management muss eine Richtung einschlagen, entscheiden und handeln. Erfolgreiches Paradoxiemanagement schaut sich zuerst in Gelassenheit (tun Sie wenigsten so, als ob) auf dem Feld der Dynamik um, in dem es sich bewegen und eingreifen soll.

In speziell dazu entwickelten Fragebogen können *Aspekte, Werte und Eigenschaften* gewichtet oder markiert werden, die aus *Ihrer Sicht jetzt* Bedeutung für den Erfolg Ihrer Organisation (oder Ihres Bereichs) haben. Dies ermöglicht es, sich sehr schnell ein sehr umfassendes Bild der Lebendigkeit der Organisation zu machen. Ohne dass es hierbei um Falsch oder Richtig ginge, sondern um ein Verstehen, woran sich Kommunikation und Entscheidungen bei wichtigen Themen ausrichten.

Im Rahmen des Paradoxiechecks unterstützen strukturierte Fragebogen (vgl. Abb. 11) einzelne Führungskräfte oder eine ganze Führungscrew dabei, die Widersprüche und Paradoxien zu erkennen und zu entdecken, welchen sie in ihrer täglichen Führungspraxis begegnen. Die Teilnehmenden bewerten relevante Aspekte, Werte und Eigenschaften, die aktuell für den Erfolg ihrer Organisation von Bedeutung sind. Das daraus entstehende Profil ermöglicht es, mit einer professionellen Perspektive schnell ein sehr umfassendes Bild der Dynamik der Organisation zu zeichnen und zu erkennen, wo »es gut läuft« und wo Veränderungen und Entwicklungen angebracht wären. Es geht hierbei nicht um Richtig oder Falsch, sondern um das Verstehen dessen, woran sich Kommunikation und Entscheidungen bei wichtigen Themen ausrichten.

Es werden drei Ebenen betrachtet, die Organisation (das Unternehmen, der fokussierte Bereich oder die Abteilung), das unmittelbare Team und die persönlichen Präferenzen der Führungskraft. Das ermöglicht es festzustellen, welche »Systemebene« welchen Beitrag zur Bewältigung der Paradoxien leistet.

Welche Bedeutung haben folgende Aspekte, Eigenschaften, Werte in der Praxis Ihrer Organisation?
Markieren Sie bitte jeweils eine Gewichtung zwischen 0 (= derzeit keine Bedeutung) und 10 (= derzeit höchste Bedeutung).

Stabilität	0 ----|----|----|----|----|----|----|----|----|----10
Autonomie	0 ----|----|----|----|----|----|----|----|----|----10
Ordnung	0 ----|----|----|----|----|----|----|----|----|----10
Beziehungsorientierung	0 ----|----|----|----|----|----|----|----|----|----10
Verbundenheit	0 ----|----|----|----|----|----|----|----|----|----10
Außenorientierung	0 ----|----|----|----|----|----|----|----|----|----10
Zentralität	0 ----|----|----|----|----|----|----|----|----|----10
Improvisation	0 ----|----|----|----|----|----|----|----|----|----10
……..	

Abb. 11: Auszug aus dem Paradoxiecheck

Die Ergebnisse des Checks, die unterschiedlichen Gewichtungen und die Unterschiede in den Systemebenen, eröffnen dem Beratungsteam ein umfassendes Bild vom »Geschehen« im Unternehmen. Die externe Perspektive betrachtet mithilfe von Hypothesen sowohl die einzelnen Systemebenen als auch die Zusammenhänge zwischen Organisation, Team und Person. Die Auswertung des Checks ermöglicht Antworten z. B. auf die Fragen: Welche Widersprüche werden auf welcher Ebene besonders beachtet und wie unterschiedlich bewertet? Was wird ausgeblendet und wodurch ausgeglichen? Was leistet das Team, worum muss sich die Führungskraft besonders bemühen, und wie nützlich ist das? Diese Überlegungen dienen als Basis für einen ergebnisoffenen und suchenden Dialog mit dem Kunden. Dieser Dialog folgt den Spuren einer Dialektik, die Widersprüche bewahrt und (im zweifachen Sinn des Wortes) aufhebt. Diese gemeinsame Suchbewegung folgt der Thematik der Widersprüche, regt zum Nachdenken an und lässt sowohl für die Kunden als auch für die Berater Überraschungen zu. Orientierung erhält der Check durch die Gewichtungen des Kunden, die mithilfe der Berater zu Widerspruchspaaren gebündelt werden und dadurch eine äußerst präzise Beobachtung und Reflexion ermöglichen. So kann z. B. untersucht werden, welche Auswirkung die Paradoxie »Stabilität/Flexibilität« oder »Prinzipientreue/Pragmatismus« auf welche inhaltlichen Themen, auf das Miteinander wichtiger Akteure und auf zeitliche Verläufe und Prioritäten hat.

Im Folgenden wollen wir den Einsatz des Paradoxiechecks anhand eines Praxisbeispiels verdeutlichen.

In einem Weingut in Baden

Frau Wegner (Name wurde geändert), 32, übernahm nach ihrem Studium das Weingut des Vaters und führte es als Familienbetrieb weiter. Weiterführen hieß für Sie jedoch, neue Wege einzuschlagen, Prämiumweine in höchster Qualität zu produzieren und das Produktsortiment zu verändern. Damit die neue Linie auch neue Zielgruppen erreicht, setzte sie auf ein modernisiertes Auftreten, suchte neue Namen für die Produkte, entwarf pfiffige Etiketten für die Flaschen und entwickelte neue Vertriebskonzepte. Kurzum, innerhalb von wenigen Jahren stellte sie ihren Betrieb signifikant um. Der gewünschte Erfolg stellte sich glücklicherweise ein, allerdings um den Preis eines sehr hohen persönlichen Einsatzes. Als sich in der Familie Nachwuchs ankündigte, musste sie sich ein wenig zurücknehmen. Um den Erfolg nicht zu gefährden, versuchte sie – unabhängig von ihr als Person –, die Erfolgsbedingungen für Entwicklung und Wachstum zu identifizieren. Wie auf der Universität gelernt, verfasste sie Unternehmensgrundsätze, die die Funktionen eines modernen Businessverständnisses, professionellen Marketings und neuer Technologien besonders betonten. Dass nach wie vor im Weinbau die Erfahrung, ja die Geheimnisse der Lagen, der Boden- und Pflanzenpflege und des

Kelterns unerlässlich sind, kam darin zu kurz. Wenig überraschend vertrat der Vater, der noch im Betrieb mitarbeitete, diese Tradition und wehrte sich gegen die Überbetonung der »Theorie«. Konflikte wurden unvermeidlich. Allerdings wurde den beiden nicht bewusst, dass ihre sehr persönlich geführten (und manchmal ermüdenden) Auseinandersetzungen dazu beitrugen, das Unternehmen so erfolgreich werden zu lassen. Als Frau Wegner wieder verstärkt das Ruder in die Hand nehmen wollte, entschied sie sich, die Konfliktdynamik mit Beratern zu besprechen.

Der Paradoxiecheck half, von der Dimension »Person« (Eigenschaften, Interessen, Haltungen) auf das zentrale Spannungsfeld Tradition/Innovation zu wechseln. Schon dieser Schritt entlastete die emotionale Dimension zwischen Vater und Tochter. Im Zuge unserer Beratung wurde sichtbar, dass Innovation, Flexibilität, Kreativität, Erneuerung einen äußerst hohen Stellenwert einnahmen, während Prinzipientreue, Stabilität und Tradition als vernachlässigbar galten. In der Reflexion der Ergebnisse des Paradoxiechecks konnte geklärt werden, dass die »Verleugnung« dieser Seiten es ermöglichte, die Strategie der Modernisierung mit hoher Energie aufzuladen. Das Tagesgeschehen, das richtige Keltern kamen jedoch ohne die Erfahrungen und die Tradition, für die der Vater stand, nicht aus. Entweder wurde über die Strategie nicht gesprochen, sie wurde also vom Alltag entkoppelt, oder es kam zu Grundsatzstreiten, die teilweise als Vater-Tochter-Konflikt gespielt wurden. Im gemeinsamen Coaching konnte der Konflikt auf der psychodynamischen Seite beruhigt und von der Entscheidung darüber, wer nun recht hat, entlastet werden. Vater und Tochter mussten nun nicht mehr auf sich und ihre Widersprüche schauen, sondern konnten sich gemeinsam im Paradoxiefeld bewegen. Sie waren füreinander nicht mehr Gegner oder »Verhinderer«, sondern gemeinsam Garanten des Erfolgs. In der Folge konnten diejenigen Themen identifiziert werden, für die es Sinn ergab, der Tradition zu folgen, und diejenigen Felder, für die es Sinn ergab, innovativ zu experimentieren, weil man noch nicht wissen konnte, was sich bewähren würde.

Abenteuer »Innovation«

Alice ist weitergewandert, vom letzten Abenteuer noch etwas verwirrt, aber nach wie vor neugierig auf weitere Entdeckungen. Sie hat Hunger auf noch mehr Neues – und sogleich wird ihr wieder etwas zugemutet.

Zumutungen von Paradoxien

Stehen auch Sie unter dem Dauerdruck, Ihre Organisation oder Abteilung permanent umzubauen? Jagen Sie sich selbst und ihre Mitarbeiterinnen von Change zu Change zu Change ... von Konsolidierung zu Konsolidierung – oder werden gejagt?

Sind sie alle miteinander erschöpft, lustlos, resigniert, müde?

Wundern Sie sich nicht, denn selbst ohne die explizite Aufforderung zur Innovation flüstert in jeder Organisation »der Geist, der stets verneint«: Bist du wirklich zukunftsfähig? Dann höre auf die Investoren und Analysten: *»Verändere!«* und höre zugleich auf deine Kunden, deine Mitarbeiter, deine Bank: »Halte deine Organisation stabil!«

Puh, da kommt man leicht aus der Puste!

Beruhigen Sie sich aber auch nicht, denn Change-Müdigkeit ist nicht das Problem. Sie ist ein Symptom für schlechtes Paradoxiemanagement.

Beruhigend finden wir, dass nach unserer Beobachtung Manager und Beraterinnen jetzt mehr darauf achten, Paradoxien erstens als solche zu erkennen und zweitens, sie zu lösen. Lösen heißt nicht auflösen, es heißt handhaben, mit der Paradoxie umgehen.

Was beobachten wir in Organisationen im Hinblick darauf, wie diese Dynamik weiter angetrieben wird?

- Wir erleben viele Manager, die mehr oder weniger davon ausgehen, dass es die richtige/die einzig passende Organisation gibt – auch wenn sie es besser wissen.
- Im Zustand von Erschöpfung wird man zu langsam – und verliert seine Anpassungsfähigkeit.
- Etliche Führungskräfte orientieren sich überwiegend an Außenimpulsen, an Vorstandsäußerungen, neuesten Marktanalysen, kurzfristigen Aussagen und Verhaltensweisen von Lieferanten usw. Sie verlieren relativ schnell den Zugang zu den eigenen kreativen Potentialen, zu ihrer Intuition, der Ressource ihres

implizierten Wissens und ihren erfolgreichen Routinen – sowohl individuell als auch organisational.

- Andere wiederum orientieren sich überwiegend nach innen – »So läuft das bei uns, wir haben die Ressourcen nicht, da geht der Vorstand nicht mit« usw. Ihnen fehlen dann die entscheidenden, kreativ irritierenden Impulse von außen für notwendige Anpassungen.

Diese Szenarien dürften sehr vertraut sein.

Und was kommt nach der Erkenntnis? Die eine Antwort (dass es die eine richtige Antwort nicht gibt) ersparen wir Ihnen, dafür holen wir – nicht als billigen Trick, sondern als seriöses Angebot – die Kultur aus unserem Hut.

In diesem Fall die Innovationskultur, in der Paradoxien zum guten Ton gehören, in der man sich eingeladen fühlt, spezifisch passende, adäquate, und manchmal auch ver-rückte Organisationsdesigns herzustellen. Im Wissen, dass auch sie nur Vorübergehendes darstellen. Das Konzept der Organisation N. N. lässt grüßen.

Eine solche Organisation, die sich lebendig, d. h. evolutionär auf die gesellschaftlichen, wirtschaftlichen, globalen Entwicklungen einstellt, wird zweierlei gleichzeitig gewährleisten:

- Sie wird genügend stabil sein, um sich flexibel zu entwickeln, und sie wird sich permanent verändern, anpassen, wandeln, um stabil weiterzubestehen.
- Und sie kennt die ... *wechselseitige Abhängigkeit von Organisation und Mitarbeiterinnen.*

Organisation und Mitarbeiterinnen sind nicht denkbar ohneeinander, sie bedingen einander, brauchen sich, und sie müssen sich wechselseitig stärken und nutzen, wenn sie auf dem Weg von einer eher monotonen Routine (die selbstverständlich auch etwas für sich hat) zu einer vielseitigen und beiderseits bereichernden Gestaltung des Geschäfts kommen wollen.

Organisationen haben immer versucht, sich von ihren Mitarbeitenden unabhängig zu machen, und Mitarbeiter versuchen umgekehrt, die Organisation von sich abhängig zu machen (vgl. Simon 2004, 2007). Das scheint sich gerade umzudrehen, da Organisationen zunehmend von etwas abhängig sind, was sie nicht anordnen können. In der (vor allem beginnenden) Industriegesellschaft konnte ein Unternehmen die *Arbeitskraft* einfordern und bei Nichtlieferung die betreffenden Personen austauschen. Das Heer der Arbeitslosen stand bereit. Die Abhängigkeit des Unternehmens von seinen Mitarbeitenden ist schon in der Wissensgesellschaft gewachsen, in einer »Kreativgesellschaft« würde sie wahrscheinlich weiter steigen.

Die Organisationen brauchen weniger die reine Arbeits*kraft*, die konnte mehr und mehr durch Maschinen ersetzt werden (siehe Industrie 4.0). Gebraucht werden die Expertise und der Ideenreichtum, die Fähigkeit, mit Kontingenz und Komplexität sinnvoll (z. B. zielorientiert) umgehen zu können.

Auch die Fachexpertise ist weitgehend einforderbar. Das Unternehmen beruft sich auf die nachgewiesenen Qualifikationen des Mitarbeiters, die kauft es per Vertrag ein, ihre Lieferung kann es somit verlangen. Und die Expertise, die sich immer auf Vergangenes bezieht bzw. sich aus Vergangenem generiert hat, ist (i. d. R.) abrufbar.

Ganz anders sieht es aus mit der Generierung von Ideen, von bisher nicht Dagewesenem, von Innovationen. Hier braucht es Kreativität.

Aus der Praxis:

Ein österreichischer Möbelhersteller, Familienunternehmen in dritter Generation, sah sich aus ökonomischen Gründen gezwungen, das Unternehmen völlig neu zu strukturieren.

Wie kann das gelingen, wie gewinnen wir alle Mitarbeitenden, ihr Bestes zu geben und diesen schwierigen Umwälzungsprozess zu tragen und auch aktiv mitzugestalten?

Der Geschäftsführer beobachtete die Kreativität und Selbstständigkeit etlicher Mitarbeiterinnen in ihrer Freizeit: Leitung der freiwilligen Feuerwehr mit logistisch hochkomplexen Einsätzen, handwerkliche oder bauliche Nachbarschaftsprojekte usw. – während diese Kompetenzen im Werk nicht zum Tragen kamen.

Es muss doch möglich sein, dieses Engagement hereinzuholen in die Organisation – und damit der Belegschaft quasi 40 Stunden pro Woche aktive Gestaltungsmöglichkeiten und Verantwortungsübernahme zu ermöglichen statt nur am Wochenende. Und der Nutzen für das Unternehmen müsste gewaltig sein!

Dem Geschäftsführer ist die wechselseitige Abhängigkeit – und damit das Sowohl-als-auch anstelle eines Entweder-oder – nur zu deutlich geworden. Er schuf also Strukturen, die Verantwortungsübernahme und eigeninitiatives Handeln ermöglichen und auch erfordern. Eine fraktale Struktur wurde entwickelt, in der jede Funktionseinheit (jedes Team) weiß, was sie zu tun hat und dass sie in Gruppenverantwortung *rückfragefrei* agieren kann. Für alle Mitarbeiterinnen sind die Abläufe klar und transparent. Über Nahtstellen ist die Koppelung mit den anderen jeweils relevanten Funktionseinheiten gewährleistet, beispielsweise durch tägliche Morgenmeetings der Teamleiterinnen, Aushangbretter mit tagesaktuellen Informationen oder tägliche Überprüfung der Bestell- und Liefertermine.

Schwierigkeiten sind sofort *eigeninitiativ* zu lösen. Mit dem gelebten Leitsatz *»Tagesgeschäft ist führungskräftefrei«* wird sichergestellt, dass die autonomen Arbeitsteams tatsächlich ihre Aufgaben und Probleme selber lösen können – und die Führungskräfte, die nun nicht mehr im operativen Geschäft mitmischen, haben Zeit, sich um Führung und um technische Weiterentwicklungen zu kümmern.

Die Bilanz nach einigen Jahren des Lernens und nach dem Aufrücken in die Gewinnzone: engagierte, eigenverantwortliche Mitarbeiterinnen, rückläufiger Krankenstand, *führende* Führungskräfte, steigende Gewinne ...

Kreativität, die nur darauf wartet, sich entfalten zu können – das Spannungsfeld der Paradoxien ist ein guter Nähboden.

Nicht-Planbarkeit/Nicht-Vorhersehbarkeit und Plan-Notwendigkeit von Innovation

Auch wenn es ein alter Hut ist, dass man bei kreativen Prozessen nie weiß, welchen Lauf sie nehmen werden und ob überhaupt ein Ergebnis erwartet werden kann, bleibt das eine Zumutung (vgl. auch Ehmer 2015).

Denn zugleich muss sich die Organisation darauf verlassen können, dass neue Antworten entwickelt werden.

Die (aus der Perspektive der Organisationslogik) eigentlich nicht zu akzeptierende Unvorhersehbarkeit stellt dem Paradoxiemanagement schon die nächste Aufgabenstellung – oder Zumutung – zur Verfügung:

Wenn du dich am Markt behaupten willst, musst du vielfältige Entwicklung *ermöglichen*. Du musst Optionen eröffnen – ohne zu wissen (siehe oben), was dabei entstehen wird. Aber Vorsicht, du willst morgen noch erkannt werden, du willst dich nicht verlieren (in Identität, Ausrichtung, USP [Unique Selling Proposition/Point = Alleinstellungsmerkmal] usw.). Sorge über Strukturbildung (Vorgaben, Entscheidungen, Erwartungen etc.) für eine *Begrenzung* von Wahlmöglich-

Der Maler vor der weißen Leinwand muss den ersten Pinselstrich setzen.

Und die Autorin vor dem leeren Bildschirm setzt sich begrenzende Strukturen über die ersten Stichworte.

keiten. Und entdecke, erst in der Begrenzung zeigt sich die Freiheit, zu entscheiden: *Wenn du alle Möglichkeiten hast, bist du blockiert!*

Freiheit mag über den Wolken grenzenlos sein – auf dem Boden der Organisationen heißt Freiheit: zu entscheiden, zu wählen, wovon man sich abhängig machen will.

Begrenzen und Ermöglichen folgen der gleichen unauflöslichen Verzahnung wie das Spiel an der Grenze, die immer trennt, ausschließt und zugleich an der Stelle der Grenze verbindet, das Ausgeschlossene sichtbar werden lässt. Jede Begrenzung (außer man hat sich resignativ aus dem Spiel genommen) mobilisiert, was dennoch möglich ist (das alte Räuber-und-Gendarm-Spiel), und jede Möglichkeit muss sich die Frage »Sollen wir wirklich?« gefallen lassen.

Bezogen auf die Ermöglichung von Kreativität in Organisationen, bedeutet das, so viel Beschränkung einzubauen, dass Kreativität erst möglich werden kann.

... beeindruckend, wie der das siehst. Mir war bisher nicht klar, wie entlastend Beschränkung sein kann!

Kannst auch sagen: Schaffe Wahlmöglichkeiten, indem du die Unendlichkeit der Möglichkeiten eingrenzt! Genial!

Aus der Perspektive der Person kann der Wunsch nach Ermöglichung von Kreativität gesehen werden als Versuch, die Tautologie »Organisation = Handlungsverhinderung« wieder in eine Paradoxie »Ermöglichung/Beschränkung« zu überführen, damit man sich nicht im Kreis dreht, sondern wieder handlungsfähig wird – und sich durch Handlung für die eine oder die andere Seite entscheidet.

Aus der Praxis:

Eine Unternehmensberatungsfirma, die konsequent nach den Prämissen des Design Thinking arbeitet – intern und mit Kunden –, beschreibt, wie die stark strukturierte Arbeitsweise des

Design Thinking die unkalkulierbaren Entwicklungsschritte und -phasen ihrer kreativen Arbeit rahmt und ermöglicht.

Unsicherheit und Irritation werden durch standardisierte Projektphasen (Idee – Konzept – Prototyp – Learning – Pilot – Standard) mit eingebauten Feedbackschleifen *gebannt*.

Gleichzeitig wird die Ideenfreude der Mitarbeiter durch sehr klare unternehmerische Anforderungen *begrenzt*: Ideen müssen letztlich Marktreife erlangen.

Zumutung neu – alt

Nur Mut, lassen Sie uns eine weitere Paradoxie erschaffen. Wir koppeln *Neu/Alt* oder auch *Innovation/Tradition* so, dass das eine ohne das andere nicht gedacht werden kann, obwohl es zwei gegensätzliche Qualitäten oder Eigenschaften sind. Und auch hier gibt es nicht des Rätsels eine Lösung, sondern nur ein kreatives Suchen – in einem nur bedingt kontrollierbaren Prozess, der gleichzeitig Unkontrollierbarkeit erzeugt.

Erinnern Sie sich an die Variante des *weder das Eine, noch das Andere – sondern ganz anders!* im Tetralemma, spielen Sie mit (Un-)Möglichkeiten und mit der Option des wirklich Neuen.

Zum Neuen lässt sich eigentlich nichts Neues sagen – es ist und bleibt ein Rätsel. Das Konzept vom Neuen ist, streng genommen, unverständlich, mit Luhmanns Worten (1995, S. 323; Hervorh. im Orig.):

> »Neuheit ist zunächst ein ontologisches Unding. Etwas ist, obwohl, ja weil es alles *nicht* ist, was bisher war.«

Etwas, das alles bisher Bekannte *nicht* ist, ist unverständlich, kann erst gar nicht wahrgenommen werden oder wird als Irritation und Verunsicherung abgewehrt. Eine solche Überraschung und Unberechenbarkeit als Chance zu sehen in Momenten, in denen Neues als Nichtvorherschbares auftaucht, ist für Organisationen beinahe unmöglich. Denn sie suchen, per Auftrag, nach Stabilität und Berechenbarkeit und orientieren sich daher immer auch am Bekannten, am Alten.

Das wiederum kann als Brücke dienen, die hierin liegende Grundparadoxie aufzulösen: Das Neue ist nicht zu denken ohne das Alte, weil es einerseits nicht erkennbar wäre und weil es andererseits das bis zum Moment seines Auftauchens *Neue* zum Alten macht. Das Neue kann erst in Unterscheidung zum Alten (Sachdimension) und erst im Nachhinein (Zeitdimension) als neu bewertet, beobachtet werden (Sozialdimension), also wenn es rückblickend seine Wirkung gezeigt hat und schon wieder alt ist.

Das Neue ist immer an das Alte gebunden – Innovation ist immer auch Imitation (der Natur oder evolutionärer Zufälle).

Mit Elena Espositos Ausführungen zur Paradoxie des *Neuen/Alten* kommt man zu der Erkenntnis, dass man nichts lösen würde, wenn man eine Seite der Unterscheidung mit der anderen Seite vergleichen würde. Sinnvoller ist es, zu beobachten und zu

> »fragen, wie das Neue auf das System einwirkt, das es produziert, und was die Folgen sind: Was wird alt, und was erneuert sich, und wie kann der Prozess gesteuert werden?« (Esposito 2013, S. 6).

Wie kann man also das Neue konzipieren oder herstellen, da man es (noch) nicht kennt? Man kann, mit David Stark (2009) auf die Unterscheidung *planen/vorbereiten* schauen und sich vergegenwärtigen, dass man nicht danach suchen kann, was man nicht kennt – man kann es also nicht planen. Man kann sich jedoch vorbereiten zu erkennen, was man nicht kennt. Dann wird man es erkennen, wenn es auftaucht, man wird die »Situationspotenziale« (vgl. Jullien 1999) wahrnehmen und nutzen.

Zur Erinnerung erlauben wir uns einen Blick auf ein bekanntes »Negativ«-Beispiel, Nokia: Dieses Unternehmen hat sich einmal in seiner Geschichte radikal umgestellt – vom Hersteller von Gebrauchsgütern aus Gummi zum führenden Anbieter im Mobilfunk. Die Erfahrung, dass eine solch radikale Umstellung möglich ist, ließ das Unternehmen in dem Glauben, sich jederzeit wieder umstellen zu können, und zwar dann, wenn es ähnlich dramatisch werden würde. Derart dramatisch ist es nicht geworden – und Nokia hat es vernachlässigt, die kleinen evolutionären Schritte vorzunehmen, die für die Anpassung in der Mobilfunkentwicklung erforderlich gewesen wären. Statt Situationspotenziale zu erkennen, ist die Firma in eine Pfadabhängigkeit verfallen (nach Baecker 2013, S. 80).

Die Unterscheidung *Neu/Alt* radikalisiert die Frage, was Veränderung eigentlich heißt und verweist auf die meist schmerzliche Konsequenz: Es geht immer auch um *Auflösung*. Change-Projekte scheitern gerade an diesem Erfordernis.

Um etwas zu ändern, muss man auch auflösen – und dies ist (und hier wird Paradoxie zum Trost) nur im Zusammenspiel möglich.

Die Erneuerung bzw. Veränderung ändert die Strukturen des Systems, das sich erneuert, und löst zugleich die früheren Strukturen auf, die nicht mehr als Bezug gelten (vgl. Baecker 2013).

Für uns stellt sich daraus die Frage, was man auflösen muss, damit in unprognostizierbarer Weise – also unkontrolliert – Neues sich entwickeln kann.

Oder, ganz praktisch gesehen: auf Kontrolle verzichten, aber dabei versuchen, den Mangel an Kontrolle zu kontrollieren. Strukturierte Bedingungen schaffen, damit Zufälle Neues produzieren können.

Pragmatisch praktisch:

- die Teeküche und die Kaffeemaschine weit weg von den Büros, damit man auf dem Weg dorthin andere trifft und sich in Kommunikation verstricken kann
- aktuelle Infos aus dem Management als Papiere in die Teeküche legen statt ins Intranet und damit den Austausch provozieren
- beim Multitechnologieunternehmen 3M verfügen die Mitarbeiterinnen über ein bestimmtes Stundenkontingent dafür, sich mit dem zu beschäftigen, was sie wollen. Das Management entscheidet dann, was davon umgesetzt wird.

Frage: Was ist davon zu halten, wenn sich die Gesellschaft über das Neue definiert, über das Neuzeitliche, die Modernität und den Fortschritt?
Sie definiert sich damit über das Inhaltsleere, wie wir vorhin gesehen haben, über etwas, das noch nicht ist bzw. alles *nicht ist*, was bisher gewesen ist.

Das Neue – was es in Unterscheidung zum Alten ja schon *immer* gab (als Grundantrieb menschlicher Gesellschaften: Was ist jenseits der Grenzen, was gibt es noch zu entdecken, wie kann man Dinge anders tun, welches Werkzeug gibt es noch?) – war nicht automatisch, wie derzeit, das Bessere.

Diese Einschränkung macht es nicht leichter, denn nun *muss* das Neue das Bessere sein – sonst ist es nicht *neu*.

Ich sag nur »Neue Medien«. Man benutzt sie, um Bisheriges besser zu machen – E-Mails statt Briefe – und rechnet nicht damit, dass unerwartete Dinge passieren: Man sitzt stundenlang an E-Mails!

Und dann entstehen »Social Media« – wiederum mit unabsehbaren Wirkungen. Und ob das nun das Bessere ist, können wir wiederum erst im Nachhinein entscheiden.

Nächste Frage: Wie macht es die derzeit *neue* Generation?

Die Generation Y (*why*) geht – großteils – anders an diese Entwicklungen heran bzw. mit ihnen um als wir aus der sogenannten Generation X. Nicht selten eine wechselseitige Zumutung.

Man schreibt den Angehörigen dieser Generation zu – und erwartet es inzwischen auch –, dass sie Herausforderungen suchen, in Netzwerken denken, gern in virtuellen Teams und flachen Hierarchien arbeiten, mit wenigen Autoritäten, sie wollen die inhaltliche Aufgabe im Mittelpunkt. Ihnen sind selbstständiges Arbeiten, Selbstverwirklichung und Gestaltungsspielräume wichtig, möglichst im Rahmen konkreter Projekte und nicht prinzipiell zu gesellschaftlichen Veränderungen. Sie will nicht die Welt verändern, sondern ein bisschen besser machen – ähnlich wie das Update einer Software, die eh ganz gut funktioniert. Lösungen suchen sie lieber in der Community und nicht bei Autoritäten. Ihr Engagement und die konstruktiven Ansprüche scheinen bisher in den Unternehmen noch nicht so recht anzukommen. Sitzen die Babyboomer dort noch zu fest im Sattel, die nicht wahrhaben wollen, dass all die verinnerlichten und als selbstverständlich geltenden Mechanismen nicht mehr so funktionieren wollen wie bisher?

Die Generation Y erlaubt sich *Ungeheuerliches:* Sie funktioniert nicht mehr so, wie man es erwartet. Die Generation X reagiert mit Unverständnis.

Wer mutet hier wem was zu?

4 Es geht nicht ohne »Tschentschen« – Konfusion, Trauer und Begeisterung in Change-Prozessen

Österr. für »Nörgeln«.

Bevor wir Sie mit diesem einen seltsamen Wort im Titel vertraut machen, ein Hinweis in eigener Sache und zur Orientierung, was Sie von diesem Kapitel erwarten dürfen: Praxis, Praxis, Praxis – eine Sammlung, nennen Sie es gerne auch: ein Sammelsurium von bewährten und neuen (aber auch schon erprobten) Wegen, Methoden, Verfahren. Die einzelnen *Stücke* stehen jeweils für sich, manchmal einfach nebeneinander, manchmal verweisen sie aufeinander. Greifen Sie zu ...

Tschentschen ist die Begleitmusik

Dieses Buch wurde in Österreich verfasst. Es nimmt selbstverständlich Allgemeingültigkeit in Anspruch.

Aber diese Allgemeingültigkeit verbirgt sich oft in den unwahrscheinlichsten Kontexten. In Österreichs südlichstem Bundesland zum Beispiel: Kärnten ist ein liebenswertes Fleckchen Erde, wo ein charmanter und zu beträchtlichen Teilen von slawischen und italienischen Nachbarn geborgter Dialekt gesprochen wird. (Lassen Sie sich dieses Wissen nicht anmerken, wenn Kärntner im Raum sind.)

Einem der im Kärntnerischen allgegenwärtigen Lehnwörter begegneten die Autoren anlässlich einer Fachdiskussion in Klagenfurt (Haupt- und Universitätsstadt): »Tschentschen«.

Nein, Sie vermuten falsch: »Tschentschen« ist nicht die österreichische *Ververbung* von Change. »Tschantschar« ist vielmehr das rätoromanische Wort für »sprechen«, und Kärntner formten aus dieser Vorlage das ausgesprochen lautmalerische »tschentschen« für »nörgeln«, »quengeln«, »meckern«, »motzen« und »raunzen«.

Wir haben Ihnen am Anfang »nur« Praxis versprochen. Jetzt bieten wir Ihnen eine allgemeingültige Erkenntnis:

Wer Change managen will, wird mit Tschentschen leben müssen.

Denn sobald Sie einer Organisation die Unbequemlichkeit der Veränderung zumuten, werden Sie vieles zu hören bekommen, aber selten eine Beifallsbekundung.

Ich erzähl dir, was ich von Führungskräften, nicht von Mitarbeitern gehört habe: Wozu soll das jetzt wieder gut sein? So nicht. So sicher nicht. Nicht schon wieder. Warum sollen wir das schon wieder ändern, den Prozess haben wir vor acht Monaten erst eingeführt. Da kennt sich zwar jetzt endgültig niemand mehr aus, aber bitte – die sollen machen, was sie wollen. Lasst mal, das stehen wir auch noch durch. Nichts wird so heiß gegessen, wie es in der Chefetage gekocht wird.

Wundert mich nicht, die bekommen von oben und unten Druck und werden selten mit einbezogen.

Zurück nach Kärnten. Das Land liegt zu beträchtlichen Teilen über der Baumgrenze, also scheint es nur schlüssig, dass das Tschentschen den mit ihm konfrontierten Change-Managern das Antlitz einer heimtückischen alpinen Naturgefahr präsentiert. Tschentschen ist eine Lawine.

Es beginnt stets außer Hörweite der Entscheidungsträgerebene, und es sind die mehr oder weniger leisen, diskreten Bemerkungen an der Kopierstation, in der Teeküche oder am Kantinentisch, die buchstäblich den Stein ins Rollen bringen.

Unbemerkt und deshalb ungebremst pflanzt sich das Tschentschen fort und schwillt dabei lawinenartig an. In der Frühphase hätte man es relativ unaufwendig kanalisieren, umleiten und seines Schwunges berauben können.

Aber das Management war taub – oder hat sich zumindest so gestellt.

Jetzt rollt die Welle der Irritationen, Gerüchte, Übertreibungen, Falschmeldungen, Halbwahrheiten und immer bizarreren Verschwörungsideen – höchst unwillkommen und erfolgsschädlich in jener heiklen Phase, die jeder Change-Prozess durchlaufen muss – der *Zeit der Konfusion.*

Konfusion kann nicht vermieden werden, sondern muss als eine *naturgegebene* – oder eigentlich *sozialgegebene* – Prozessphase wahr- und in die Steuerung der Veränderung aufgenommen werden. Die Sicherheit des »Alten« ist weg, viel zu selten wird es konstruktiv verabschiedet und sozusagen rituell zu Grabe getragen.

Das Versprechen des Neuen ist, wenn überhaupt, nur auf PowerPoint-Folien zu besichtigen, und das in der Regel nur für einen engen Zirkel von Geheimnisträgern. Aber in Organisationen gibt es kein Informationsvakuum, und jedes Wissensdefizit wird automatisch mit mehr oder weniger haltbaren Annahmen aufgefüllt. Die Gerüchteküche brodelt.

Wir möchten auf den folgenden Seiten einige grundlegende Wahrheiten rekapitulieren, auf zentrale Aspekte der Steuerung verweisen und Ideen anbieten, wie »Tschentschen«-Lawinen durch konstruktive Dialoge und kritische Diskurse zu ersetzen sind. Mit Gefühl und Konsequenz eingesetzt, ackern sie das Spannungsfeld »Konfusion – Sicherheit/Enttäuschung – Begeisterung« in ein fruchtbares Gestaltungsfeld für den intendierten Change-Prozess um.

Sollte Ihnen das eine oder andere vertraut vorkommen, dann nicht zufällig. In Hunderten Seminaren und Vorträgen zum Thema wird diese Toolbox ganz oder partiell präsentiert. Komplett, konsistent und konsequent eingesetzt wird sie trotzdem viel zu selten.

Den Grund verortet der Organisationspsychologe Peter Kruse (2015) in einem Interview in der inhärenten Trägheit von Organisationen:

> »Ich habe mir den Mund fransig geredet und habe doch oft auf Granit gebissen. Die Reaktion war: Nun ja, es funktioniert doch noch, also machen wir weiter so. Das ist wirklich witzig: Man fährt jahrelang in eine Richtung, von der man erahnen kann, dass sie nicht dauerhaft beizubehalten ist. Aber die eigene Massenträgheit ist so groß, dass selbst eine Mauer, auf die man zurast, anscheinend nicht davon abhält, einfach weiterzufahren.«

Benennen wir diese *Massenträgheit* mit einem anderen Wort: Sie heiße ab sofort »Pfadabhängigkeit«. Und damit haben wir den ausweglos scheinenden Hohlweg des Tschentschens verlassen und sind offen für Alternativen im Sinne des Change.

Machen Sie sich im nächsten Schritt befragbar. Wirklich befragbar zu werden fordert Ihnen sehr viel mehr ab als nur die Höflichkeitsfloskel »Welche Fragen haben Sie noch?«, die am Ende von Befehlsausgaben offene Kommunikation eher behindert als ermöglicht. Es führt zur Wahl passender Kommunikationsformate und Prozesse für die jeweilige Situation, von der telefonischen Hotline über Frage-Antwort-Foren im Intranet bis zu Diskussionskreisen mit Führungskräften. Alles, was einen klärenden Diskurs ermöglicht, eröffnet und trägt, ist legitim. Die dafür investierte Zeit verzinst sich durch mehr Qualität und Tempo des Veränderungsprozesses in erfreulicher Weise.

Change, sorgfältig durchdacht und klug gemanagt, ist fordernd genug. Die Betroffenen nach einer mehr oder weniger originellen Präsentation mit ihren Fragen, Zweifeln und Ängsten allein zu lassen, ist gnadenlos überfordernd: Dass Sie vom echten Sinn des Veränderungsweges überzeugt sind, haben Sie sich selbst Schritt für Schritt erarbeitet. Sie haben das »Warum gibt es die Veränderung?« intensiv durchdacht, Vor- und Nachteile abgewogen, versucht zu akzeptieren, dass mit diesem nächsten Schritt auch Beliebtes, Bewährtes verloren geht, das Risiko kalkuliert und sind so zur inneren Überzeugung gekommen: Ja, die Veränderung wird tatsächlich eine Not wenden, wir werden es schaffen, das Neue wird neue Möglichkeiten eröffnen und alle wieder begeistern. Dieser gedankliche und emotionale Prozess lässt sich nicht im Rahmen einer Präsentation zwingend vermitteln. Sie werden das Team durch den gesamten Prozess begleiten müssen, und im ersten Schritt ist Verarbeitung, Verdauung angesagt.

Ich hab dir ein Feature mitgebracht, das alles hab ich persönlich beobachtet, wir sollten daraus einen kleinen Videoclip machen.

Lass hören.

Na denn prost ...

15. Mai, 20:30, an der Hotelbar des Seminarhotels in Salzburg:

»Ich hab's doch eh schon so oft erklärt, warum gibt es immer noch so viel Unverständnis und Kritik bei den Mitarbeitern?«, stöhnt ein ca. 40-jähriger Gast, ganz offensichtlich eine Führungskraft. Sein Gegenüber, ca. 60 und offensichtlich Führungskraft im selben Unternehmen, nur an einem anderen Standort, gibt ihm recht: »Ich hab auch gar keine Zeit für dieses Kindergartentheater! Sie sollen doch bitte einfach nur ihre Arbeit machen.« – »Eben. Wir rennen ja auch nicht ständig zum CEO und erzählen, was uns alles nicht passt. Wir tun, was nötig ist, und aus.« – »Einfach umsetzen. Ist doch nicht so schwer.« – »Wobei wir ja da auch unser Schmerzensgeld kriegen [lacht].« – »Ja, es muss Unterschiede geben, und manchmal werden sie sichtbar.« – »Darauf prost, Kollege!«

Drei Tische weiter, 21:10:

Eine attraktive Mittdreißigerin, Seminarteilnehmerin, wie übrigens fast alle hier: »Motivationstraining! Das könnten sie sich wirklich sparen.« Ihr Kollege, mit Sorgenfalten auf der Stirn: »Die Zeit dazu schneide ich mir aus den Rippen. Wir sind so was von unterbesetzt!« – »Ich krieg meine drei Stellen auch nicht nachbesetzt. Allmählich wird's wirklich eng.« – »Und wenn man was sagt, fühlt man sich wie im Kindergarten: Mach dies, mach das. Bring bessere Zahlen mit weniger Leuten. Probleme dabei? Dann bist du wohl nicht am richtigen Platz ...« – »Ich mach jetzt auf Kindergartenkind. Ich spiel mein Spiel – gerade gut genug, um nicht negativ aufzufallen. Was nicht geht, geht nicht. Sie werden es schon merken.« – »Ich kann das nicht, aber mich zerreißt's grad. Lang halt ich das nicht mehr durch.« – »Ohren steifhalten und durch.« – »Ob das hilft? Cheers, Susi!«

Verdauung – Verarbeitung – Neuausrichtung: ein Beispiel aus der Praxis

In einem internationalen Finanzdienstleistungsunternehmen hatte das Management-Board entschieden, die gesamte Organisation – im wahrsten Sinn des Wortes – auf den Kopf zu stellen. Ziel war es, das fest gefügte und historisch gewachsene Silodenken aufzulösen, damit die Anforderungen der Kunden und die Erfordernisse nach effizienteren Prozessen mit neuen Vernetzungen und Strukturen erfüllt werden können. Man war ganz von der Idee begeistert und überzeugt, dass über das Schaffen von Fakten (es war die Zeit des Faktenschaffens in der Politik) sich das Commitment wie von selbst herstellen würde. Umso erstaunter war man, als man feststellen musste, mehr als die Hälfte der 48 betroffenen Führungskräfte waren zumindest skeptisch, standen abwartend am *Spielfeldrand* oder signalisierten offenen Widerstand. Wir Berater waren eher erstaunt, dass doch 24 engagiert den neuen Weg mit vollzogen. Auch dieses Staunen relativierte sich rasch in ein »Eh klar«, da sich für diese 24 die Veränderung als wenig dramatisch darstellte – waren doch einige davon erst seit Kurzem in diese Führungsfunktion aufgestiegen, und für die anderen wurde dieser Schritt längst vom Bereichsleiter erwartet.

Das Management verabschiedete sich (zähneknirschend) von seinem Bild, es mit den »falschen« Führungskräften zu tun zu haben (was bei den 24, die man ja teilweise selbst gefördert hatte, schwer aufrechtzuerhalten war). Die Entscheidung – sich dieser Situation in einem Workshop mit allen 48 Führungskräften zu stellen – fiel nicht leicht. Aber es war der erste Schritt zu einem professionellen Change-Management-Prozess. Wir erarbeiteten mit dem Bereichsleiter und seiner Crew eine Zielformulierung, die in bewusst *schönen* Sätzen in der Einladung kundgetan wurde. Uns ging es darum, genau herauszuarbeiten: Tragen die sieben Mitglieder des Boards diese Überlegungen und die damit verbundenen Veränderungen in ihrem

Führungs- und Steuerungsverständnis auch emotional? Zwei Teammitglieder brachten ihr Aha-Erlebnis auf den Punkt: »Wir müssen unseren Kritikern dankbar sein, denn jetzt beginnt der Change bei uns, und das ist gut so.«

Und so stand es dann in der Einladung und auf einem großen Chart in der Konferenzhalle: **»Wir laden ein …«**

Abb. 12: »Wir laden ein«

Zusätzlich wurden die Teilnehmenden gebeten, jeder möge zwei Fotos von seinem Arbeitsfeld einsenden, mit denen er den anderen zeigen kann, was ihm Freude bereitet, was ihn stolz macht, was ihm wichtig ist. Daraus wurde eine Diashow erstellt.

Angesteckt von diesen Überlegungen, wollte das Board auch an der Erstellung des »Designs für unseren 24-Stunden-Workshop« mitwirken.

Ein halbes Jahr später erinnert man sich noch an die ersten Stunden des Workshops – er stand auf der Kippe, wenn nicht einige der kritischsten Führungskräfte gesagt hätten (ein Teilnehmer im O-Ton): *»Wir können nicht immer Fundamentalopposition betreiben, das Board will ja nichts Böses, sie sind ja wirklich zugänglich, halt etwas ungeschickt, also nutzen wir die Chance für uns alle.«* Von da an lief es. Die Grundstruktur wurde erhalten, und in »schnellen Eingreiftruppen« (man liebte das martialische Bild) wurden Optimierungsprozesse, neue Kooperationsforen und Rollen entwickelt. Die fünf Skulpturen, die beim Workshop gestaltet wurden (siehe Design), stehen noch immer im großen Konferenzraum.

Leichtere Ernährung statt mühsamer Verdauung

Wer wissen möchte, wie viel Lebensenergie Verdauungsprozesse beanspruchen, ist zu einem Selbstversuch eingeladen: Spendieren Sie sich ein exzellentes Steak mit einem schmackhaften Salat, weder schwer noch fett noch sonst wie bedenklich, und modisches Low Carb ist das auch. Aber wenn Sie unmittelbar nach dieser Mahlzeit Ihre Laufschuhe anziehen und auf Ihre gewohnte Joggingstrecke gehen, werden Sie unangenehm überrascht sein, wie wenig Kraft zur Disposition steht, während Ihr Verdauungstrakt seinen Job tut. Und da Sie das auch wissen, werden Sie auf dieses Experiment verzichten, warum es aber von anderen verlangen?

Auch Organisation sind Organismen, und solange sie damit beschäftigt sind, einen Change-Prozess zu verdauen, steht ärgerlich wenig Energie für besondere Anstrengungen im Wettbewerb zur Verfügung.

Es wäre doch eine interessante Option, diejenigen Veränderungsereignisse, die unvermeidlich zu Umbruchschocks und den nachfolgenden Verdauungsphasen führen, je und je zu ersparen. Nicht etwa, indem man ersatzlos auf die Anpassung an die Umwelt verzichtet, im Gegenteil.

24-Stunden-Workshop

Die Empfehlung lautet vielmehr, die Organisation auf permanente Erneuerung beziehungsweise gesteuerte Evolution einzustellen – auf das Wesen der Organisation N. N., die sich im permanenten Wandel bewegt wie der Fisch im Wasser, durch keine überflüssigen Festschreibungen daran gehindert, täglich die gesellschaftlichen, wirtschaftlichen, globalen Entwicklungen kreativ und evolutionär durch kleine, fließende Veränderungen und Anpassungen in Team, Führung und Strategie zu beantworten.

Eine solche Kultur der permanenten Veränderung nutzt kreative Formate und Zugänge, um eingefahren Routinen, Gewohntes und scheinbar Selbstverständliches zu überwinden, den Ideenreichtum der Mitarbeitenden zur Blüte bringen und neue Antworten auf alte Fragen zu finden:

- Wie findet man bei all den hilfreichen Routinen des Tagesgeschäfts zu neuen Produkten, Abläufen, Strukturen, Managementkonzepten, Kommunikationsmustern?
- Was bedeutet für uns »neu« ganz konkret? Wirklich neu oder einfach nur anders?
- Wie können bewährte, hilfreiche Routinen den nichtplanbaren Innovationsprozess stützen?
- Was muss man auflösen, damit in unvorhersehbarer Weise – also unkontrolliert – Neues sich entwickeln kann?

Wie gesagt: Auch Organisation sind Organismen, und Leben bedeutet stets Entwicklung, Wachstum und Veränderung. Jede Organisation muss deshalb mit dem Widerspruch umgehen, Veränderung zuzulassen – Instabilität, Unvorhergesehenes ermöglichen – und gleichzeitig Veränderung zu verhindern – Stabilität und Berechenbarkeit sicherstellen. Sie muss also ermöglichen *und* begrenzen. Oder, anders gesagt: Alles ändern, damit der Kern bleiben kann, wie er ist.

Strategisch-kreatives Management klebt nicht an – in der Vergangenheit – festgelegten Plänen und Modellen, sondern pflegt die Aufmerksamkeit für das Hier und Jetzt. Denn in so gut wie jeder Situation sind Potenziale versteckt, die zu neuen Chancen führen und neue Wege eröffnen. Sie beim ersten Auftauchen zu erkennen, auch und gerade, weil man sie (noch) nicht kennt, ist der Schlüssel zum Erfolg von morgen.

Eine solche Beobachtungs- und Überraschungsfähigkeit kann man lernen.

Mehr darüber im Kapitel »Im Hologramm der Entscheidungen«.

Für den paradoxen Spagat zwischen strukturgebender Stabilität und kreativer Freiheit kann man glücklicherweise auf zahlreiche sehr brauchbare Formate, Konzepte, Methoden und Zugänge zurückgreifen.

Speziell das Konzept der Organisation N. N.gibt Anregungen, neue, passgenaue Kommunikations-, Steuerungs-, Entscheidungs- und Entwicklungsformate zu konzipieren. Formate, die in den bestehenden Strukturen Möglichkeiten und Routinen schaffen, tänzerische Beweglichkeit und Lebendigkeit sicherzustellen.

Tun Sie das, und schaffen Sie klare Bedingungen, damit Zufälle Neues produzieren können!

Zwischen Konfusion und Sicherheit, Frustration und Begeisterung: Topmanager erzählen

»Wir haben unsere Vorstellung von Steuerung und Führung umgestellt. Ziele werden jetzt wirklich vereinbart, nicht einfach gesetzt, und umso ernster genommen. Aber auf Abweichungen von Planzahlen reagieren wir nicht mehr mit Druck, sondern mit der Reflexion unserer Annahmen und der Beobachtungen, die zu diesen Annahmen geführt haben, inklusive unserer Bewertungen und Abwertungen von Argumenten. Wir finden Freude an der Beobachtung der Beobachtung und verstehen sie als Lernprozess.« (Das hat wirklich ein Geschäftsführer SO formuliert.)

»Wir haben gelernt, unsere Entscheidungen mit einem lauten, stolzen »JA, so machen wir das buchstäblich zu bekräftigen. Wir freuen uns mit Recht an unseren Entscheidungen, denn in unseren Verfahren bieten wir Argumenten und Bedenken, rationalen Aspekten und auch Gefühlen (ist das logisch, und ist das auch stimmig?) genügend Platz, und trotzdem entscheiden wir schneller als früher. Wahrscheinlich deshalb, weil wir einen pragmatischen Umgang mit der Vielfalt pflegen. Wir lieben sie, auch wenn sie manchmal nervt und anstrengt.« (Logistik-Familienunternehmen.)

»Als uns Berater von einem chinesischen Strategen namens Sunzi, der ca. 400 v. Chr. das erste Buch über Strategie geschrieben hat, erzählten, waren wir natürlich sehr skeptisch. Eigentlich fanden wir das daneben. Da half es auch nicht, dass sie uns zur Ehrenrettung des europäischen strategischen Denkens über die Geschichten von Odysseus berichteten. Und dass ein französischer Philosoph (François Jullien) dieses Konzept in einem Vortrag über die Wirksamkeit als für unsere Verhältnisse passenden Weg empfahl, löste auch nicht die Begeisterung aus, die sich die Berater erhofft hatten. Aber einige von uns waren doch neugierig geworden. Und jetzt operieren wir bei unserem monatlichen Strategiedialog ganz selbstverständlich mit dem Begriff der Situationspotenziale, da kann es schon vorkommen, dass wir uns fragen: Wie riskant ist es, gegen den Strom statt mit ihm zu schwimmen? Das ist wirklich befreiend. Wir lassen uns nicht mehr von der Manie der Best Practice irritieren.« (Internationales IT-Unternehmen.)

»Wir haben uns ein System geschaffen, mit dem wir Zufällen die Möglichkeit verschaffen, sich in Gelegenheiten (von kleinen Verbesserungen in Prozessen bis hin zu neuen Geschäftsideen) zu verwandeln. Dazu gehört ein offenes Suchen und Ablegen ohne Kategorien, eine Art Evernote-Ablagesystem. Dies führt dazu, dass man etwas entdeckt, ohne im ersten Augenblick zu wissen, dass man es gesucht hat.

Wir animieren zum Sammeln, zu ungeordneter Wahrnehmung des Umfeldes und gleichzeitig zu selbstverantworteten Experimenten. Wir haben Joint-Development-Teams installiert, die nach vier unterschiedlichen Logiken agieren: Entdecken, also Expedition ins unbekannte Terrain – Arbeiten nach dem Green Field Approach; Erforschen, also herausfinden, wie machen *die* das, was sind die Bedingungen, was leiten wir daraus ab?; Evaluieren, also bewerten, identifizieren von Verbesserungspotenzialen; und Umsetzen, also vom gelungenen Experiment in die Routine.« (Shared Service Center Finance – Europe.)

»Uns erstaunt, wie rasch sich unsere Führungskräfte und Mitarbeiter von der Vorstellung trennen können, unsere Organisation sei etwas Festes, Stabiles. Die Erwartung, dass nach einem organisatorischen Change dann für eine Weile die ruhige Konsolidierungsphase käme, ist schnell unwesentlich geworden. Alles wurde erstaunlich einfach, sobald wir bereit waren, uns neu zu erfinden und mit dieser seltsamen Leerstelle umzugehen. VUCA und die Organisation N. N. passen super zusammen.« (Ein Finanzdienstleister.)

Die Hefe im Teig der Routinen und andere Gewürze – Rezepte, die ihren Anwendungstest bestanden haben

Etablieren Sie quer zur etablierten Struktur Beobachtungs- und Resonanzteams

Initiieren und ermöglichen Sie die Bildung von kleinen Teams (drei bis vier Teilnehmer), die die Entwicklung der Organisation (methodisch gestützt) beobachten und 14-täglich ihre Erfahrungen bei 15-minütigen Meetings bündeln. Beobachtet ein Team »Gefahr in Verzug«, kann es augenblicklich an Verantwortliche (auch an den Vorstand oder die Geschäftsführung) Warnsignale senden (»Rotes Telefon«). In einem sechswöchentlichen Rhythmus treffen Repräsentanten aus neun Teams zu einem zweistündigen Auswertungsmeeting zusammen. Je zwei Vertreter aus allen Auswertungsmeetings clustern Themen, Fragen und Entscheidungsvorlagen. Diese Ergebnisse werden mit dem Management-Board diskutiert. Entscheidungen werden ad hoc getroffen (auch die Entscheidung, »Das ist derzeit nicht zu entscheiden«, ist eine Entscheidung), und die Organisation wird darüber informiert. Um die Qualität der Beobachtung kontinuierlich zu verbessern, sollten Sie ein Metateam etablieren, dessen Aufgabe es ist, die Beobachtungsprozesse zu beobachten und zu reflektieren (formulieren Sie die Impulsfragen bewusst einfach, alltagsprachlich):

- Worauf schauen wir immer wieder?
- Worüber ärgern wir uns immer wieder?
- Was beachten wir fast nie?
- Wann wurde auf etwas anderes geachtet? Wann haben wir unsere Routinebewertung durchbrochen?
- Wie werden aus Beobachtungen Bewertungen und dann fixe Behauptungen?
- Auf der Basis welcher Beobachtungen bauen wir unsere Entscheidungen?

Welche Geschichten werden im Unternehmen immer wieder erzählt?

Organisieren Sie zweimal jährlich ein Führungskräfte-Offsite der anderen Art

Zwei Drittel der Zeit stehen der kreativen, spielerischen Entdeckung, der Förderung individueller Fähigkeiten und dem Zusammenspiel im Team zur Verfügung. Nutzen Sie neue Methoden der Ideenfindung, oder erfinden Sie welche.

> »Nach den ersten, etwas zögerlichen Anläufen sind wir schon gespannt, welches Thema wir dieses Mal mit diesem Design Thinking angehen werden«,

erzählt der Leiter von Technology. Und auf unsere Frage, wie es kam, dass die Führungskräfte diese in ihrer Branche unübliche Methode so begeistert anwenden, kann er fast die Definition von Wikipedia zitieren:

> »Wissen Sie, Innovationen wachsen nicht im Garten und kommen auch nicht per Post. Zur Vorbereitung des letzten Firmenevents wollten wir unsere Mitarbeiter zur Gesamtgestaltung einladen, statt sie an eine Eventagentur zu übergeben. Und da haben wir gesehen, wie die sich kreative Räume geschaffen haben. Der Sohn einer Bereichsleiterin studiert in Potsdam tatsächlich Design Thinking – das wusste ich gar nicht –, der hat zwei Teams bei diesem Vorhaben unterstützt. Und von ihm weiß ich auch, dass diese Methode ganz gezielt davon ausgeht, dass Probleme besser gelöst werden können, wenn Menschen unterschiedlicher Disziplinen strukturiert und auch spielerisch zusammenarbeiten. Und das Tolle ist, es geht nicht darum, sofort das Perfekte herzustellen, sondern man darf, ja man soll sogar den Prototyp wieder verwerfen. Das ist eine Kombination aus Verstehen, Beobachten, Ideenfinden, Verfeinern, Ausführen und Lernen.«

Design Thinking

Stimmt, die klaren Strukturen und Settings sorgen für Freiraum, Inspiration und mindern gleichzeitig Gefühle der Unsicherheit.

Der iterative Prozess nutzt unterschiedliche Perspektiven, Zugänge, Möglichkeiten der Analyse und der Konzeption und setzt ganz praktisch unterschiedliche Materialien ein, mit denen Gedanken zu Gebilden werden. Sich in dieser Vielfalt zu bewegen macht Spaß und soll auch Spaß machen! Das Gehirn *wartet nur darauf*, alle Sinne einsetzen zu können.

Design Acting macht müde Meetings munter

Lieben Sie Speed und knallharte Struktur? Dann probieren Sie es mal mit der Empfehlung in Tabelle 2.

Erläuterung der Problemstellung	5 Min.
Klärungs- und Verständnisfragen	3 Min.
Analyse – Hypothesen: »Es geht um ...«	8 Min.
Bündelung auf eine Fragestellung	4 Min.
Ideengenerierung – Metapher für die Lösung finden	10 Min.
Prototypen bauen oder zeichnen	10 Min.
Präsentation	6 Min.

Tab. 2: Ablauf Design Acting

Eine Investition von knapp 50 Minuten: Die Chance ist groß, erste sehr brauchbare und oftmals auch überraschende Lösungsideen zu gewinnen!

Stellen Sie »freie« Budgets für Innovationen zur Verfügung

Wenn sich genügend Mitarbeiter und Führungskräfte (mindestens fünf) bereitfinden, sich für eine Idee zu engagieren, können sie auf Innovationsbudgets zugreifen.

Setzen Sie Entscheidungsteams nach anderen Logiken zusammen

Wie wäre es mit folgenden drei Dimensionen?

- Fokus auf Inhalt: Wer ist unser Experte für...?
- Fokus auf Beziehungskonstellationen: Wer muss die Entscheidung umsetzen, ausbaden, wer kann wen überzeugen, wer kann was behindern?
- Fokus zeitlicher Dynamik: Wer kann erkennen, wann es Adhoc-Entscheidungen braucht und wann länger überlegt werden kann?

Verzichten Sie auf lange Gespräche und Prozesse, vertrauen Sie stattdessen auf einen temporeichen Lösungsparcours

Bei diesem »Boxenstopp« (Dauer: genau 3 Stunden 33 Minuten) arbeitet ein interdisziplinäres *Dreier-Beratungsteam mit sechs internen Professionals* hoch strukturiert und dennoch in gebotener Leichtigkeit zusammen. Die vielfältigen Expertisen und der kreative Dialog machen neue Lösungen für präzise formulierte Fragen und abgegrenzte Themen wahrscheinlich. Der passende Name für diese Methode: Impulsissimo.

Drei Phasen – mehr nicht: Das neugierige Erkunden/Der fröhliche Streit/Die neuen Ideen.

Picture Telling

Sie müssen nicht immer reden, laden Sie zu anschaulichen, plastischen Unternehmenserzählungen ein. Worauf richten die Teilnehmenden *ihr Kameraauge*, wenn sie *erzählen* sollen, worauf sie in Ihrer Abteilung stolz sind, was sie irritiert, wie sie die Qualitäten und Schwierigkeiten des Umfeldes sehen? Statt der Kunst von *außen* schmücken die *Kunstobjekte aus dem Inneren* die Gänge und Hallen der Organisation.

Situationspotenzial-Meetings

Das Unternehmen lebendig halten

Laden Sie spontan in immer neuer Zusammensetzung Mitarbeiterinnen und Mitarbeiter zu kurzen Erkundungsmeetings ein. Das schärft die Beobachtungsfähigkeit, erspart teure Studien von Beratungsunternehmen, macht frühzeitig auf sogenannte schwache Signale aufmerksam, regt an, über den Tellerrand des Unternehmens zu schauen, und erweitert so den engführenden Blick von KVP-Prozessen.

Damit die Hefe die Organisation nicht zum Übergehen bringt, aber die Erneuerung bestehender und die Entdeckung neuer Geschäftsfelder gezielt vorangetrieben werden kann, haben wir für Sie einige Überlegungen zusammengetragen.

Immer wieder gut und nützlich: Der Dialog als kreativer Denkraum

Wir beziehen uns hier auf das Konzept des »Dialogue« als eine Gesprächsform über die Diskussion hinaus (vgl. Bohm 1998; Isaacs 2002; Ehmer 2004). Dieser Dialog ist ein Weg, miteinander zu denken und durch Hinterfragen von Prozessen, Sicherheiten und Strukturen gemeinsam zu beobachten, wie verborgene Werte, Annahmen, Überzeugungen, Bilder, Ideen und Gefühle unser individuelles und kollektives Verhalten und unsere Interaktionen beeinflussen und beherrschen. Es zeigt sich, wie Status-, Hierarchie- und kulturbezogene Unterschiede aufeinanderprallen und die Zusammenarbeit und Kommunikation eher behindern als bereichern.

Dialog statt »Tschentschen«

Das Arrangement ist einfach und dabei in anregender Weise fordernd. Wer sich einmal darauf eingelassen hat, wiederholt die Erfahrung gerne, und wie bei Pfingstrosen wachsen mit der Zeit die Wurzeln tiefer, die Blüten entfalten sich immer üppiger, der Duft komponiert neue Aromen, und die Farbe wird intensiver.

Zeit für Ideen, Lösungen und Verknüpfungen, die Sie bisher noch nicht gedacht haben.

Tschentschen – besser mit Gelassenheit

Was ein Sabbatical bewirken kann (aus einem Brief eines Topmanagers und Architekten, November 2014):

»Seit vier Monaten bin ich nun in Lateinamerika – immer wieder unterwegs, aber auch einige Wochen an Orten, die mir besonders gut gefallen ...

Ich habe viele interessante Menschen/Plätze/Kulturen kennengelernt – und vor allem viele gute Erfahrungen mit mir selbst gemacht, was Haltungen/Herangehensweisen betrifft – und ich möchte sie mit euch teilen:

- nicht werten/beurteilen
- den Dingen/Vorkommnissen keine Bedeutung geben
- aufs Gefühl/auf momentane Eingebungen verlassen
- Planung/Organisation (nur) zur groben Richtungsbestimmung
- keine Listen machen
- großzügig sein – gegenüber mir selbst und anderen
- manche Gewohnheiten ändern
- nix müssen
- Geduld haben
- aus Schwierigkeiten/unangenehmen Dingen kein Thema machen
- akzeptieren, nichts persönlich nehmen
- genießen – was da ist
- sich Zeit nehmen/lassen
- schlafen
- cool bleiben
- lassen, lassen, lassen
- das Umgehen mit Situationen/Realität/Außen wird immer leichter und
- die Realitätserschaffung immer häufiger/witziger/geiler
- das Vertrauen wird immer größer.«

13
12

5 Fit für Leistung – Lust auf Leistung

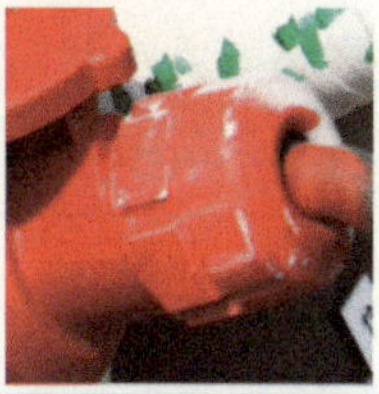

Sie erinnern sich? *Wenn die Welt VUCA ist, dann sei selber VUCA!*

Wofür steht noch mal VUCA?

Vulnerability, uncertainty, complexity, ambiguity.

Thank you very much indeed!

war die Handlungsempfehlung am Beginn dieses Buches. Was pfiffig klingt, verlangt eine ganze Menge: hohe Beweglichkeit (auch im Denken!), Flexibilität, Offenheit und Neugier.

Das kann nur jemand leisten, der dafür gut aufgestellt ist, über ausreichend Kraftquellen verfügt und achtsam mit ihnen umgeht. Die VUCA-Eigenschaften sind schon alleine eine Herausforderung; rechnet man noch das gestiegene Tempo hinzu (denken Sie nur an die Just-in-time-Kommunikation durch E-Mails), dann drehen wir, Menschen und Organisationen, auf höchsten Touren. Kann das gut gehen? Für eine gewisse Zeit ja, doch es hat Folgen: Fast jedes zweite Unternehmen in Deutschland befindet sich in einer *Beschleunigungsfalle*, die drei Ursachen hat:

Ja, das war ein interessanter Vortrag von Prof. Dr. Heike Bruch, Universität St. Gallen, zum Thema »Gesunde Führung zwischen Hochleistung und Erschöpfung« beim II. HAWARD Fürstenberg Symposium am 5. April 2013 in Hamburg.

Und die Daten basieren auf einer Befragung von 13. 550 Mitarbeitern in 92 deutschen Unternehmen – das sind also nicht wenige!

1) Mehrfachbelastung: Unternehmen betreiben dauerhaft zu viele verschiedene Aktivitäten; Mangel an (präzisem)Fokus (35 %).
2) Überbelastung: Unternehmen betreiben dauerhaft Aktivitäten, die ihre Ressourcen übersteigen (35 %).
3) Dauerbelastung: Unternehmen gewähren keine Regenerierungsmöglichkeiten; es kommt zu dauerhaftem Operieren an der Kapazitätsgrenze (30 %).

Welche Konsequenzen hat die Beschleunigungsfalle? Die Kündigungsabsicht steigt um 200 %; Aggression und korrosive Energie steigen um je 100 %, die emotionale Erschöpfung steigt um 70 % und die Resignation um 50 %. Hier nehmen sich Unternehmen selbst die Kraft, um erfolgreich zu agieren. Besonders deutlich wird das, wenn man das Bild über die Konsequenzen der Beschleunigungsfalle in der Gesamtbilanz ansieht (Abb. 13).

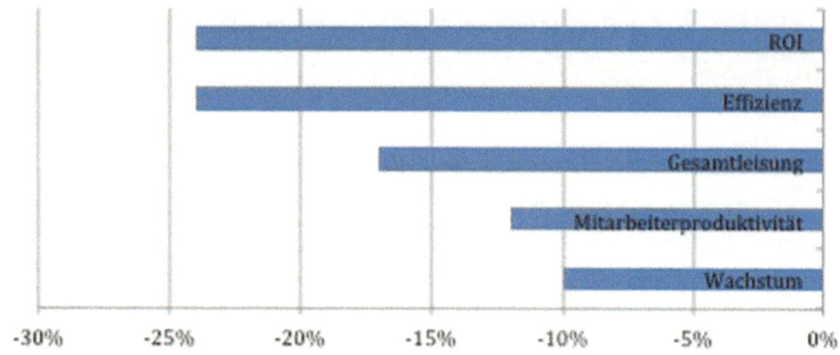

Abb. 13: Beschleunigungsfalle
(Bruch u. Menges 2010; ROI = Return on Investment)

Würden Sie diese Ergebnisse gerne in Ihrer Bilanz haben? Sicher nicht, doch was tun? Die Augen-zu-und-durch-Taktik ist hier wohl nicht empfehlenswert (obwohl noch viele sich daran halten), auch die Variante: »Mitarbeiter sind ersetzbar« hat beträchtliche Tücken. Selbst wenn die inhaltliche Aussage stimmt und man den Sprecher dieser Worte nicht des Zynismus verdächtigt, wird das Problem nur verschärft – besonders im Angesicht der drastisch steigenden psychischen Erkrankungsfälle und -kosten in der Arbeitswelt.

Sie werden sich nicht wundern, dass wir einen anderen Zugang wählen: Wir verstehen die Organisation als *Prozess des Organisierens* (Weick 1985); so lässt sich beobachten, ob und wie Belastungssymptome in den Blick genommen und zum Inhalt von Kommunikation gemacht werden. Indem sie bewusst wahrgenommen und besprochen werden, entstehen alternative Handlungen, Strukturen und Prozesse, die zur Fokussierung und zu klugem Umgang mit Ressourcen und Kapazitätsgrenzen beitragen.

Vordenker, Forscher und Berater haben Attribute gefunden, diese andere Form der Organisation zu beschreiben: Begriffe wie »agile« Organisationen, »resiliente« bzw. »widerstandsfähige« Organisationen und »gesunde« Organisationen tauchten auf, beanspruchten Deutungsmacht und sollten helfen, sich besser auf das zu fokussieren, worauf es ankommt.

Es scheint naheliegend und einfach, die Leerstelle der Organisation N. N. mit diesen Begriffen zu besetzen. Doch sind die Begriffe so eng mit dem Menschen (... agiler Mensch, gesunder Mensch etc.) verbunden, dass sich diese Zuschreibungen nicht gut auf Organisationen übertragen lassen. Was heißt »gesunde« Organisation? Wenn Umsatz und Gewinn stimmen? Wenn die Krankenstandsrate niedrig ist?

Wenn …? So bleiben diese Begriffe in der Praxis oft missverstandene, manchmal nutzlose und im schlimmsten Fall sogar lächerliche Etikette, wenn sie nicht innerhalb der Organisation durch Kommunikation und Handlungen mit Sinn gefüllt werden.

Ah ja, gesunde Organisation: Das ist dann, wenn alle Mitarbeiter einen Apfel pro Tag essen!

Ha, ha. Müder Scherz. Denk lieber an die Frage: Wie wird die Zusammenarbeit richtig gestaltet?

Selbst wenn die Bedeutung des Begriffs »gesunde Organisation«, der eng mit der Aufforderung zur »gesunden Führung« verknüpft ist, ausreichend geklärt scheint, bleiben wichtige Fragen: Was ist das Ziel hinter dieser Aufforderung? Ist »gesunde Führung« nur als Ansporn zu noch mehr Leistung zu verstehen? Werden Mitarbeiter nur »gesund geführt«, damit die Zahl der Krankenstandstage und damit die Kosten reduziert werden? Wird in Gesundheit investiert, damit der steigende Druck besser ausgehalten werden kann, aber der Druck selbst wird nicht hinterfragt? Viele offene Fragen, die in der Praxis zu Unsicherheiten führen, die gute und notwendige Initiativen und Handlungsideen ins Stocken bringen.

Pfeifen wir auf Definitionen!

Im Grunde genommen weiß jeder, wann eine Tätigkeit oder Arbeit Freude macht und was es dafür braucht. Spätestens bei der Ausübung unserer Hobbys geben wir unsere Zeit für freudvolles Tun – in ganz unterschiedlichen Varianten. Wie selbstverständlich stecken wir uns dort unsere Ziele; es darf sogar herausfordernd und anstrengend sein – umso größer die Freude, wenn es gelingt.

Und auch für Organisationen sind Definitionen nicht zwingend, denn die Kernfrage lautet: Was braucht es dafür, unsere Lust auf Leistung zu erhöhen? Allein mit dieser Frage könnte man einige Steine ins Rollen bringen …

Will man nicht nur die Lust als Maß aller Dinge nehmen, kann man auch konkrete andere Elemente beleuchten, um sich der Thematik anzunähern: Es geht um Ressourcenmanagement, Fokussierung und bewussten Umgang mit Kapazitätsgrenzen. Es geht um den Erhalt bzw. die Entwicklung der Leistungsfähigkeit von Mensch und Organisation. Es geht um Fragen wie z. B.:

- Worauf muss ich als Führungskraft achten, um wirklich in meine Kraft zu kommen und dort zu bleiben?
- Wie können wir die Zusammenarbeit im Team so gestalten, dass wir die aktuellen Herausforderungen besser bewältigen können?
- Was können wir selbst dazu beitragen, um tatsächlich VUCA sein zu können, ohne uns dabei zu verausgaben?
- Welche Formen des Organisierens bzw. der Organisation braucht es dafür?
- Wie kann Leistungsfähigkeit mit der Freude an der Arbeit verbunden werden?
- Wie balancieren wir besser Beschleunigung und Entschleunigung, Anstrengung und Erholung, Belastung und Entlastung?

Die Lösung besteht sicher nicht in einem esoterischen Zugang im Sinn von »Wie reden oder machen wir uns das Leben schön?«. Uns ist wohl bewusst, dass es den genauen Blick auf die Zahlen, Daten, Fakten braucht. Ohne Leistung wäre keine Organisation im Wirtschafts- oder Gesellschaftssystem überlebensfähig. Doch es geht nicht nur um das *Überleben*, sondern auch darum, *wie* dieses *Leben* aussieht: um die Bedeutung und Gestaltung des Miteinanderarbeitens, das Schaffen von gesunden Strukturen, das Aufrechterhalten der Leistungsfähigkeit und immer wieder auch um anregende Kommunikation. Wir werden Erkenntnisse der Biologie, Gehirnforschung, Psychologie, Soziologie verbinden und nutzen, um andere Blickwinkel einnehmen zu können und Sie zu eigenen Erkenntnissen anzuregen.

Wie stehen Sie zum Thema?

Wenn Sie davon überzeugt sind, dass Begeisterung ein wichtiger Dünger für herausragende Leistungen, Anerkennung ein wichtiger Motivationsfaktor und Erfolg eine Teamleistung ist, dann wird Ihnen vieles in diesem Abschnitt bekannt vorkommen bzw. Ihre Überzeugung stärken.

Vielleicht haben Sie auch schon die Erfahrung in Ihrer Organisation gemacht, dass Kollegen oder Mitarbeiter aufgrund psychischer Belastung ausgefallen sind, konnten sich aber die Zusammenhänge nicht genau erklären, dann könnte Ihnen dieser Abschnitt wesentliche Hinweise geben.

Wenn Sie selbst noch mehr für die Leistungsfähigkeit Ihrer Mannschaft beitragen wollen, dann gibt es hoffentlich für Sie den einen oder anderen praktischen Tipp.

Wenn Sie hingegen dieser Thematik sehr skeptisch gegenüberstehen, dann haben Sie die oben genannten Zahlen wahrscheinlich nicht sehr beeindruckt. Wir wissen auch, dass Appelle grundsätzlich und speziell für gesundheitsförderliches Verhalten nichts nützen (welchen Raucher hindern die Warnhinweise auf den Zigarettenschachteln? Eben!). Daher empfehlen wir Ihnen an dieser Stelle dringend, sich einem anderen Abschnitt oder Kapitel in diesem Buch zu widmen.

Sollten Sie skeptisch und doch neugierig sein, dann laden wir Sie jetzt zu einem Experiment ein, von dem Sie niemandem erzählen müssen, es jedoch ganz ehrlich durchführen sollten ...

Ein Gedankenexperiment

Lehnen Sie sich zurück, und stellen Sie sich Arbeitssituationen vor, die Sie total begeistern, ja, richtig beflügeln. Vielleicht tauchen Bilder von einem idealen Büro an einem idealen Ort auf, aber die sind gar nicht so wichtig. Lassen Sie eher Bilder der Zusammenarbeit auftauchen: Wie geht es dort zu? Wie begegnen einander Vorgesetzte, Mitarbeiter und Kunden? Wie werden Meetings abgehalten und Entscheidungen getroffen? Wie geht man mit Fehlern um, und wie wird Wissen weitergegeben? Welche Unterschiede gibt es noch, die Sie begeistern? Wenn Sie dort Führungskraft sind: Wie agieren Sie, wie stellen Sie sicher, dass nicht nur Ihr Wohlbefinden, sondern auch das Ihrer Mitarbeiter steigt? Geben Sie diesem Gedankenexperiment ruhig etwas Zeit ...

Hat Ihnen dieses Experiment Spaß gemacht, dann begleiten Sie uns weiter auf den Wegen zur Leistungsfähigkeit!

Doping erwünscht!

Es gibt ein Dopingmittel, das Ihnen schnelle Reaktionsfähigkeit, bessere Entscheidungen *und* ein gesünderes Leben einbringen kann. Es ist ganz legal und wird von vielen Menschen (vielleicht gerade deshalb) komplett unterschätzt. Ganz große Kritiker nehmen es nicht einmal ernst. Sie hören davon und lachen darüber: »Was soll ich denn damit? Ist doch kompletter Unfug! Und zu mir passt das gar nicht – da verzichte ich dankend!«

Nun, sie wissen nicht, was ihnen entgeht, und wenn sie es nicht selbst ausprobieren, werden sie die Wirkung nie erleben. Ausprobieren muss man, denn automatisch wirkt es nicht. Man muss es üben, trainieren und dranbleiben, um dauerhaft von der Wirkung zu profitieren.

> Das Dopingmittel heißt »Achtsamkeit« – man kann auch »Geistesgegenwart« (Baecker 2007, S. 21) dazu sagen. Der englische Begriff »Mindfulness« trifft es vielleicht noch besser: Es geht um die große Kunst, immer wieder im vollen Tempo des Geschehens zwischen Wahrnehmung und Reaktion eine Millisekunde innezuhalten und *nicht* dem ersten Reflex zu folgen. Stattdessen wird die eigene Wahrnehmung als solche beobachtet und der erste Impuls als nur eine Möglichkeit gesehen. Andere Aspekte werden erkannt, und *dann* wird eine bewusste Entscheidung über den nächsten Schritt getroffen.

Warum Doping?

Wir leben in einer bisher nie gekannten Welt der Geschwindigkeit, die uns dazu verführt, viele Dinge gleichzeitig zu tun. Scheinbar selbstverständliche Dinge wirklich wahrzunehmen bzw. Tätigkeiten achtsam durchzuführen kommt im Alltag kaum vor. Meist herrscht der *Autopilotmodus*, der bei vielen Handlungen auch sehr hilfreich ist: So müssen wir z. B. beim Autofahren nicht über jeden einzelnen Blick, Handgriff oder die korrekte Pedalbetätigung nachdenken. Wir tun einfach.

Auch im Berufsleben *funktionieren* wir routiniert: Wir vergleichen, analysieren, bewerten, kategorisieren, prüfen, messen, delegieren, entscheiden ... wozu also so etwas wie Achtsamkeit? Es läuft ja wunderbar so!

Hier gibt es im Kapitel »Muster wechseln« interessante Anregungen (»Muster brauchen mal Musterwechsel«)!

Aber egal, ob privat oder beruflich: Je mehr wir uns dazu verführen lassen, mehrere Dinge gleichzeitig zu tun und in Gedanken jeweils schon zwei Schritte voraus (oder bei etwas ganz anderem) sind, desto größer wird die Gefahr von Unzufriedenheit, Hektik und Stress. Langfristig kann uns der Drang, alles gleichzeitig tun zu wollen, sogar krank machen.

»Multitasking ist Körperverletzung«, brachte es Frank Schirmacher, der ehemalige FAZ-Herausgeber, auf den Punkt.

Und trotzdem halten es immer noch viele für eine besondere Managementfähigkeit.

Wenn es nicht zum Dauerzustand wird.

Und klar ist, dass wir uns nur auf ein Ding wirklich konzentrieren können.

Um das besser zu verstehen, müssen wir jetzt einen kleinen Abstecher zu unseren evolutionären Vorfahren machen: Millionen Jahre lebten sie in Biotopen mit gefährlichen Raubtieren. Das erforderte hohe Wachsamkeit, denn jederzeit konnte etwas Lebensgefährliches passieren, wobei nicht klar war, wie genau das aussehen würde und ob es überhaupt kommt. So hat unser Gehirn gelernt, ständig auf Reiz- und Gefahrensuche zu sein.

Heute lauert zwar nicht mehr der Säbelzahntiger im Gebüsch, aber trotzdem funktioniert diese Programmierung immer noch einwandfrei – mit großem Einfluss auf unser Leben. Damals wie heute macht(e) sich der Körper bei der Botschaft »Mögliche Gefahr!« nämlich sofort kampf- oder fluchtbereit: Erhöhung des Pulsschlags, Anstieg des Blutdrucks, Anspannung der Muskel, Ausschüttung von Stresshormonen etc. Was das für uns heute bedeutet, erfahren wir gleich ...

Ohne Fokus? Chaos im Gehirn!

Die Hirnforschung, die in den letzten Jahren durch bildgebende Verfahren viele neue Erkenntnisse gewonnen hat, liefert einige – immer noch zu wenig bekannte – Fakten.

Erstens: Wenn wir uns nicht auf *eine* konkrete Aufgabe wirklich konzentrieren (und mehr schafft unser Gehirn nicht – leider –, obwohl wir das nicht gerne glauben), dann schaltet das Gehirn automatisch in diesen Zustand der unspezifischen Wachsamkeit.

Auf der Suche nach möglichen Gefahren folgt es dann – von uns teilweise unbemerkt – sprunghaft und planlos allen möglichen Reizen, die von außen oder *dem eigenen Inneren* kommen. Externe Ablenkungsmeister sind akustische Reize und optische Reize (z. B. sicht-

Eh klar, mein Handy, das vom Kollegen am Nachbartisch oder dieses »Ping«, wenn eine neue Mail kommt!

Ich dachte, das hast du längst abgeschaltet! Wenn nicht, dann mach das!

bare Arbeitsstapel, die nach Aufmerksamkeit geradezu schreien – was habe ich denn da noch alles vor?). Hingegen sind

> »Reize, die uns im Zustand des ›Nichtstuns‹ aus dem eigenen Inneren erreichen, [...] (überwiegend sorgenvolle) Gedanken über das, was wir erlebt haben oder was noch auf uns zukommen könnte« (Bauer 2013, S. 44).

Zweitens: Automatisch denken wir also nicht an das Schöne, sondern an das Unangenehme oder Bedrängende (da muss ich dringend anrufen; diese vier Projekte abschließen; mich mit diesem Thema genauer auseinandersetzen ...). Um uns zu beruhigen, widmen wir uns dann diesen Aufgaben, allerdings eher so, wie die Hühner Körner picken – ein bisschen hier und bisschen da –, so lange, bis wir wieder sicher sind, dass wir dieses Bedrängende auch bewältigen werden.

Drittens: Viel zu oft bzw. zu lange befinden wir uns im Kampf- oder Fluchtmodus und merken es oft erst zu spät, wenn diese Anspannung letztlich zu handfesten körperlichen Symptomen wie Rückenschmerzen, Schlaflosigkeit, Gereiztheit etc. führt.

Viertens: Die dauerhafte Überaktivierung dieses Reiz- und Gefahrensuchsystems zerstört die Konzentration und Merkfähigkeit: Wir können Wichtiges nicht mehr von Unwichtigem unterscheiden, da alles eine Priorität eins bekommt, und die Entstehung psychischer Erkrankungen wird begünstigt:

»Arbeitsplätze, an denen Multitasking und permanente unspezifische Wachsamkeit gefordert ist, schalten nicht nur das [...] ›Unruhe-Stresssystem‹ des Gehirns hoch, sondern haben eine darüber hinausgehende fatale Auswirkung: Den hier tätigen Menschen wird die Fähigkeit abtrainiert, eine konkrete Aufgabe zu lösen« (ebd., S. 48).

Untersuchungen zeigen, dass diese Menschen bei Aufgaben, bei denen dann wirklich Konzentration gefordert ist, jede Menge Fehler machen.

Oh, das heißt ja: Unspezifischer Dauerstress macht krank!

Ja, und dumm.

Was mach' ma da?

Achtsam sein und immer wieder fokussieren.

Man kann einwenden, dass Fehler auch andere Ursachen haben und es sowieso nicht messbar ist, welche Auswirkungen Multitasking tatsächlich hat. Sehr wohl messbar ist hingegen, dass Multitasking auch Geld vernichtet: Die Unternehmensberatung Bain hat errechnet, dass ein Konzern mit 10 000 Mitarbeitern im Schnitt pro Jahr 60 Millionen US-Dollar verliert, weil die Teilnehmer bei Meetings E-Mails lesen und schreiben, statt zuzuhören bzw. sich aktiv zu beteiligen (Töpper 2014).

Doping für Organisationen

Organisationen mit echtem Interesse an Leistungsfähigkeit geben ihren Mitarbeitern bereits die Möglichkeit, Gegenmaßnahmen zu ergreifen: Beim Autohersteller Daimler können die rund 100.000 Mitarbeiter seit 2013 ihre E-Mails, die im Urlaub eintreffen, automatisch löschen lassen (der Absender wird verständigt); bei der Deutschen

Telekom haben sich Führungskräfte verpflichtet, ihren Mitarbeitern nach Dienstschluss, am Wochenende und im Urlaub keine Nachrichten zu schicken.

Ob Letzteres als generelle Maßnahme befriedigend ist oder inwieweit es tatsächlich umgesetzt wird, kann hier nicht diskutiert werden. Jede Organisation muss selbst überlegen, welche Alternativen sinnvoll sind und welche sie schaffen möchte. Hier eine Anregung:

> Brain Booster – ein Cocktail, der Organisationen gesünder macht
> Man mixe Aufgaben,
>
> 1. für die man sich sein eigenes Ziel setzen konnte (und die klar definiert sind),
> 2. die herausfordern (Unterforderung löst Langeweile aus) und gleichzeitig bewältigbar sind (Überforderung löst Stress aus) und
> 3. zeitnah ein sichtbares Ergebnis zeigen,
>
> mit professioneller Beziehungsgestaltung, die
>
> 4. direkten, kontinuierlichen Kontakt zwischen Mitarbeiter und Führungskraft bringt und
> 5. regelmäßige Rückmeldung ermöglicht (Kritik ist in Ordnung, Ausgrenzung und Demütigung sind jedoch kontraproduktiv) sowie
> 6. angstfrei ist.

Letztlich liegt es in der Verantwortung jedes Einzelnen, sein individuelles »Dauerfeuer« zu unterbrechen, wenn er bemerkt, dass es ihn Aufmerksamkeit und Leistungsfähigkeit kostet. Nur so kann er seine Konzentration auf die *eine* Aufgabe richten, die sein Gehirn – gerne und leicht, denn es liebt Herausforderungen und langweilt sich bei linearen Tätigkeiten, wie von A nach B zu fahren – bewältigen kann. Das heißt auch, rechtzeitig Pausen einzulegen, falsche Arbeitsmuster zu erkennen und einen bewussten Umgang mit sich selbst pflegen.

Die gute Nachricht ist also, wir haben es in der Hand, wir können es steuern: Sobald wir die Aufmerksamkeit fokussieren, schaltet das ungesunde Unruhe-Stress-System ab. Sind die ersten drei Punkte des »Brain-Booster-Cocktails« erfüllt, schüttet das Gehirn außerdem Dopamin aus – unser Belohnungshormon. Besonders betonen möchten wir die dritte Zutat des Cocktails: das zeitnah sichtbare Ergebnis, weil sich daraus eine wesentliche Handlungsempfehlung für

Körpereigener Wundercocktail

»Schreibtischtäter« ableitet: Machen Sie die Ergebnisse Ihrer Arbeit täglich sichtbar! Z. B. Aufgabenliste ausdrucken und Abgearbeitetes durchstreichen, sodass sie am Abend nachvollziehen können, was Sie geleistet haben. Sie entziehen sich sonst der Ausschüttung von Dopamin, und das hat Risiken und unerwünschte Nebenwirkungen …

Was Dopamin alles kann, warum wir danach süchtig sind und wie unser Körper reagiert, wenn er es nicht bekommt, können Sie gerne nachlesen.

Große Dosis aktiver Achtsamkeit

Achtsamkeit hilft aber nicht nur, zu besseren Entscheidungen zu kommen, sondern hat auch andere Vorteile. Dafür nochmals zurück zu unserem Gehirn: Es leistet Großartiges und ist zugleich eine permanente Baustelle.

Jede Wahrnehmung wird mit bestehenden Erfahrungen verglichen, emotional bewertet und eingeordnet. Das läuft großteils unbewusst ab. Wir merken es nur dann, wenn z. B. das mulmige Bauchkribbeln beim Betreten einer Schule auftaucht und uns daran erinnert, dass wir in einer ähnlichen Umgebung auch dramatische Erlebnisse hatten.

Gedanken und Gefühle sind neurologisch untrennbar miteinander verbunden. Ein schwieriges, unangenehmes Ereignis kann ein negatives Gefühl (Angst in der Schule) begünstigen. Angst kann umgekehrt auch negative Gedanken hervorrufen. Da Gedanken dazu neigen, sich automatisch einzustellen und ständig zu wiederholen, kann Achtsamkeit helfen, sich aus der Sklaverei der Gedanken zu befreien. Nicht durch Unterdrücken oder krampfhafte Versuche, sie

Gedanken sind Gedanken.

Und keine Tatsachen.

Genau!

zu ersetzen, sondern indem man sie nimmt als das, was sie sind: Gedanken. Und zu ihnen kann man auch Abstand gewinnen, und man kann auch jeden Gedanken anders denken.

Je komplexer ein Problem ist, desto wichtiger wird die Unterscheidung in emotionale, zeitliche und soziale Dimensionen und umso weniger reichen Erfahrung und rationales Wissen. Komplexe Themen oder Situationen haben unterschiedliche Wirkungen auf Menschen: Für die einen sind sie inspirierend und für andere bereits beunruhigend. Unter Zeit- und Leistungsdruck wirkt Komplexität jedenfalls einengend und bedrückend. Wir verlieren das Gefühl, dass wir die Situation bewältigen können bzw. selbst wirksam sein können – und das ist *der* Grund, warum aus Herausforderung plötzlich Überforderung wird, der zu Stress wird, weil wir nicht mehr daran glauben, dass wir die Dinge in der Hand haben und selbst steuern können.

Auch in solchen Situationen, in denen alles verbaut scheint, kann sich der Horizont weiten, und neue Zugänge und Handlungsspielräume können sich eröffnen. Um die Fülle der Möglichkeiten wahrnehmen bzw. aus ihnen schöpfen zu können, gilt es, die Sinne nach außen und die Gefühle/Emotionen nach innen zu schärfen – und das gelingt nur mit Achtsamkeit.

Haben Sie sich einmal darauf eingelassen, kann Ihnen Achtsamkeit als wesentliches Element von Leistungsfähigkeit eine neue Qualität der inneren Führung, Wahrnehmung, Problemlösungs- und Handlungskompetenz bringen. Ein »trainierter Achtsamkeitsmuskel« hilft auch beim intuitiven Erfassen einer Situation. Dadurch können schwache Signale frühzeitig wahrgenommen werden – eine große Hilfe bei der Begegnung mit Unvorhergesehenem.

Training für den Achtsamkeitsmuskel

Halten Sie immer wieder kurz inne, und nehmen Sie wahr, was um Sie herum ist: Welche Details gibt es in Ihrer Umgebung ...? Wie riecht es ...? Was ist zu hören ...? Was fühlen Sie gerade jetzt ...? Kommen Sie (immer wieder) in Kontakt mit sich selbst, machen Sie drei tiefe Atemzüge, und genießen Sie die Augenblicke der Achtsamkeit, z. B. den Duft von Kaffee, die warme Frühlingsluft oder auch die Antwort der Kollegin am Montagmorgen, wenn Sie gefragt haben: »Wie war das Wochenende?«

Drei Fragen für den weiteren Weg:

- Was verstehen Sie unter Achtsamkeit?
- Wie können Sie Achtsamkeit als persönliche Ressource sehen?
- Wie können Sie in Ihren Führungsalltag Achtsamkeit integrieren?

Achtsamkeit für Fortgeschrittene

Ressourcenmanagement

Jetzt kennen Sie ein ganz legales Dopingmittel. Es hat hohe Auswirkungen auf die eigene Konzentrationsfähigkeit, aber auch auf die Gesundheit. Apropos: Wie achtsam gehen Sie mit Ihren persönlichen

Ressourcen um? Wissen Sie über Ihren eigenen Krafthaushalt Bescheid? Sind sie diesbezüglich vielleicht sogar ein gutes Vorbild? Besonders Führungskräfte setzen hier wichtige Trends und sind Multiplikatoren in beide Richtungen (80 % dessen, was wir lernen, lernen wir durch Beobachtung!): Sichtbares gesundes Verhalten wirkt sich auf die Mitarbeiter positiv aus. Wenn sie hingegen beobachten, dass sich ihre Chefin krank ins Büro schleppt, E-Mails auch im Urlaub beantwortet oder am Wochenende Telefonkonferenzen abhält, werden sie davon ausgehen, dass das auch von ihnen erwartet wird. Eine ungesunde Spirale beginnt ...

Falls Sie noch nie darüber nachgedacht haben, kann Abbildung 14 eine Hilfestellung geben – machen Sie sich bewusst, was Ihnen Energie und Kraft verleiht und was Stärke entzieht bzw. Belastung verursacht.

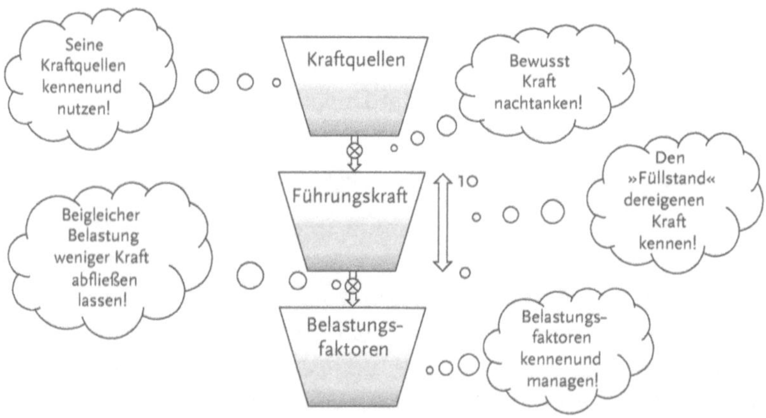

Abb. 14: Gesunde Selbstführung

Nehmen Sie sich ein Blatt Papier, und beginnen Sie beim mittleren Gefäß in der Grafik, dem der Führungskraft bzw. dem Krafttank: Wie kraftvoll fühlen Sie sich gerade auf einer Skala von 0 bis 10 (10 = besonders kraftvoll, 0 = das Gegenteil)? Was trägt dazu bei, dass Sie an dieser Stelle sind – auf körperlicher, geistiger, seelischer und emotionaler Ebene? Was haben Sie aktiv dazu beigetragen, an dieser Stelle zu sein?

Allein die Beschäftigung mit diesem Gefäß ist auch eine gute Achtsamkeitsübung »für zwischendurch«: Wie geht es mir gerade *jetzt* und was brauche ich daher in diesem Moment (Fenster öffnen, ein paar Schritte machen, etwas trinken etc.)? Es geht *nicht* darum, dass Sie sich unter Druck setzen, um möglichst oft auf der 10 zu sein, sondern zu wissen, wie gefüllt Ihr Krafttank ist. Nur wenn Sie das wissen, können Sie entscheiden, ob das im Moment genug oder eventuell zu wenig ist, und es daher als Signal nehmen, aktiv einzuschreiten.

Im zweiten Schritt sind die Kraftquellen im Fokus: Womit können Sie Ihren Krafttank wieder auffüllen? Wissen Sie, wie Sie sich

Na, Urlaub – ist ja klar!

Ja, und es gibt so viel mehr: bestimmte Aktivitäten, Orte, Bilder, Erlebnisse, Menschen, Geschmäcke, Gerüche, Musik …

– auch in kurzer Zeit – effizient regenerieren, beschleunigen oder entschleunigen können? Was gibt Ihnen Kraft? Versuchen Sie, diese Kraftquellen so genau wie möglich zu benennen. Also nicht nur »Sport« antworten, sondern: welche Form von Sport, wann, wie lange, mit wem etc. konkret? Und was ist es dann genau, das Ihnen die Kraft gibt: die Tatsache, dass Sie gemeinsam mit Freunden Fussball spielen oder dass Sie sich voll auspowern können oder dass Sie Freude am taktischen Spiel haben? Nur wenn Sie es genau wissen, können Sie diese oder ähnliche Situationen auch bewusst wieder herbeiführen.

Schreiben Sie auch die *kleinen* Kraftquellen auf, wie ein bestimmtes Foto, eine gute Tasse Tee, fünf Kniebeugen, ein Telefonat mit einer Freundin oder was immer es für Sie ist. Je mehr Dinge Sie sammeln, desto vielfältiger ist Ihr Krafttank gefüllt und stellt Ihnen für jede Situation gute Auswahlmöglichkeiten zur Verfügung. Wenn Sie allerdings nur *Urlaub* oder *Wochenende* haben, wird es schwieriger: Zwar ist Vorfreude auch eine Kraftquelle, doch kann es auf Dauer auch frustrierend sein, wenn man sich immer auf etwas Zukünftiges vertrösten muss und sich nicht gleich einen Kraftschub holen kann.

Im dritten Schritt interessieren die Belastungsfaktoren: Der Umgang mit negativen Emotionen und Frustration kann nur verbessert werden, wenn Sie die auslösenden Situationen (er)kennen und benennen können: Was stresst Sie, welches sind Ihre Belastungsfaktoren? Was kostet Sie Kraft – körperlich, geistig, sozial?

Zum krönenden Abschluss widmen Sie sich den beiden Ventilen zwischen den Gefäßen: Bedienen Sie *bewusst* das obere, um Kraft nachzutanken, oder schließen Sie das Ventil zu den Belastungsfaktoren, um sie besser zu managen. Wissen Sie, wie es Ihnen gelingt, bei gleicher Belastung weniger Kraft abfließen zu lassen?

Dazu ein praktisches Beispiel – angenommen, Sie stehen in einem Stau und gehen geistig Ihre Möglichkeiten durch:

- Sie denken sich, dass Sie das jetzt nicht ändern können, und machen das Beste aus der Situation (Lieblingsmusik hören, Liste möglicher Sommerurlaubsorte erstellen etc.).
- Sie ärgern sich und merken, dass Ihnen das jetzt gerade guttut. Wenn Sie erkennen, dass es Ihnen nicht guttut, schwenken Sie zu Variante 1.
- Sie steigern sich hinein in den Ärger über die anderen oder – noch »wirksamer« – über sich selbst: Warum bin ich nicht früher weggefahren? Warum muss das immer mir passieren? Etc.

Was kostet wahrscheinlich am meisten Kraft? Eben – und Sie haben es entschieden. Aber nur, wenn Sie achtsam waren; –).

Dieses Modell ermöglicht den bewussten Umgang mit Ressourcen und Kapazitätsgrenzen – anwendbar für Personen, aber auch für Teams. Ein gemeinsamer Blick auf Belastungsfaktoren (ineffiziente Meetings, schlechte Kommunikation, mangelndes Vertrauen etc.), Kraftquellen (Erfolgserlebnisse, Anerkennung, Zusammenarbeit, etc.) und die beiden Ventile (was wollen wir tun/nicht mehr tun/anders tun?) kann sich nicht nur lohnen, sondern den notwendigen Impuls bringen, sich von nicht mehr brauchbaren Verhaltensweisen zu verabschieden.

Zusammengefasst: Tipps für gesunde Selbstführung:

- Achtsamkeit und bewusstes Balancieren von Beschleunigung und Entschleunigung.
- Auf eigene Körperreaktionen achten, sie sind wichtige Signale!
- Zeit für Reflexion nehmen (wo stehe ich gerade, was braucht es jetzt für mich?)!
- Die Kraftquellen kennen und nutzen.
- Die Belastungsfaktoren kennen und managen.
- Die Widerstandsfähigkeit stärken durch aktives Bedienen der zwei Ventile.

Von fitten Organisationen empfohlen

Sieht man sich in der Praxis um, so gibt es bereits viele Beispiele für gesundheitsfördernde betriebliche Rahmenbedingungen, organisationale Mechanismen bzw. Präventions- und Interventionsmaßnahmen. Der Paradigmenwechsel von der Beschäftigung mit physischer Gesundheit zu der mit psychischer Gesundheit am Arbeitsplatz hat stattgefunden. Für jenen von einem betrieblichen Gesundheitsmanagement zu einer gesunden Führungskultur (im Sinne der unten beschriebenen »Großen Sechs«) ist es für viele Organisationen aber noch ein weiter Weg: Laut einer Studie der Universität St. Gallen (Bruch u. Kowalevski 2013) ist gesunde Führung in diesem Sinn erst in 2 % der untersuchten Unternehmen sehr gut und in 22 % gut ausgeprägt.

Will man eine gesunde Führungskultur schaffen bzw. Gesundheitsmanagement als integralen Bestandteil aller Managementprozesse in einer Organisation einführen, braucht es den professionellen Blick auf Rahmenbedingungen, Strukturen und Abläufe. Das greift tief in die Organisationsentwicklung ein, erfordert Reflexionsfähigkeit, eine vernetzte Herangehensweise und lässt sich nicht per Knopfdruck erledigen. So wird eine Unternehmensleitung, die ausschließlich auf Prozessoptimierung, Produktivitätssteigerung, Reorganisation und Wettbewerbsdruck schaut, die Zahlen der Krankenstandstage zwar im Blick haben, sich aber kaum dessen bewusst sein, dass z. B. die Kombination von hoher Erfolgsorientierung und engen Prozessvorgaben eine Hauptursache für psychische Belastungen ist (Peters 2011).

Worauf soll sich die Aufmerksamkeit richten, welche Erwartungen sollten im besten Fall ausgetauscht, bewertet und fokussiert werden? Welche Rollen oder Strategien braucht es daher? Wir können kein Rezept nennen. Organisationen müssen ihre Antworten selbst finden, zur Diskussion stellen und entscheiden. Wollen und unterstützen muss das die Unternehmensführung: Nur sie kann gesunde Führungskultur zum zentralen Handlungsprinzip erklären, einen Entwicklungsprozess – auf allen Ebenen – anstoßen und die entsprechenden Maßnahmen aktiv mittragen. Daraus kann eine Erfolgsstory werden …

Die großen Sechs

Mit dem Blick auf die VUCA-Welt haben wir sechs Dimensionen definiert, auf die in Organisationen zu achten ist, will man mit den Herausforderungen der Beschleunigungsfalle gut umgehen.

Die sechs Dimensionen wurden in anderen Disziplinen, wie der Glücksforschung, Hirnforschung, Soziologie und Psychologie, vorausgedacht, finden aber erst langsam ihren Weg in die Lebenswelt Organisation.

Bindung und *Sicherheit* sind als Grundbedürfnisse im Limbischen System unseres Gehirns fest eingeprägt. *Sinn, Transparenz* und *Mitgestaltung* verdanken wir dem Soziologen Aaron Antonovsky, der mit seiner Forschung den Salutogenese-Begriff geprägt (Franke u. Antonovsky 1997) und als Voraussetzung für Gesundheit das Kohärenzgefühl beschrieben hat. Und die *Wertschätzung* spielt in allen Disziplinen eine wesentliche Rolle. Aber der Reihe nach.

(1) Bindung

Menschen machen – noch als Ungeborene – zwei wesentliche Erfahrungen: Sie erleben das Gefühl der Bindung und das Gefühl der Sicherheit im Mutterleib, die dann als Urbedürfnis in ihrem Hirn *eingebrannt* bleiben. Für Jahrmillionen lebten die Menschen und ihre evolutionären Vorfahren in sozialen Gruppen und befriedigten so auch das Urbedürfnis nach Nähe und Sicherheit zu befriedigen. Personen in Organisationen können wir daher als Resonanzkörper verstehen, die gelernt haben, wie Seismografen zu erkennen, ob Rahmenbedingungen, wie z. B. Bindung und Sicherheit, ausreichend gegeben sind. Wir wissen, dass diese Perspektive in vielen Organisationen nicht beachtet oder ihre Erwähnung mit einem Lächeln quittiert wird.

Wenn man hingegen weiß, dass in Deutschland, hochgerechnet, 23,5 Millionen Beschäftigte ihrem Unternehmen leidenschaftslos gegenüberstehen – also ohne große emotionale Bindung – und weitere 5 Millionen Beschäftigte innerlich gekündigt haben, dann finden wir das einfach traurig. Und teuer: Gallup (2014) schätzt, dass der daraus entstehende Schaden für die deutsche Wirtschaft bei 73 bis 95 Milliarden Euro im Jahr liegt.

Jetzt ist es ja nicht so, dass diese 70 % der Arbeitnehmer (2013: 67 %) ohne emotionale Bindung nichts leisten. Sie haben grundsätzlich eine positive Einstellung zur Arbeit, machen aber nur das Notwendige, kommen pünktlich, gehen pünktlich. Aber sie gehen nicht die

Extrameile, begeistern sich nicht für ihre Aufgaben und fühlen sich schneller belastet: 60 % derer, die innerlich gekündigt haben, fühlen sich ausgebrannt – im Gegensatz zu nur 21 % der Hochmotivierten.

Die Gründe, die die erstere Gruppe nennt, kommen uns schon bekannt vor: Es sind fehlende Anerkennung und Entwicklungsmöglichkeiten – und dass ihre Meinung nicht zählt, sie nicht als Mensch gesehen und in Entscheidungen nicht eingebunden werden.

Kann man es deutlicher sagen als ein Regionalleiter eines internationalen Herstellers von Aufzügen? Nämlich: »Wir beschäftigen uns wochenlang mit dem Budget (es gibt kein anderes Thema) und wissen bereits jetzt ganz genau, dass es so nicht zu halten sein wird. Trotzdem folgen wir den Vorgaben des Vorstands. Es ist bescheuert, was wir da tun. Und es anzusprechen bringt überhaupt nichts.«

Hormone spielen auch mit!

In diesem Zusammenhang möchten wir Ihre Aufmerksamkeit auf das Oxytozin lenken. Es wird bei Berührung ausgeschüttet, wenn uns andere Menschen Wertschätzung, Sympathie oder Liebe entgegenbringen, aber auch wenn wir diese Gefühle anderen zeigen. Ganz wichtig: Wenn Sie anderen Wertschätzung entgegenbringen, dann steigt Ihr (!) Oxytozin-Spiegel. Warum das wichtig ist? Oxytozin hat stressreduzierende Wirkung, indem es u. a. den Blutdruck senkt und das Stresshormon Kortisol abbaut. Und das macht es doch sehr sympathisch.

Motivation braucht Mut

Es ist auch ein Hormon, welches die Fähigkeit zu Einfühlung und Vertrauen erhöht (Bauer 2013, S. 34), und gerade Vertrauen wird ja in vielen Organisationen oft herbeigesehnt, herbeigeredet oder beschworen. D. h., eine Investition in Bindung hebt den Oxytozin-Spiegel und damit die Fähigkeit zur Kooperation – eine wesentliche Voraussetzung dafür, in der VUCA-Welt erfolgreich zu agieren.

(2) Sicherheit

Das menschliche System ist – wie jedes System – auf Sicherheit programmiert. Es geht um den Selbsterhalt, ums Überleben. Wir brauchen ein Mindestmaß an Sicherheit, um mit den Unsicherheiten, die uns umgeben, gut und kreativ umgehen zu können.

Für Führungskräfte stellt sich somit die paradoxe Aufgabe, in der VUCA-Welt für Sicherheit sorgen zu müssen (steht doch das »U« für »Uncertainty«). Glaubwürdig gelingt das nur, wenn sie keine Sicherheit vortäuschen, wo es keine Gewissheit geben kann. Sie müssen also mit der Paradoxie umgehen, sowohl glaubwürdige Führungskraft zu sein, der zugeschrieben wird, vieles zu wissen, als auch immer wieder die Haltung *des Nichtwissens* einnehmen, die Unsicherheit nicht als Mangel, sondern geradezu als Voraussetzung für das Erkennen von Widersprüchen und das Auffinden von Alternativen versteht.

Aus der Verhaltensforschung wissen wir, dass das Leittier nur dann Leittier bleibt, wenn es für seine Herde im Verhalten einschätzbar ist (also in ähnlichen Situationen ähnlich reagiert) und Präsenz zeigt. Präsenz wiederum entsteht durch die Kombination von sichtbarer Anstrengung mit sichtbarem Risiko. Risiko zu übernehmen hat viel mit dem Balancieren von paradoxen Sowohl-als-auch-Haltungen zu tun (siehe Tab. 3).

Sowohl	als auch
zielgerichtet zupacken	aufmerksam zuwarten.
gestalten	hinnehmen.
Richtung vorgeben	einfühlsam mitgehen.
für sich stehen	mit anderen verbunden sein.
selbstbewusst handeln	selbstkritisch reflektieren.
helfen	sich helfen lassen.
stolz auf Erreichtes sein	demütig wissen, dass es nur gemeinsam erreicht werden konnte.

Tab. 3: Sowohl-als-auch-Haltungen

Damit dieses Sowohl-als-auch nicht zu Verwirrung führt – Mitarbeiter beobachten ja sehr genau das Verhalten ihrer Führungskräfte –, ist Klarheit gefordert. Es geht darum, auch zu kommunizieren, wann welches Verhalten warum gewählt wird – sonst starten zeitraubende Versuche der Mitarbeiter, die Führung zu interpretieren. Im schlimmsten Fall macht sich Unsicherheit breit, weil diese Verhaltensvielfalt nicht mehr einschätzbar scheint.

Schauen wir auf die ersten beiden der *Großen Sechs* – »Bindung« und »Sicherheit« –, dann gibt es noch ein Geheimnis zu lüften: Sie sind auch die Voraussetzung von Neugier. Und ohne Neugier geht gar nichts. Es gäbe keine Entwicklung, kein Wachstum, kein Lernen, keine Entdeckungen, keine Innovationen. Es braucht die (positive) Neugier – wenn man sich z. B. auf Veränderungen einlassen will. Investieren Sie in Bindung und Sicherheit, dann stellt sich die *Gier auf Neues* fast automatisch ein! Nicht ganz unwesentlich für Entwicklungs-, Innovations- und Veränderungsprojekte, oder nicht?

Organisationen: An der Grenze von Sicherheit und Unsicherheit

Jetzt wissen wir, dass Menschen Sicherheit brauchen. Da würde es verwundern, wenn es Organisationen anders damit hielten, auch wenn man aus der Innen- oder Außenperspektive das Grundkonzept jeder Struktur – ein Höchstmaß an Berechenbarkeit, sprich: Sicherheit herzustellen – nicht immer erkennen kann.

Dazu gibt es mehrere Strategien, hier die extremen Pole:

- Die einen tun, was immer schon getan wurde, weil es einfacher ist oder weil es Routinen gibt, die Sicherheit geben. Das Geschäftsjahr ist unterteilt in Quartale, es gibt Berichte und Reports, die Zahlen sagen alles. Gerade wenn man sich nur daran orientiert, kann man Wesentliches verpassen. Auch die diversen Blasen, die zerplatzt sind, wurden angekündigt – von Experten, die kleine Zeichen wahrgenommen haben, dass etwas anders ist als sonst. Doch sie wurden nicht gehört. Denn das würde ja Unsicherheit erzeugen. Karrierepfade, Stellenbeschreibungen, eine Fülle von Regularien sollen Unwägbares in Gewogenes verwandeln. Die gesamte betriebswirtschaftliche Literatur dient der Herstellung von Sicherheit.
- Die anderen verfolgen ein Veränderungsprojekt nach dem anderen – meist mehrere gleichzeitig, um Schritt zu halten. Sie hetzen von Projekt zu Projekt, um nichts anderes zu erreichen als: *sicher* mithalten zu können. Und wenn sie sich in der Beschleunigungsfalle wiederfinden, wissen sie eines ganz *sicher*: Es ist eine VUCA-Welt, und wir sind die Opfer!

Natürlich ist es nicht nur so oder so. Das Dilemma oder das Paradoxon besteht darin: Damit Organisationen einer ihrer zentralen Funktionen gerecht werden können, nämlich Sicherheit für ihre Kunden und ihre Mitarbeiterinnen zu gewähren, müssen sie sich auf das Unwägbare, auf Unsicherheit und mehr denn je auf Experimente einlassen. Das gelingt auch, allerdings nur, indem sie an der Grenze von Sicherheit und Unsicherheit agieren. Was heißt das? Organisationen müssen das sichtbare Risiko auf sich nehmen, dieses Thema aktiv anzusprechen und zu diskutieren:

- Auseinandersetzung fördern: Wie gehen wir aktiv mit Ungewissheiten/Unsicherheit um?
- Unterscheidungen treffen: Worin sind wir im Moment sehr sicher? Selbst in unsichersten Zeiten gibt es Dinge, die sicher sind oder Sicherheit geben.
- Erfahrungen nutzen: Wie weit kann man diese *Sicherheitsaspekte* für den Umgang mit Unsicherheit nutzbar machen?
- Horizont erweitern: Was braucht es, damit wir Unsicherheit über einen gewissen Zeitraum hinweg aushalten können?

Wie sicher ist Ihre Organisation?

Weick und Sutcliff (2010, S. 2) haben in ihrer Forschung mit High Reliability Organizations (HROs sind z. B. Feuerwehren, die hochzuverlässig funktionieren müssen) entdeckt, dass sie mit einer von Achtsamkeit (»mindfulness«) geprägten Organisationsstruktur Sicherheit erzeugen.
Auch Sie können Schaden, der durch unerwartete Ereignisse verursacht wird und zuverlässige Leistungen behindert, vermeiden, indem Sie kontinuierlich:

- kleinere Fehler und Störungen aufspüren und beheben
- groben Vereinfachungen widerstehen
- sensibel für betriebliche Abläufe bleiben
- flexibel reagieren
- die Orte des jeweils größten Sachverstandes nutzen.

Was würde das konkret in Ihrer Organisation bedeuten? Welche »Warnsignale« gibt es, die Sie bisher vielleicht nicht beachtet haben? Nutzen Sie auch wirklich diejenigen Mitarbeiter mit dem größten Sachverstand, und sei es der Portier oder der Außendienstmitarbeiter, der die Bedürfnisse der Kunden aus erster Hand kennt?

Um diese Gedanken noch etwas konkreter zu lenken, stellen wir Ihnen an dieser Stelle ein bewährtes Instrument vor:

Systematischer Sicherheits-/Unsicherheitscheck mit Skalen

Suchen Sie sich einen Fokus, also z. B. Ihren Markt, Produkte, Mitarbeiter, Strategien etc. und zeichnen Sie eine Sicherheitsskala von 1 bis 10, wobei 10 für supersicher und 1 für das Gegenteil (also superunsicher) steht: Wo positionieren Sie Ihre Organisation derzeit z. B. betreffend Sicherheit Ihres Marktes? Markieren Sie diesen Punkt mit X.

I_____I_____I_____I_____I_____I_____I_____I_____I_____I

1 2 3 4 5 6 7 8 9 10

Nun ein paar Fragen:

- Was trägt dazu bei, dass Sie auf X sein können? Z. B. welche Anzeichen für Sicherheit gibt es?
- Wie würden andere Abteilungen das beurteilen? Welche Anzeichen der Sicherheit würden sie nennen?
- Was können Sie/Ihre Mitarbeiterinnen/der Vorstand/etc. bei X beobachten, welche Gedanken gehen durch den Kopf, welche Gefühle tauchen auf?
- Was können Sie tun, um auf X + 1 zu kommen (ein Gespräch führen, Berichte anfordern ...)?
- Wer kann Ihnen dabei helfen?

Auch wenn Sie die 1 angekreuzt haben, wissen Sie nun genauer, wo Sie wirklich stehen, und auch das kann Sicherheit geben. Sie können diese Übung mit Ihrem Team, mit Abteilungsleiterinnen oder Kolleginnen machen und auf die Unterschiede in den Einschätzungen schauen und darauf, was Sie daraus lernen können. Dann können Sie den Fokus verändern und nochmals aus einer anderen Perspektive die Sicherheitsskala betrachten, vielleicht tauchen neue Erkenntnisse und Möglichkeiten auf. Mit dieser Übung erkennen und nutzen Sie besser Widersprüche, mögliche Alternativen und Situationspotenziale.

Gerade in Veränderungsprozessen, die von hoher Unsicherheit gekennzeichnet sind (keiner weiß Genaues, es gibt Irritation und Gerüchte, das Neue ist nicht vorstellbar oder nachvollziehbar) sind zwei Arten von Sicherheit, die die Führungskraft geben kann, besonders wichtig:

- die Sicherheit, diesen Prozess gemeinsam bewältigen zu wollen (außer es geht auch um Personalabbau, dann ist an dieses Argument nicht zu denken)
- die Sicherheit der Prozessstruktur, d. h. die Klarheit, mit welchen Schritten man den Prozess startet und welche Prämissen für den Prozess gelten.

(3) Sinn

Die Sinnsuche, also das Erkennen von Zusammenhängen, gehört zu den biologischen Grundbedürfnissen des Menschen, obwohl die Verschaltungen für die Sinnfrage erst ein paar Jahre nach der Geburt entstehen.

Sobald sie jedoch gebildet sind, kann sich das menschliche Gehirn nur dann entfalten und neue Lösungen entwickeln, wenn es Situationen, Aufgaben, Verhalten einen *Sinn* zuschreiben kann, d. h. wenn es Neues mit Bestehendem verknüpfen kann. Es wendet alle seine Prozesse auf, um Sinn zu konstruieren.

Wusste doch schon Friedrich: »Der Mensch kann jedes Wie ertragen, solange das Warum bekannt ist.«

Schiller?

N wie nein und Nietzsche.

In der Arbeitswelt müssen die Aufgaben Sinn haben (*wozu* tue ich das?) bzw. muss das gemeinsame größere Ganze nachvollziehbar sein. Damit erweitert sich die Rationalität der nachvollziehbaren Zweck-Ziel-Mittel-Relation, und Sinn wird zum Zentrum eines lebenswerten Arbeitens, einer lebenswerten Organisation: Ja, diese Organisation, diese Produkte, diese Prozesse, diese Meetings, diese Art von Führung stiften (mir) Sinn, und daher will ich dieser Organisation auch das *Meine* zur Verfügung stellen.

Im engeren Verständnis ergibt sich Sinnhaftigkeit für Erwerbstätige dort, wo Eigenverantwortlichkeit und Partizipation möglich sind. Damit ist Sinn eine der wichtigsten zentralen Handlungsorientierungen.

Sinn kann auch als sehr subjektive Beobachterperspektive verstanden werden, die laufend Veränderungen unterworfen ist. Sinndefizite können wir eine gewisse Zeit ausgleichen, auf die Dauer haben sie aber Auswirkungen: z. B. Präsentismus (ich sitze hier meine Zeit ab, ohne aufzufallen) oder Eskapismus (ich suche mir meinen Sinn in meiner Freizeittätigkeit).

Gibt es hingegen nur angstgetriebene Gründe (finanzielle Abhängigkeit etc.), die als sinnlos empfundene Arbeit weiter auszuüben, und keine stark ausgeprägten anderen Elemente der Großen Sechs, macht uns das letztlich krank.

Sinn in und für Organisationen

Manchmal merken Unternehmen, dass ihr innerer Zusammenhalt, ihr sachlicher Sinnbezug und die wirtschaftlichen Koppelungen mit Gesellschaft und Mitarbeitern als relevante Umwelten nicht mehr ausreichen, um genügend Motivationspotenzial sowohl im Inneren als auch im Außenbezug zur Verfügung zu stellen. Dann werden plötzlich ethische, gesellschaftliche Werte zum Organisationsthema. Ist das Ziel nicht nur ein Marketinggag, der verlorenes Kundenterrain zurückgewinnen soll, erfordert das eine sehr bewusste Entscheidung mit Klarheit über die Folgen. Bei ernsthafter Auseinandersetzung kann das Ergebnis nämlich auch eine neue Verfassung sein, die im Widerspruch zu bisherigen betriebswirtschaftlichen und Managementperspektiven durchgesetzt werden muss. Ob sich das auszahlt? Das kann nur die jeweilige Organisation entscheiden.

Sich in Richtung »fit und leistungsfähig« zu verändern kann jedenfalls sehr viel Sinn haben. Es ist allerdings auch ein Prozess, der mehrere Jahre in Anspruch nehmen kann und langen Atem erfordert. Konsequent durchgezogen, kann er auch große und nachhaltige Wirkung erzeugen!

Der Vorstandsvorsitzende der Zürich Versicherungs-AG in Österreich hat diesen Prozess 2001 gestartet und nach drei Jahren festgestellt: »Es ändert sich nichts. Ich glaube, wir dringen nicht zu den Leuten durch« (Matschnig 2013, S. 16). Seine Überzeugung, Beharrlichkeit und der Wille des Vorstandsteams und der involvierten Führungskräfte haben aber letztlich dazu geführt, dass die Mitarbeiterinnen erkannt haben, dass diese Bestrebungen, tatsächlich eine neue Führungskultur zu etablieren, ernst gemeint sind. Heute sagen sie offen, was sie sich denken, und beteiligen sich aktiv. Ein Mitarbeiter sagt es so: »Vor sieben, acht Jahren wollte ich hier weggehen, weil mir das zu viel war. Heute arbeite ich mehr als damals, aber es macht mir richtig Spaß« (ebd., S. 17).

Zum Abschluss noch ein paar philosophische Fragen, die durchaus praktische Auswirkungen haben können:

- Ergibt es für Sie Sinn, über Sinn als Führungselement nachzudenken?
- Wie viel Sinn braucht es in Ihrer konkreten Situation – für Sie selbst und für ihre Mitarbeiter?
- Wie können Sie Sinn stiften?

ZEIT FÜR UNSINN

Und bevor Ihnen die ganze Sinnthematik zu schwer wird, noch zwei – vielleicht ungewöhnliche – Tipps:

1. Machen Sie hin und wieder etwas Sinnloses, das Ihnen aber Freude macht (uije, damit wird es ja schon wieder sinnvoll !). Also machen Sie etwas Spontanes, ohne lang über den Sinn nachzudenken.
2. Stiften Sie einmal ganz bewusst Unsinn in Ihrer Organisation, und beobachten Sie, was passiert!

Was fällt Ihnen noch dazu ein?

Abb. 15: Zeit für Unsinn

(4) Transparenz

Sinn, Aufgaben, Ziele, Rollen etc. müssen klar sein – es geht um Orientierung, Verstehbarkeit und Nachvollziehbarkeit. »Ja, klar«, werden Sie jetzt sagen. Und doch ist zu beobachten, dass es in jeder Organisation ein Riesenfeld von Unklarheiten gibt. Nehmen wir alleine die Rollen her: Da gibt es Rollenüberlagerungen, -konfusionen, -widersprüche etc. etc. Es braucht Austausch, Ab- und Aufklärung, gemeinsames Erzeugen von Transparenz durch Kommunikation. Und zugleich sollte nicht übersehen werden, dass Unklarheit das Feld der autonomen Selbstdefinition, dass der Bereich der Intransparenz erst Freiheit ermöglicht. Dennoch postulieren wir: Will man die Leistungsfähigkeit steigern, braucht es Transparenz. Sie kennen alle die transparenzerzeugenden Fragen: *Wozu, Wie und Was.* Nehmen wir als Beispiel Veränderungsprozesse:

Die Fragen nach dem *Wozu*:

- *Wozu* ist diese Veränderung notwendig?
- *Wozu* haben wir uns *jetzt* dazu entschlossen, diesen Prozess zu starten?
- *Wozu* kann es verhängnisvoll sein, wenn wir nichts ändern?
- *Wozu* wurde das Vorgehen so gewählt, wie wir es jetzt tun?

Die Fragen nach dem *Wie*:
- *Wie* werden wir das konkret machen?
- *Wie* wird das mich/meine Arbeit beeinflussen?
- *Wie* werden wir uns (nicht) daran beteiligen?
- *Wie* kann ich mehr Sicherheit in dieser Situation erlangen?

Die Fragen nach dem *Was*:
- *Was* wird sich auf jeden Fall verändern?
- *Was* wollen wir auf jeden Fall erhalten?
- *Was* sollen wir auf dem Weg beachten?
- *Was* kann uns dabei helfen?

Natürlich spielen auch Fragen nach dem *Wer, Wo* und *Wann* eine Rolle, aber erst, nachdem die drei anderen W-Fragen geklärt sind.

Ein kurzer Hinweis zum *vertrackten* Warum: Die Frage nach dem Warum ist eher rückwärtsgerichtet und erzeugt Rechtfertigungszwang. Hilfreich ist sie hingegen, wenn:

- ... ein Sinn verstanden werden will: In vielen Präsentationen und Botschaften wird zuerst das Was dargestellt, von dem elegant zum Wie (in Kombination mit einem Wer, Wo und Wann) übergegangen und damit geendet wird. Das Warum wurde nicht erzählt und hinterlässt die größte Lücke: Der Sinn ist nicht bekannt.

Ja, und dann geht das Tschentschen los ...

Was ist denn das wieder?

Lies mal nach im Kapitel »Es geht nicht ohne Tschentschen« (S. 95)!

- ... mechanische Fehler oder Prozessfehler gesucht werden: Berühmtes Beispiel ist die von Toyota entwickelte »5-W-Methode«, bei der man mit dem fünfmaligen Fragen nach dem Warum in fast allen Fällen die tatsächliche Störungsursache findet, um sie nachhaltig zu beseitigen.

Hingegen verliert das *Warum* sofort seine klärende, erhellende Qualität, wenn Kausalitäten gefunden werden wollen, wo es keine Eindeutigkeiten gibt, was in zwischenmenschlichen Beziehungen sehr oft vorkommt.

Schatzsuche statt Fehlerjagd

Waren Sie auch schon bei Meetings, die mit der Auflistung von Problemen bzw. mit dem, was seit dem letzten Meeting alles schiefgelaufen ist, begonnen haben? Meistens kommt dann sehr schnell die Frage: »Warum ist das schiefgelaufen?« Und es startet eine umfassende Suche nach Schuldigen.

Ein radikal anderer und – gesünderer – Zugang: Man beginnt das Meeting mit der Frage, was gutgelaufen ist, und »fahndet« danach, was alles zum Erfolg beigetragen hat. So entdeckt man ganz nebenbei auch die Ressourcen des Teams. Für die Fehlerforschung ist dann immer noch Zeit, und bei Fehlerbehebung können die davor erkannten Ressourcen vielleicht schon helfen …

Kommunikation von Entscheidungen

Zum Abschluss noch ein ganz praktisches Beispiel für die Wirksamkeit von Transparenz: Für die Wartungsmitarbeiter am Flughafen

Christian Langer von der Lufthansa Technik AG hat das auf dem Kaizen-Kongress im Oktober 2010 in Stuttgart erzählt.

O.k., dann los.

Frankfurt heißt Erfolg, dass ein Flugzeug pünktlich starten kann. Nach vielen Gesprächen mit den Mitarbeitern kam jedoch heraus, dass einzelne Mechaniker durch die strikte Trennung der Arbeitsphasen nach Mechanikern, Avionikern und Kabinern gar nicht erfah-

Von welchem Stern?

Kein Stern; Avioniker sind für das gesamte elektrische Innenleben eines Flugzeuges zuständig. Also Navigation, Autopilot etc.

ren, ob das von ihnen gewartete Flugzeug tatsächlich noch pünktlich seine Reise antreten konnte. Ob der eigene Einsatz von Erfolg gekrönt war, war für die Mitarbeiter nicht ersichtlich.

Durch die Einführung von Teamdialogen zu Beginn jeder Schicht und einer Tafel, an der jeder Mitarbeiter sehen kann, welche Flugzeuge mit welchem Erfolg gewartet wurden, ist eine Transparenz geschaffen worden, die dem Mitarbeiter klar die Wirkung seiner täglichen Arbeit präsentiert. Alle Beteiligten ziehen nun an einem – sichtbaren – Strang; und das Management zieht mit. Eigentlich keine große Hexerei und doch nicht selbstverständlich …

Kommunikationskomplexität 1.0–4.0

Veränderungsprozesse und Kommunikation

(5) Mitgestaltung

Menschen brauchen das Gefühl, dass sie – zumindest in ihrem eigenen Rahmen – die Möglichkeit zur Mitgestaltung haben. Dazu gehören auch das kooperative Aushandeln von erreichbaren (!) Zielen und das Ziehen von Grenzen (z. B.: Was machen wir/nicht/nicht mehr?).

Kein Wunder, dass Wörter bzw. Worte wie »entwickeln«, »kreieren«, »kreativ sein«, »etwas schaffen«, »über sich hinauswachsen« sofort lebendige Bilder entstehen lassen. Nichts ist schlimmer, als wenn wir aufhören, uns beteiligen zu wollen. Manche tun es nicht mehr, weil ihnen der Sinn abhandengekommen ist, manche, weil sie Angst vor der Zukunft haben. Wir brauchen eine Idee, wie es funktionieren könnte, dass die Energie für Mitgestaltung und Entwicklung gehalten werden kann.

Wenn man sich ausgeliefert oder ohnmächtig (ohne Macht über sich selbst) fühlt, geht auch der Glaube an eine bessere Zukunft verloren. Der Blick geht immer öfter zurück, wo es scheinbar besser war. Die Fähigkeit, sich lösungsorientiert mit der Zukunft zu beschäftigen, schwindet.

Natürlich erhöht Mitwirkung die Komplexität, den Aufwand an Klärung und Abstimmung – aber dieser Aufwand rechnet sich. Organisationen, die gezielt auf Mitgestaltung setzen, sind auch die erfolgreichsten.

> Für all jene, die nicht (mehr) an ihre Fähigkeit der Einflussnahme glauben, sei der Satz von Tendzin Gyatsho, dem 14. Dalai Lama, als Perspektivenwechsel empfohlen: »Falls Sie glauben, dass Sie zu klein sind, um etwas zu bewirken, dann versuchen Sie mal zu schlafen, wenn ein Moskito im Zimmer ist.«

Mitgestalten kann viele Facetten haben: fragen, hinterfragen, aktiv zuhören, provozieren, Denkmuster oder Gesprächsmuster unterbrechen, Ideen anbieten, Zusammenhänge erklären, Feedback geben, unterstützen, moderieren, Entwertungen nicht zulassen, vermitteln, soziale Prozesse inszenieren, Konflikte austragen ...

Selbstbestimmt und mächtig im besten Sinn – so sollten wir im Idealfall durch die Arbeitswelt wandern. »Mächtig« als ein Zustand, in dem Macht und Ohnmacht als solche nicht mehr existieren bzw. verschmolzen sind. In diesem Zustand könnten wir kreativ und schöpferisch sein, einfach denken und einfach handeln.

In die Zukunft geschaut

Wenn wir in die Zukunft schauen, wird es auch interessant zu beobachten, wie sich die nachkommenden Generationen in der Arbeitswelt arrangieren. 2025, also in knapp zehn Jahren, werden die Generationen Y und Z, die ab 1980 bzw. 1995 in die digitale Welt hineingeboren wurden, bereits 75 % der Erwerbstätigen stellen. Wenn man sie heute beobachtet, sind schon sehr *vuca-mäßig* unterwegs, und doch setzen sie andere Grenzen: Z. B. ist es für sie selbstverständlich, ständig online zu sein – ständig erreichbar sein wollen sie aber nicht.

Auch Verbundenheit leben Sie anders: »[...] abgesehen möglicherweise von Familie und ganz engen Freunden« (Scholz 2014, S. 38), suchen sie keine langfristigen emotionalen Bindungen an Unternehmen oder andere Gruppierungen, sondern immer wieder neue Andockmöglichkeiten.

Das Wechselspiel von Nähe und Distanz, Bindung und Autonomie macht Beziehungen erst interessant – das Extreme in jeder Richtung kann sie zusätzlich schwer machen. Enge Bindung zu Familie/Freunden, wenig Bindung zu Arbeit und Organisationen – wieder ein Grund für Organisation, *vuca* zu sein, um innerhalb der Organisation neue Andockmöglichkeiten zu schaffen und so auch Mitgestaltung zu fördern und zu erhalten.

Einige Thesen zu dem, was hierbei unterstützen kann:

- Neue Kommunikationsformen schaffen, die auch Nachfragen und Diskussionen zwischen den Generationen ermöglichen.
- Zunehmend vernetztes Arbeiten in vielleicht noch unbekannten Formen, das jeweils neue und attraktive Andockmöglichkeiten *innerhalb* der Organisation bietet.
- Den Sinn des Tuns ins Zentrum rücken: Denn der Verdacht liegt nahe, dass gerade für junge, gut ausgebildete Arbeitnehmer der Gedanke, »Wenn es hier keinen Sinn mehr für mich hat, dann bin ich weg«, ein starker Motivator für Wechsel ist.
- Ein Angebot an Kooperationsformen, das über Abteilungsdenken hinausgeht, wie z. B. Mentor- und Partnersysteme.
- Anerkennung und Umsetzung der Erkenntnis, dass eine Arbeitswelt, die antreibt, viel einfordert und abverlangt, auch Zeit für Regeneration geben muss. Einerseits mit flexiblen Arbeitszeitmodellen, andererseits und unbedingt auch mit Pausen zwischendurch. Heute sind Topmanager noch sehr stolz darauf, auf Dauer mit maximal vier Stunden Schlaf auszukommen (*KarriereSPIEGEL*, 26.2.2015). In Zukunft wird es hoffentlich

mehr Organisationen geben, die erkennen, dass kurze Regenerationsphasen während des Arbeitstages oder feste Auszeiten während der Arbeitswoche die Energie erhöhen, die Effektivität steigern und die Krankenstandsrate reduzieren (Perlow 2010).

(6) Wertschätzung

Der Wunsch nach Anerkennung, Zuwendung und Wertschätzung steckt in jedem von uns. Wertschätzung zeigen heißt Gelungenes wahrnehmen und aussprechen, aber auch Unterstützung anbieten und Fehler ansprechen, ohne jedoch denjenigen abzuwerten, der den Fehler gemacht hat. Ehrliches Feedback, das in der Sache klar ist und den Menschen auf Augenhöhe respektiert, ist das Gesuchte. Wenn das gelingt, kann sogar in jenen »hochverantwortlichen Organisationen« (Weick u. Sutcliff 2010), die sich auf Fehler konzentrieren müssen, ein guter Umgang gefunden werden: Fehlerhafte Handlungen erkennen, ihnen nachgehen und dabei dem Menschen aber nicht die Würde absprechen oder die Zuwendung entziehen.

Im Wort »Wertschätzung« steckt der Prozess, um den es geht, schon drin: »den Wert schätzen«. Das heißt, dass ich mich mit der Person, der ich dies zeigen will, beschäftigen muss, um den Wert, den sie und ihre Arbeit für mich haben, wirklich wahrzunehmen und auch ausdrücken zu können. Welche Gefühle wecken die Person und ihre Leistung in mir? Dankbarkeit? Freude? Erleichterung? Nur wenn ich das weiß, kann ich die Wertschätzung tatsächlich glaubwürdig ausdrücken.

Wertschätzung gibt es in vielen Formen, dies können sein: ein anerkennender Blick, eine »Daumen-hoch«-Geste und vielfältige verbalen Ausdrucksformen. Und hier wird es offensichtlich schwierig, und nicht zufällig schrillen Alarmsignale, denn statt den Wert zu schätzen, wird Lob verstreut und damit an die nicht umkehrbare Asymmetrie Eltern/Kind (»Bist du aber brav!«) oder Lehrer/Schüler erinnert. Lob ist immer eine einseitige Bewertung von oben nach unten.

Billiges Lob würde ich auch nicht wollen.

Na, dann lob doch teuer!

???

Zum Beispiel anlassbezogen und konkret!

Gar nicht loben – so nach dem Sprichwort »Nichts gesagt ist genug gelobt!«? – ist auch nicht optimal. Einigen wir uns zuerst auf *Anerkennung* statt *Lob*. Da bleibt für viele trotzdem eine Unsicherheit: Wie, wie viel, wann soll man denn Anerkennung aussprechen?

Grundsätzlich ist das eine sehr persönliche Sache und muss zum eigenen Führungsstil und der Persönlichkeit passen. Drei Dinge gehören jedenfalls dazu:

- Anerkennung muss echt gemeint sein. Wenn die Führungskraft das Anerkennen als »lästige Pflicht« versteht, merkt es der Betreffende sofort.
- Anerkennung muss konkret ausgedrückt werden. Bei »Superarbeit in letzter Zeit!« wird sich die Mitarbeiterin vielleicht auch freuen, aber wirklich wissen, *was* gefallen hat (und wovon mehr davon getan werden soll), kann sie nicht.
- Anerkennung erfolgt am besten spontan, wann immer etwas positiv auffällt. Warten Sie nicht bis zum nächsten Beurteilungsgespräch, und probieren Sie es zwischendurch einfach aus – vielleicht erleben Sie eine Oxytozin-Dusche ☺. Aber Achtung: Positives Feedback geben kann dazu führen, dass Sie auch positives Feedback bekommen!

Umgang mit den Großen Sechs

Jetzt, da Sie die Großen Sechs kennen und schon einiges an Umsetzungsideen mitbekommen haben, gibt es noch den Blick auf »das Ganze« – wie kann ich mit den Großen Sechs im Team, in der Abteilung, im Bereich, im Unternehmen arbeiten?

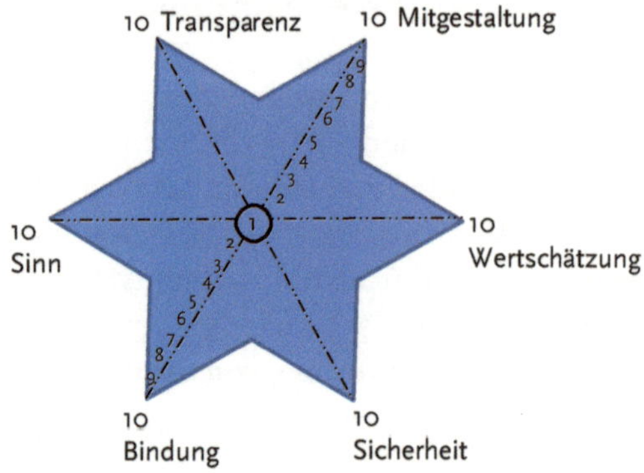

Abb. 16: Skalierung der Großen Sechs

Skalieren Sie die Großen Sechs – jeweils von 1 bis 10, wobei 10 bedeutet, dass dieser Wert vollständig vorhanden ist, und 1 bedeutet das Gegenteil.

Nehmen Sie sich Zeit, die unterschiedlichen Bilder, die es in Ihrer Einheit gibt, gemeinsam zu betrachten und zu vergleichen. Lassen

Sie auch Ihre Mitarbeiter die jeweiligen Skalen von 1 bis 10 ausfüllen. Jede Skala ist individuell, und daher ist nicht eine besser oder schlechter (eine 4 kann für zwei verschiedene Personen jeweils etwas ganz Unterschiedliches bedeuten). Vermeiden Sie daher auch Diskussionen wie: »Warum hast du denn da nur eine 2?« Wir wissen ja schon, dass Warum-Fragen nicht immer hilfreich sind ...

Die absoluten Werte sind absolut nicht wichtig, sondern nur Ausgangspunkt für einen Dialog über die folgenden fünf Fragen:

- Was macht es für mich zu diesem Wert, den ich gewählt habe?
- Was funktioniert daher (und was noch nicht)?
- Wo würde ich gerne hinkommen auf dieser Skala?
- Was wäre dort konkret anders als es jetzt ist?
- Was ist ein erster konkreter Schritt dorthin?

Mit diesem Austausch haben Sie bereits einen großen Schritt in Richtung einer leistungsfähigen Organisation gesetzt.

Also nicht Veränderung per se, sondern die Rahmenbedingungen bringen Projekte zum Fliegen oder Scheitern bzw. machen Organisationen leistungsfähig?

Ja, und wer die Großen Sechs ernst nimmt, ist vielen anderen schon einen Riesenschritt voraus!

Es ist natürlich nicht das Ziel, möglichst oft, lange oder gar immer auf einer 10 zu sein. Schon gar nicht bei allen sechs Dimensionen gleichzeitig. Es geht vielmehr um den Ausgleich, die gesunde Balance bzw. das Management dieser Dimensionen: Ist z. B. in einem Projekt nur sehr wenig Mitgestaltung für einzelne Mitarbeiter möglich, sollte der Wert für Transparenz jedenfalls hoch sein (und/oder für andere Dimensionen, die Ihnen und Ihren Mitarbeiterinnen wichtig sind).

Her mit den Imago-Zellen!

Erste Hilfe beim Schwächeanfall

Es ist letztlich ganz leicht, diejenigen Dinge unter Beobachtung zu halten, die die Organisation leistungsfähig halten. Prophylaxe ist gut, und dennoch kommt es vor, dass man nicht alles im Blick behält, aufs falsche Pferd setzt oder sich wo verrannt hat. Interne oder externe Ursachen und Auswirkungen; vorhersehbar oder nicht; latent oder akut; einmalig oder periodisch; im Bereich Strategie, Wachstum, Produkt oder Erfolg angesiedelt: Überall kann es eine Organisation »erwischen« – jedes System kann schwächeln oder sterben. Doch bevor es so weit ist, gibt es auch da Chancen ...

Standortbestimmung

Manche Krisensituation ist so drastisch, dass sie nicht übersehen werden kann, für andere muss man sehr wachsam sein, um sie zu erkennen. Nicht zu unterschätzen sind Nostalgie, Leugnungs- und Verharmlosungsfähigkeiten von Managern und Eigentümern – auch Familienunternehmen sind davor nicht gefeit (Rüsen 2008). »Ist nicht so schlimm!«, »Hatten wir schon – und haben es auch überlebt!«, »Das geht vorüber!« sind hochgefährliche Leugnungssätze. Auf der anderen Seite der Skala steht der *Alarmwahn* – wo also hinschauen? Bleiben wir als Beispiel bei dem Fall *Systemschwäche durch eine plötzlich eintretende externe Krise*: Es gibt ein Handelsembargo, der größte Kunde geht in Konkurs, ein Marktsegment bricht ein etc.

> »It is a crime to waste a crisis!« (»Es ist ein Verbrechen, eine Krise nicht zu nutzen! «) Hazel Henderson, Zukunftsforscherin

Als erster Schritt ist ein Situationsbewusstsein zu entwickeln:

- Wie wird die eigene Situation beschrieben, wie die der Umgebung?
- Inwieweit sind wir betroffen? Gibt es Auftragsrückgang, Preisverfall, Umsatzeinbußen?
- Vielleicht ist diese letzte Frage nicht eindeutig zu beantworten. Dann bietet sich an, unterschiedliche Abteilungen zu ihrer Einschätzung (mittels Skala 1 bis 10) zu befragen:
- Wie interpretieren wir unsere derzeitige Lage? Messen wir uns mit unseren Zahlen aus der Vergangenheit oder mit denen der Branche?
- Was passiert, wenn die Dinge ungebremst so weiterlaufen wie bisher?
- Was sagt das über unseren tatsächlichen Standort?
- Wie stellen wir sicher, dass wir auf dem weiteren Weg nichts Wichtiges übersehen?
- Worauf müssen wir dabei achten?

Geschockter Stillstand ist im akuten Krisenfall ein beliebtes Reaktionsmuster, aber nicht sehr hilfreich. Der Vorteil von Organisationen: In Krisensituationen können sie gar nicht stillstehen (außer, sie werden geschlossen oder liquidiert), denn solange es sie gibt, finden Kommunikations- und Entscheidungsprozesse statt (auch »Nichthandeln« ist eine Entscheidung). Nehmen Sie zur Kenntnis, eine Krise ist das, was sie ist (ohne Wenn und Aber), und setzen Sie sich dann aktiv mit ihr auseinander.

Standortbestimmung in einer geschwächten Situation:

- kritische Selbsteinschätzung (und nicht unkritische Selbstüberschätzung)
- Klarheit über Stärken und Schwächen (und nicht Bagatellisieren von Unzulänglichkeiten)
- Auseinandersetzung mit Möglichkeiten und Chancen (und nicht Wunschdenken)
- Blick auf Risiken und mögliche Konsequenzen (und nicht blinde Vertrauensseligkeit)
- Wahrnehmen der Realität (und nicht Ignorieren von Tatsachen).

Klingt alles leicht – ist es in der Praxis nicht immer, denn die Betroffenen gehen durch eine emotionale Berg-und-Talfahrt. Bleiben wir beim Beispiel *Konkurs des größten Kunden*: Da gibt es Wut (Warum hat er uns nicht gewarnt? Warum haben wir nichts gemerkt?), Trauer (Da gehen viel Aufbauarbeit und eine gute Beziehung verloren!), Angst (Sind wir ohne ihn überhaupt überlebensfähig?) als spontane *Begleiter*.

Wenn es allerdings gelingt, nicht in dieser negativen Spirale hängen zu bleiben, sondern im Gegenteil diese Emotionen als Energie zu nutzen, dann können mit der Zeit auch Neugier (Was bietet uns das für Chancen?), Freude (Es war der Anlass für die Erschließung eines komplett neuen Kundenstocks!) und letztlich Dankbarkeit (Das mit diesem Kunden entwickelte Know-how hat uns enorm auf unserem weiteren Weg geholfen!) entstehen. Zugegeben: Vielleicht geht es nicht immer so gut aus, aber die Chance, es so zu betrachten, sollte man nutzen – und darauf kommen, wo sich (trotz der schwierigen Situation) Lösungs- und Handlungsfelder öffnen lassen. Oder mit wem man sprechen müsste, um die notwendige Unterstützung zu bekommen ...

»Ich habe euch nichts zu sagen!«

Es gibt die schöne Geschichte des japanischen Lean-Management-Papstes Zenji Kosaka von Toyota, der zu einem krisengeschüttelten Konzern geladen wurde. Im eleganten Besprechungsraum der obersten Etage saßen erwartungsvolle und hoffnungsvoll aufgeregte Manager, die auf die Wunderaussagen und großen Lösungen gespannt waren. Kosaka schaute jeden in der Runde an und verkündete laut und klar: »Ich habe euch nichts zu sagen. Chefs, die ein Problem haben, sollen bei ihren Leuten sein!« Sprach's, drehte sich um und ließ die verdutzten Manager sitzen.

Wie gehen wir's an?

Weder Optimismus (»Morgen wird alles besser!«) noch Verdrängung (»Das passiert uns doch nicht!«) noch Pessimismus (»Da kann man eh nichts machen!«) helfen in schwierigen Zeiten.

Das Stockdale-Paradox (Collins 2011) zeigt immer noch exakt auf, worum es geht: sich den Tatsachen der momentanen Situation stellen, auch wenn sie noch so unerfreulich oder brutal sind, und *gleichzeitig* den Glauben an ein gutes Ende behalten (egal, wie schwierig das ist bzw. auch wenn man noch nicht genau weiß, wie).

Warum heißt das »Stockdale-Paradox«?

Jim Stockdale war der ranghöchste US-Offizier, der eine achtjährige Kriegsgefangenschaft in Hanoi überlebt hatte. Er sagte: »Über dem Glauben an ein gutes Ende – an dem man immer festhalten muss – darf man nicht vergessen, sich mit den brutalen Tatsachen der momentanen Situation auseinanderzusetzen, wie schlimm sie auch sein mögen.«

Leichter gesagt als getan!

Von der Einstellung zur Krise hängt es ab, wie es letztlich ausgeht: Konzentration auf positive Aspekte, ohne dass man aber existente Schwierigkeiten aus den Augen verliert, verleugnet oder schönredet, ist ein guter Anfang. Wie eine Organisation mit eintretenden Störungen oder Rückschlägen umgeht und wie flexibel sie dabei agiert, ist auch eine Frage der Kultur. Vorübergehend in die Opferrolle zu geraten ist normal, doch entscheidend ist die Frage: Richte ich mich in der Rolle ein, und verharre ich, oder kann ich sie auch wieder verlassen? Ziel ist es, wieder Kontrolle bzw. Handlungsfähigkeit zu erlangen.

Achtung, wenn folgende Fragen gestellt werden:

- Sind wir nicht ein Opfer unserer Branche (uns geht es doch allen schlecht!)?
- Sind wir ein Opfer der Umstände?
- Wer ist schuld, dass es uns so schlecht geht?
- Warum muss das immer uns passieren?

Haben Sie schon einmal Organisationen in *Opfertrance* erlebt?

Da fällt mir Kodak ein!

Ja, die Firma war so lange in der Opfertrance, bis sie den Anschluss an die digitale Fotowelt endgültig verpasst hatte.

Spannend scheint uns die Frage: Wie kommt eine Organisation von der passiven Opferhaltung wieder in eine aktive Gestaltungshaltung? Wo steckt das *Verantwortungsgefühl* einer Organisation? In Leitbildern, in Sozialprojekten, in Hochglanzbroschüren? Ja, *und* in der täglich gelebten Unternehmenskultur. Welche Werte werden wie gelebt, auf welcher Basis werden die Entscheidungen tatsächlich getroffen – kurzfristig, vorausschauend, reaktiv, proaktiv, die Verantwortung für andere im Blick oder nicht?

Warum heißt es eigentlich Verantwortung »übernehmen« oder »tragen«? Klingt doch sehr schwer. Kann ich sie auch umarmen, hüpfen, fliegen, halten, säen, ernten etc. etc.? Das wäre doch interessant: Fliegen wir Verantwortung! Was löst das aus? Kopfschütteln, Lächeln oder Verantwortung neu sehen, spüren, erleben? Verantwortung hüpfen wäre auch mal etwas Neues ...

Eigen- oder Organisationsverantwortung heißt auch zu entscheiden: Wo machen wir (in der bisherigen Form) nicht mehr mit? Z. B. sich auf dem Weg nach gesteigerter Leistungsfähigkeit zu fragen: Nehmen wir auch Dinge in den Blick, die uns Kraft kosten wie ineffiziente Abläufe oder *Altlasten* in Form von Prozessen, die gar nicht mehr hinterfragt werden, weil »*es* immer schon so war«? Verantwortung bewusst zu nehmen, wirkt befreiend, es richtet den Blick auf das Außen *und* das Innen: Wofür wollen wir stehen, wofür nicht, was muten wir anderen und uns damit zu? Mut, hinzuschauen und Freude, Neues zu entdecken.

Stellen Sie sich im Organisationszusammenhang folgende Fragen:

- Wie stehe ich zu einem realistischen Optimismus?
- Wie schauen wir in die Zukunft? Als wie groß schätzen wir unsere Chancen ein – in welchen Bereichen, wie hoch in welchen Standorten, etc.
- Wie gehen wir konstruktiv mit Fehlern um?
- Wie sehen wir Risiko? Können wir auch neue, ungewöhnliche Wege beschreiten?

Folgen Sie Ihren Ideen, denjenigen Ihrer Kunden, denjenigen, die Sie und Ihr Team beflügeln. Werfen Sie einen Blick auf Ihre strategische Ausrichtung, und halten Sie sie flexibel.

Die attraktive Zukunft

Die Fähigkeit, vorauszuschauen und sowohl Gelegenheiten als auch mögliche Krisen zu antizipieren, ist ein wesentlicher Faktor leistungsfähiger Organisationen. Hilfreich dabei: sich der zur Verfügung

Zeit ist ein Konstrukt. Es gibt nur Gegenwarten, die als Vergangenheit oder als Zukunft ständig neu konstruiert werden.

Oh, heute philosophisch unterwegs?

Denken Sie doch einmal so: Wenn Planung Arbeit an den Memoiren des Systems ist – an welchen Memoiren arbeiten Sie gerade?

Hmmm ...

stehenden Ressourcen (intern und extern), der Erwartungen der Stakeholder und der möglichen Risikoträger (von altersschwachen Gebäuden bis zur eigenen Reputation) bewusst zu sein.

Der dreifache Blick

Auch wenn es paradox klingt, für ein Szenario der gewünschten Zukunft braucht es den »dreifachen Blick«: den nach vorne dafür, ein konkretes Bild dessen zu entwickeln, wo man hinmöchte; den zurück dafür, sich klarzumachen, was sich in der Vergangenheit (nicht) bewährt hat und den achtsamen gegenwärtigen Blick.

Zukunft:

- Was wollen wir im besten Fall erreichen?
- Wie sieht das konkret aus?
- Was ist das Mindeste, was wir erreichen wollen?
- Welche Bilder können uns helfen?
- Etc.

Vergangenheit:
- Wie sind wir bisher mit Rückschlägen umgegangen?
- Was hat sich dabei bewährt?
- Welche ähnlichen Situationen haben wir schon gemeistert?
- Was hat da geholfen?
- Wer hat welche Erfahrung, die uns jetzt unterstützen kann?
- Etc.

Gegenwart:
- Welche Emotionen gibt es? Wie gehen wir mit ihnen um?
- Worauf müssen wir jetzt im Moment besonders achten?
- Was müssen wir ständig im Blick behalten? Und weshalb?
- Wie binden wir unsere Beobachtungen ein?
- Etc.

Die Vision – ein starkes Zukunftsbild – kann eine großartige Kraftquelle für eine Organisation darstellen. Was kann ein guter Dünger für etwas komplett Neues sein? Eine emotionale Verbindung oder ein emotionaler Zugang; etwas, das erstrebenswert ist, weil man sich darauf freut oder Besseres davon erhofft. Und etwas, in dem man eine Herausforderung sieht, die auch ein wenig die Gefahr des Scheiterns in sich birgt (sonst ist es ja langweilig).

Manche Konzerne nennen herausfordernde Ziele »Durchbruchsziele«, um klarzumachen, dass es sich hier nicht um Veränderungen im kleinen Maßstab – 3 % hinauf oder 5 % hinunter – handelt, sondern um deutliche Sprünge von +30 % oder –50 %.

Diese Ziele zeigen von vornherein, dass hier eine Anstrengung notwendig ist, die von einigen wenigen gar nicht erbracht werden kann; Inspiration kann auch aus einer scheinbaren Unmöglichkeit entstehen, wenn man die *Großen Sechs* dabei berücksichtigt.

Wirklich gut bewährt sich, wenn ein Fokus auf *ein* Ziel möglich ist und dieser Fokus zwei bis drei Jahre gehalten werden kann!

In der Organisation kann die Kernfrage lauten: Wie konstruieren wir Lösungen, die uns in die Zukunft führen? Wenn Sie wollen, können Sie dafür auch Grundsätze entwickeln. Die könnten z. B. lauten:

- Jede Situation ist anders, bilde keine vorschnellen Urteile und Lösungen!
- Wenn etwas funktioniert, tu mehr davon.
- Wenn etwas nicht funktioniert, hör auf damit, und tu etwas anderes.

... oder auch ganz anders. Aber Achtung: Die Auswahl der Grundsätze kann einen Einfluss auf das Ergebnis haben!

Auch die Blickrichtung hat gravierenden Einfluss auf das Ergebnis: Während eine problemorientierte Sichtweise in die Vergangenheit blickt, Fehler sucht, Kontrolle bevorzugt, Defizite aufdeckt, birgt dieser Blick auch die Gefahr, in der Vergangenheit stecken zu bleiben oder primär Schuldige zu suchen.

Bei dem lösungsfokussierten Blick geht es um einen anderen Zugang: Der Blick richtet sich in die Zukunft, fragt »Was soll sein?«, anerkennt Positives, bevorzugt Kooperation, macht Stärken sichtbar und ermöglicht schrittweises Vorwärtsgehen. Mögliche Gefahren sind, dass gegebenenfalls zu sehr vereinfacht wird oder vorschnell zu Lösungen gesprungen wird, die aber nicht die richtigen sind.

Für viele ist Lösungsfokussierung eine grundsätzlichere Frage – die der Haltung.

In Abbildung 17 haben wir einen kleinen Check für Sie.

Problem-Fokus oder Lösungsfokus in Ihrer Organisation – welche Fragen werden primär gestellt

Problemfragen konzentrieren sich auf:	**Lösungsfragen konzentrieren sich auf:**
• die Vergangenheit	• die Zukunft
• »Was läuft falsch?«	• »Was soll sein?«
• Schuldzuweisung/Tadel	• Anerkennung des Positiven
• Kontrolle	• Kooperation
• Einer (meist der Chef) weiß es besser.	• Jeder ist Experte
• Defizite	• Stärken
• Komplexität	• Einfachheit
• Definitionen	• Aktionen

Abb. 17: Problemfokus oder Lösungsfokus in Ihrer Organisation – welche Fragen werden primär gestellt?

Eine starke Hilfe dabei, sich in Krisen oder schlechten Zeiten immer noch erfolgreich zu bewegen, liegt in der Netzwerkorientierung; achten Sie darauf:

- Verbindungen herzustellen, Koordination aufzubauen (weg vom Silodenken, damit schnellere und unkomplizierte Kommunikationswege möglich werden)

- Kooperation zwischen den Mitarbeitern zu fördern
- Durchschlagskraft zu erhöhen: u. a. die Brückenbauer zu stärken
- Mitarbeiterfähigkeiten zu entwickeln, um wechselnde Kundenbedürfnisse zu bewältigen
- Experimente ins Leben zu rufen, die die Stärken unterschiedlicher Abteilungen zum Tragen bringen.

Was macht UNS fit?

Egal, ob Umgang mit einer Krise oder zur Prophylaxe oder zum Aufbau der organisationalen Fitness: Kokreieren Sie Ihre Zukunft! Suchen Sie sich gemeinsam einen unmittelbaren emotionalen und konkreten Bezug, der letztlich noch animierender als Zahlen wirkt.

Bei einem großen Transportunternehmen in Deutschland wurden z. B. neun Disziplinen der organisationalen Fitness definiert: Richtung, Koordination & Kontrolle, Innovation & Lernen, Motivation, Kultur & Zusammenarbeit, Fähigkeiten, externe Orientierung und im Kern: Leadership. Jede Abteiling setzt sich mit der Frage auseinander: »Was davon ist wichtig bei *uns?*«, in der Absicht, daraus *eigene* Ziele zu definieren.

Suchen Sie sich in Ihrer Organisation diejenigen Disziplinen, die für Ihre Organisation »Fit für Leistung« repräsentieren. Dafür braucht es Achtsamkeit (womit sich für uns der Kreis dieses Kapitels schließt) oder Geistesgegenwart:

> »Die innovativen Unternehmen der nächsten Gesellschaft werden entdecken, dass Geistesgegenwart [...] im Umgang mit Menschen, Maschinen und Ideen die knappste Ressource von allen ist. Und sie werden entdecken, dass nur der Mensch diese Ressource bereitstellen kann. Dies wird die innere Organisation von Unternehmen grundlegend verändern« (Baecker 2007, S. 21).

Gehen Sie mit dieser Ressource gut um – sie ist die zentrale. Besuchen Sie geistig und im kommunikativen Austausch »die Großen Sechs«, und binden Sie Ihre Mitarbeiter aktiv ein. Steuern Sie aktiv dagegen, um Ihre Organisation nicht plötzlich in der Beschleunigungsfalle wiederzufinden:

- Achten Sie darauf, dass Ihre Aktivitäten nicht dauerhaft Ihre Ressourcen übersteigen.
- Fokussieren Sie Ihre Aktivitäten.

- Gönnen Sie sich und Ihrer Organisation Regnerationsmöglichkeiten, um nicht dauerhaft an Kapazitätsgrenzen zu operieren.

Dann sind Sie auf besten Weg zu einer fitten, leistungsfähigen, gesunden etc. Organisation!

Ein kleiner Tipp zum Abschluss

Nehmen Sie sich auf dem Weg zur leistungsfähigen (oder fitten) Organisation nicht große, schwere Brocken vor, die dann nie umgesetzt werden. Ärgern Sie sich z. B. über eigene Meetings, bei denen alle Teilnehmer hinter ihren Laptops »versinken« und es eine allgemeine, aber unausgesprochene Unsicherheit gibt, was genau da so eifrig von jedem geklopft wird? Dann vereinbaren Sie eine kleine, leichte Veränderung, wie z. B.: »Wir nehmen die Laptops zum nächsten Meeting nicht mit. Und wir schaffen eine Ausnahme: Der Protokollschreiber ist davon ausgenommen.«

Dann machen Sie im Team vielleicht die Erfahrung, dass dieses Meeting ohne Laptops sehr effektiv und effizient war. Und dann entscheiden Sie weiter ...

YES NO

6 Im Hologramm der Entscheidungen – lassen Sie uns über Strategie philosophieren

Das Dilemma

> »Klar haben wir eine Strategie, woran sollten wir uns sonst orientieren und dem Management klarmachen, wohin die Reise geht? Aber auf Fünfjahrespläne wie früher können wir heute nicht mehr aufbauen. So gesehen, müssten wir eigentlich sagen, mit der strategischen Planung ist es irgendwie vorbei. Die Meister in der Produktion halten uns ohnehin für verrückt. Anscheinend können wir ihnen nicht mehr vermitteln, warum das Unternehmen dauernd pragmatisch umsteuern muss« (ehemaliger CEO eines Herstellers von Glasverpackungen).

Plastischer lässt sich das Dilemma kaum auf den Punkt bringen. Einerseits verfügt jedes Unternehmen über adäquate Formen, Prozesse und Verfahren, sich strategisch zu orientieren (vgl. Nagel u. Wimmer 2002). Andererseits haben viele den Eindruck, dass ihre Überlegungen und Pläne dauernd der Realität hinterherlaufen, anstatt eine klare Richtung vorzugeben.

Uns erstaunt das nicht, denn in vielen Unternehmen und Managementköpfen herrscht immer noch die Annahme vor, Strategieentwicklung und Umsetzung seien zwei Paar Schuhe. Dieser *Annahme* folgend, könnten sich Strategieexperten (ob interne oder in Person externer Strategieberater) und Management gegenseitig die Schuld zuschieben, wenn die Realität nicht hält, was die exzellente Strategie auf wunderbaren PowerPoint-Folien versprochen hat. Tatsächliche ein »beliebtes« Pingpongspiel in der Praxis:

Dann verzweifeln brillante Strategen an der Engstirnigkeit vernagelter Praktiker, die jeder innovativen Überlegung ein destruktives »Ja, aber …« entgegenhalten und Sand ins theoretische Change-Getriebe streuen.

Ohnehin schon am Rand des Burn-out rotierende Fachkräfte in personell ausgedünnten Abteilungen fluchen und flehen, wann die abgehobenen Theoretiker endlich ihre heiße Luft ablassen und auf dem Boden der hässlichen Tatsachen ankommen werden.

Und zwischen diesen beiden Polen der Managementrealität mahlt unaufhörlich die Geldvernichtungsmaschine, scheitern ambitionierte Unternehmungen und verendet so manche hochfliegende Karriere.

Weder die Tatsache noch die Erkenntnisse sind neu, und deshalb wäre es auch völlig verfehlt, nach den neuen Ansätzen zu suchen, um Strategiepapiere endlich als Orientierungs- und Steuergröße wirksam zu machen. Der Büchermarkt ist prallvoll mit klugen Antworten auf dieses klassische Problem.

Würde man vielmehr zwei noch immer wirksame Grundannahmen korrigieren, könnten sich Organisationen einige Konflikte, Ressourcenverluste und Spiegelfechtereien ersparen …

Annahme 1 verwendet Gehirn und Körper als Metapher für das Zusammenspiel von Steuerungseinheit, die natürlich »oben« positioniert ist, und den »unten« agierenden Ausführungsorganen. Da dieses hierarchische Verhältnis neurobiologisch längst über Bord geworfen wurde und man letztlich weiß, dass Organisationen auf die Entscheidungssteuerungs- und damit auf die Strategiefähigkeit ihrer Mitglieder angewiesen sind, könnte man sich vom alten »Weisheitskontinuum« (wer ist der Klügste im ganzen Land?, natürlich die »Gottöbersten«!) verabschieden.

Annahme 2 geht, entgegen besserem Wissen, vom – letztlich hilflosen – Versuch aus, mit einer sauberen, exakten Planung und Modellierung der Zukunft könne die Nichtberechenbarkeit und Nichtvorhersagbarkeit der komplexen Verhältnisse von Märkten und Gesellschaften bewältigt werden. Dabei bringt sich das Management in ein selbst verschuldetes Dilemma: »Erfülle exakt den Forecast, und reagiere adäquat auf aktuelle Gegebenheiten.«

Der Organisations- und Managementvordenker Henry Mintzberg definierte Strategie gerne als »ein Muster in einem Strom von Entscheidungen«. – Ein schönes Bild, zeigt es doch, dass Strategien immer eingebettet sind in die Kultur des Unternehmens und in die ex- und impliziten Vorstellungen von Markt und Erfolg.

Bevor ich hier weiterlese, wie wäre es mit einer knackigen Erläuterung zu diesem Allerweltsbegriff »Kultur«?

Aller – Welt stimmt schon, Kultur ist ja wirklich ein kaum fassbarer Faktor, bei Struktur kann man wenigstens an ein Organigramm denken.

Aber wenn ihn auch Mintzberg und alle Manager verwenden, muss er was Nützliches erfassen.

Das Fassen ist so schwierig, man sieht sie nicht, aber man merkt ihre Wirkung.

Irgendwie steil, die unsichtbare Kultur, was man der alles in die Schuhe schiebt, ohne dass sie sich wehren kann.

Ja, eine geniale Erfindung, und ich behaupte mal einfach, es ist diese Kultur, die es ermöglicht aus der Fülle an Daten und Einflüssen das Relevante herauszufiltern oder auch zu verdichten.

Ich denke mal so gescheit weiter wie du und behaupte, in diesem Selektieren und Bewerten, was für uns wichtig ist, entsteht erst Kultur, die irgendwie gleichzeitig auf das Auffinden dessen, was wichtig ist. Einfluss nimmt.

Wow, heute sind wir richtig gut drauf, man kann auch sagen, so wird der berühmte Sinn hergestellt.

Klar, man muss nur hinhören, wie Ereignisse erzählt, erinnert oder vergessen werden,

Ich fürchte nur, eine gut durchschaubare Kausalitätsmaschine ist das auch nicht.

Leider nein, es bleibt unübersichtlich, gleichzeitig widersprüchlich, paradox.

Und wen soll das jetzt trösten?

Strategie entsteht aus diesem Strom und prägt ihn zugleich. Dies verdeutlicht, so Mintzberg,

> »dass es wohl keine rein von außen gesteuerte Strategie gibt, genauso wenig, wie es rein geplante Strategien gibt. Strategien befinden sich in einem gleitenden Kontinuum zwischen rein geplanten und völlig emergenten (lat. *emergere,* auftauchen, hervorsteigen) Strategien.«

Diese Erkenntnis ist erheblich differenzierter als die bisherige Dichotomie, die zwei unhaltbare und unvereinbare Standpunkte trennte. Nur wenn es einen emergenten Anteil an Strategie gibt, so argumentiert Mintzberg, kann es strategisches Lernen geben, da ja in der *klassischen* Strategie der Plan nur umgesetzt wird, ohne dass Änderungen möglich sind. Er schließt seine Ausführungen mit der folgenden Beobachtung:

> »Unsere Schlussfolgerung ist, dass Strategie auf zwei Beinen einhergeht – eines vorsätzlich und das andere emergent (Mintzberg et al. 2002; Übers.: die Autoren).

Damit Strategie tatsächlich das tägliche und aufeinander abgestimmte Handeln in Organisationen orientieren und ausrichten kann, sollte man aufhören, Strategiepapiere zu lesen, und lieber den Blick auf diesen *Strom* richten.

»Strom« ist übrigens eine starke Metapher, man sieht, wie Entscheidungen manchmal dahinmäandern, dann zu einem reißenden Fluss werden, durch Stromschnellen, Sandbänke, Pontons und Schleusen, die man selbst mitgestaltet hat, ihre individuelle Struktur bekommen und Schwimmern oder Paddlern die Richtungen vorgeben.

Wir schlagen trotzdem ein weniger *nasses* Bild vor:

> Ausgehend davon, dass Organisation aus Entscheidungen und ihrer Kommunikation *besteht* und zugleich davon *geformt* und mit ihrer spezifischen Charakteristik versehen wird, kann man Strategien als festgeschriebene oder nur ausgesprochene oder sogar nur vermutete und gebündelte Erwartungen in einem *dynamischen, holistischen Netzwerk* von Entscheidungen verstehen.
>
> Dieses Verständnis ist zwar weniger plastisch, ermöglicht aber die Annäherung an die Mehrdimensionalität von Entscheidungsprozessen. Man kann so unter Berücksichtigung von Phänomen der Selbstorganisation besser beobachten, wie diese Prozesse Strategien hervorbringen und wie diese Strategien auf die Entscheidungsprozesse zurückwirken.

Strategieabteilungen oder von Beratungsunternehmen übernommene Strategieentwicklungen *definieren sich – um ihren Expertenstatus zu realisieren – außerhalb* der Dynamik dieses Raumes von Vernetzungen. Deshalb müssen ihre Ergebnisse in die Organisation implementiert, dem Management verkauft werden, mit allen Abstoßungserscheinungen, die mit solchen Transformationen einhergehen.

Konzeptexperten bleiben blind für die Tatsache, dass ebendas Abweichen von ihren exzellenten Papieren, das Umwandeln in praktisches Handeln die eigentliche Strategieentwicklung ist und nicht, wie sie es dann vermuten, ein Versagen.

Wird nur die Differenz des Handelns von Planung und Modellierung beobachtet, kommt die Wirklichkeit des Entscheidungsprozesses nicht in den Blick. Er wird in der Folge ein selbst gesteuertes Eigenleben entfalten. Strategische Steuerung findet dann nur *hinter den Kulissen der Organisation* statt.

Und was tun mit den schönen Folien und Berichten, womit soll man beim Vorstand antreten?

Wir müssen nicht gleich das Kind mit dem Bade ausschütten; einige Bilder, knackige Formulierungen, die anregen, wohin die Reise gehen könnte, und die Lust darauf machen, Verantwortung für Actions zu übernehmen, wären keine schlechten Signale.

Strategische Führung muss sich mit Lust ins Getümmel des Geschehens werfen und zugleich – ausgestattet mit der Fähigkeit der Reflexion – beobachten, wie im Netzwerk Verschaltungen genutzt werden, neue entstehen, wann welche Prämissen definiert werden (wann welcher Sinn definiert wird) und wie diese Prämissen wirksam werden, welche Richtungen genommen, welche Weichen wann gestellt werden. Erst darüber kann man sich ein Bild des Geschehens machen und, wenn erforderlich, neue Rollen- und Regieanweisungen geben, beobachtend, wie sie umgesetzt werden und wie das Spiel weitergeht.

> »Die klassischen Top-down-Strukturen reichen da nicht mehr aus, weil sie für Veränderungen der falsche Ansatz sind. Bis diese hochgespült werden ins Topmanagement und von dort wieder runtergespült worden sind, ist der Markt schon lange abgefahren. [...] Deshalb wage ich die Behauptung, dass Konzerne nur dann nachhaltig erfolgreich in unserer hochdynamischen Welt sind, wenn sie möglichst schnell flache Hierarchien und mehr Eigenverantwortung in ihren Strukturen einführen« (CEO Marc Stoffel, Haufe-umantis AG, in einem Interview im *Handelsblatt*, Januar 2015).

Die Kunst erfolgreicher Planung kennt die Gunst der Stunde

»Wir können doch nicht entscheiden, welches Entwicklungsprojekt wir forcieren und welches wir eventuell zurückfahren, bevor wir nicht eine genaue Portfolioanalyse gemacht haben. Ich habe dazu schon zwei Taskforces eingesetzt« – »Um Himmels willen, nicht schon wieder, die tüfteln dann drei Wochen, und andere beweisen, dass das Zahlenmaterial dahinter ganz anders interpretiert werden muss, dann machst du mit allen einen Workshop, und bis die sich geeinigt haben, sind weitere Wochen ins Land gezogen und die Welt schaut völlig anders aus« – »Na ja, du hast nicht unrecht, aber was ist die Alternative? Meine Bereichsleiter würden wenigstens einige Zukunftsszenarien entwickeln ...« – »Aha. Und auf welchen Annahmen sollen die aufsetzen? Wahrscheinlich lassen die erst mal ihre Assistenten wieder Analysen machen. Wir haben doch so viel Erfahrung, wir brauchen nur zu hören, was die Vertriebsleute erzählen. Die Zeit der großen strategischen Analysen ist vorbei, wir müssen viel pragmatischer werden, mehr experimentieren.« – »Und wie stellen wir sicher, dass wir da keine Zeit und Ressourcen vergeuden?« »....« »...« (O-Ton aus einer Vorstandsitzung).

Frage: Wer in diesem Gespräch war der CEO und wer der Verantwortliche für Technology?

Antwort: Richtig, der CEO hat das Gespräch nicht eröffnet. Er wusste, wovor er warnte, er war vorher in einem internationalen Beratungsunternehmen für Strategie zuständig gewesen.

Nächste Frage: Wer hat recht?

Antwort: Sie ahnen unsere Antwort darauf: beide. Man kann sogar dem Unternehmen gratulieren, dass der Vorstand über diese unterschiedlichen Prinzipien der Planung den Streit nicht meidet.

Die Erfahrungen seit mindestens etwa 2008 haben die schon lang schwelende Skepsis gegenüber dem vorherrschenden Paradigma der Steuerung (nennen wir es *Paradigma A*) verstärkt.

Auf unserem Prüfstand steht die Annahme: Man kann die Zukunft durch Festlegungen von Szenarien, Kriterien und Zahlen beherrschen und kontrollieren. Mit den Instrumenten und Modellierungen der strategischen und operativen Planung kann der nachhaltige Erfolg einer Organisation sichergestellt werden.

Schon lange vor der Krise wurde hinter gar nicht so vorgehaltener Hand kolportiert:

Das war ein toller Workshop,

Ja, super Hotel, gutes Essen.

Nee, ich meine das Ergebnisspapier.

Komm mir damit nicht, der Plan ist doch nicht das Papier wert, worauf er steht,

Hast du nicht die Bemerkungen vom US-Head gehört, auch diese Planung wird schon im Entstehen von der Wirklichkeit überholt?

Stimmt, der Plan hat aber schon gar nichts mit der Realität zu tun, doch wenn die Zentrale es so will, dann, kriegt sie halt ihre ZDF (= Zahlen, Daten, Fakten).

Und was soll ich jetzt machen, Freunde?

> »Bei uns sind Planungsprozesse sadomasochistische Übungen, die jährlich, quartalsweise und monatlich über Organisationen hereinbrechen, ohne den Konkurs eines Unternehmensbereiches zu verhindern oder gar den Erfolg garantieren zu können« (ein Topmanager eines der größten Dax®-Unternehmens, der anonym bleiben möchte).

Ob das Wissen über die Vergeblichkeit und Ressourcenvergeudung durch solche Planungsprozesse helfen wird, neue, wirkungsvollere Steuerungsformen zu entwickeln, ist noch nicht entschieden. Zu hartnäckig halten sich Rituale und Denkschienen von Managern, Beratern, Stäben und Controlling-Abteilungen.

Aber woran soll ein Unternehmen sich orientieren, woran kann es erkennen, dass es die richtigen Entscheidungen trifft? Erfolgreich sind meist Unternehmer und Manager, die – trotz Plan – ganz selbstverständlich, aber methodisch und theoretisch oft ungesichert erkennen, »worauf es ankommt«. Diese zugegeben sehr vage Aussage steht nicht ohne Konzeptfundament im Raum. Das altchinesische strategische Denken hat dafür ein Prinzip bereitgestellt: »Erkenne und nütze Situationspotenziale« (siehe Julien 1999).

Die Kunst der Planung nutzt die Gunst der Stunde

Abb. 18: 10 Gunstgriffe

(1) Lass dich nicht auf das Spiel mit Geistern ein

Pläne sind da, um umgesetzt zu werden. Eine Selbstverständlichkeit. Aber im Begriff »Um-Setzung« steckt eine Warnung: Wo nicht einfach nur die Vergangenheit fortzuschreiben ist, muss wahrscheinlich Bestehendes *um-gesetzt*, also mit (Überzeugungs-)Kraft, Macht und notfalls mit »Gewalt« verändert werden.

Das Bestehende und alles, was bei dieser Um-Setzung noch auftaucht, wird unter der Perspektive des Sollzustandes zum Hindernis, zum Widerstand, zur unerwünschten Abweichung. Das Soll beschreibt zumindest einen besseren, wenn nicht gerade einen idealen – und vor allem gut berechneten – Zustand im Vergleich zum Bisherigen.

Das rechtfertigt die Bewältigung (Überwältigung) des Widerstandes, und manchmal muss das Soll gegen Uneinsichtige erzwungen werden. Wenn dies nicht gelingt, hat jemand versagt. Mit der Unterscheidung eines Solls vom sogenannten Ist wurde unausweichlich der Begriff Defizit geboren. Ein Defizit kann man nicht hinnehmen. Es muss von der Vorstellung eines neuen Solls abgelöst werden, welches aber auf ein Defizit verweist. Wir finden uns in der peinlichen Position des Zauberlehrlings: »Die ich rief, die Geister/Werd ich nun nicht los.«

Abb. 19: Zauberlehrling (F. Barth, 1882)

Die Rettung (Empfehlung von Goethe):

»In die Ecke,

Besen! Besen!

Seid's gewesen.

Denn als Geister

Ruft euch nur, zu seinem Zwecke,

Erst hervor der alte Meister.«

Aber wer ist angesichts der Paradoxien des Planungsparadigmas der *alte Meister*?

(2) Nutze den Unterschied von Theorie und Praxis – aber zu deinen Gunsten

Die treibende, kreative Gestaltungskraft von Unternehmen entsteht aus der Spannung von Theorie, hier das Soll, und Praxis, hier die Dynamik und die kaum berechenbaren Entwicklungen des Umfeldes.

Wer steuert, braucht Klugheit und Vernunft, um diese Differenz so zu definieren, dass rückblickend gesagt werden kann, wir folgten (dank unseres Vorstandes, Geschäftsführers...) einem guten Plan. Der kluge Stratege kennt dieses Spannungsfeld, die Vielfalt der Wirklichkeiten und die Notwendigkeit der Anpassung an das nicht Modellierbare.

(3) Vertraue im entscheidenden Augenblick auf deine Eingebung

Selbst von Clausewitz, ein konsequenter Verfechter präziser Planung, hat auf die Grenzen des Modelldenkens hingewiesen: »Der wirkliche Krieg verläuft nie so wie der Modellkrieg« (von Clausewitz 1832/2006).

Da das Modelldenken aber tief verankert ist und auch weil unklar bleibt, wie die Differenz von Theorie (im Sinne von Modell und Idealzustand) und Praxis zu überwinden ist, *erfand* von Clausewitz einen Trick, den *Geniestreich*.

Einen außergewöhnlichen General zeichnet demnach die Fähigkeit aus, alle Modellbildungen und Pläne *zu vergessen*, wenn es der Kampfverlauf erfordert, und spontan auf das zu reagieren, was die jeweilige Situation ermöglicht.

Dieses Vorgehen ist letztlich auch dasjenige, das man erfolgreichen Unternehmerpersönlichkeiten zuschreibt. Man spricht in diesem Zusammenhang von der richtigen Intuition, von Entscheidung aus dem Bauch heraus, von Entrepreneurship – und meint letztlich das mutige Sichhinwegsetzen über alle Planungen der Stäbe und ihre gesammelten McKinsey-Konzepte.

(4) Sei achtsam, wann aus Wissen Glauben wird

Modellierungen basieren einerseits auf Erfahrungen, sind also vergangenheitsbezogen, und bauen andererseits auf einen Zustand jenseits der Gegenwart, den man erst in Zukunft erreichen wird. Diese zweite *Säule* wird aus den Baumaterialien »Vermutung«, »Hoffnung« und »Glaube« gebildet. Die Strategie wechselt nahezu fraglos von der strengen Wissenschaft zu einem Nicht-wissen-können. Die Gegenwart tritt nur als Unterschied zum Noch-nicht auf die Bühne, als etwas, das in Abhängigkeit vom Plan auf dem Weg zur Zukunft passt, den Plan bestätigt oder aber zur Abweichung, zur Störung erklärt und beseitigt wird.

Berechnungen, wie hoch die ökonomischen und sozialen Kosten dieses Denkens und der daraus abgeleiteten Steuerungseingriffe zu veranschlagen sind, stehen noch aus.

(5) Die Kunst der Beobachtung ist der Schlüssel zur Gunst der Stunde (der zentrale Gunstgriff)

Wir stellen den obigen kritischen Überlegungen nun das *Paradigma B* – Grundelemente des chinesischen strategischen Denkens – gegenüber.

Nach diesem Paradigma richtet ein Stratege, ein Steuermann, sein Handeln nicht an einem modellierten Soll-Zustand und dem dazu berechneten Plan aus, sondern orientiert es an der jeweils aktuellen Situation und der ihr innewohnenden Dynamik. Das Ziel, besser, die Vision kann dann durchaus generell formuliert werden: »Erfolgreich überleben, bei Angriffen siegen, die Entwicklung sicherstellen u. Ä. m.« Dies macht es dem Strategen möglich, nach den *tragenden Faktoren* der Situation zu suchen, um sich von ihnen *tragen zu lassen.*

Dieses strategische Denken orientiert sich nicht an der Differenz Theorie (Modell)/Praxis, sondern bewegt und ordnet sich um die Themen »Situation – Terrain – Kräfteverhältnisse – Situationspotenziale« (Jullien 1999). Der Aufmerksamkeitsfokus wird auf die Gegenwart gerichtet, auf das Erkennen und Gewinnen von Erkenntnissen darüber, wie Umfeld, Stärken, Schwächen und Machtverhältnisse die eigenen Möglichkeiten beeinflussen.

Statt eines Planes wird ein Kräftediagramm entwickelt. (Die Portfolioanalyse, die System-Umfeld-Analyse sind gute Beispiele für eine

»westliche« Umsetzung dieses Paradigmas in moderne Managementmethoden.)

In diesem Klärungsprozess sind klares Erkennen, rationales Bewerten, genaues Abwägen der Verhältnisse gefragt und nicht so sehr das Bauchgefühl. In der chinesischen Kriegsstrategie nach Sunzi (*Die Kunst des Krieges* ca. 500 v. Chr.) war jeder Rückgriff auf Wahrsagerei oder das Erbitten der Gunst der Götter (wie im europäischen Denken) strikt verboten.

Der Erfolg ergibt sich nicht aus dem Geniestreich, dem Heldenmut, der kühnen Tat, der begnadeten Intuition oder dem Lenken der Götter. Der Erfolg ist vielmehr stets *nur* ein Ergebnis von Kräfteverhältnissen, ihrer Entwicklung und Veränderung.

Dieses strategische Konzept betrachtet nicht die Verhältnismäßigkeit von Zweck und Mittel, so wie wir es zu vergleichen gelernt haben. Ist einmal der Soll-Zustand definiert, gilt es, ihn mit dem geringsten Aufwand an Mitteln zu erreichen. Und selbst wenn sich diese Mittel als problematisch erweisen, kann man sich auf die Prämisse »Der Zweck heiligt die Mittel« berufen.

Wenn aber gar kein Konzept der Finalität gedacht wird, sondern stets auf den Prozess, die Bewegung, auf den Ausgleich zwischen Yin und Yang und anderen unterschiedlichen Potenzialen geachtet wird, hat das weitreichende Konsequenzen für die Steuerungsaufgabe. Ein solches Führen erfordert nicht ein Vorangehen, nicht ein Ziehen oder Hinweggehen, sondern ein *Mitgehen;* mit der vorhandenen Energie gehen.

Energie folgt dem geringsten Widerstand, fließendes Wasser erzeugt umso mehr Energie, je mehr *Neigung* für seinen Weg vorhanden ist. Führung unterstützt die Suche und das Erkennen von *Neigungen.* Ein modellierter Soll-Zustand würde das Erkennen und Nutzen von Potenzialen, die einer Situation *innewohnen* erschweren, da diese Potenziale nur auf das Ziel hin bewertet würden. Ist die Situation ungünstig für die eigenen Interessen, Wünsche, Entwicklungen, dann richtet man den Fokus auf die *Neigung* und fragt, ob sie veränderbar ist: Welche meiner Potenziale gilt es zu stärken, welche der Potenziale im Umfeld kann man schwächen, wie kann ich die Energie und Ressourcen eines Gegners für meinen Erfolg nützen? (Siehe asiatische Kampfsporttechniken und bei dem sechsten »Gunstgriff« die Strategie von Odysseus bei den Zyklopen.)

Sunzi empfiehlt, den Kampf erst dann zu beginnen, wenn er schon geschlagen ist:

> »Siegreiche Truppen sind Truppen, die gesiegt haben, bevor sie den Kampf beginnen; besiegte Truppen sind Truppen, die den Sieg erst im Moment des Kampfes suchen.«

Anders gesagt: Wenn man erkennt, dass die Frucht noch nicht reif ist, wird man zwar versuchen, die Reifung zu begünstigen, aber aus der Erkenntnis heraus, dass man diese Entwicklung nicht erzwingen kann, wird man den Prozess aufmerksam beobachten und warten, bis die Frucht einem in den Schoß fällt.

Es ist sehr unwahrscheinlich, dass man mit dieser Methode zum Manager des Jahres und Helden der Wirtschaftswelt hochstilisiert wird. Man erspart sich aber auch die nachfolgende Demontage. Zum Trost diene der Hinweis, dass viele hocherfolgreiche Manager und Unternehmer, vor allem in Familienunternehmen, mit ihrer Wirkung kaum sichtbar werden. Sie verzichten auf spektakuläre, kurzfristige Erfolge, da sie sich der nachhaltigen Entwicklung verpflichtet fühlen. Sie können sich auf ein prominentes Vorbild beziehen, dazu ...

(6) Schlag nach bei Homer

Sag, gibt es dazu auch eine deutsche Version?

Ja klar, die politischen Stürme und Irrungen haben Udo Lindenberg zu einem Song animiert – findest du auf YouTube. Wenn du es genauer willst, dann mach dort auch einen Literatur-Crash-Kurs mit John Green.

Es gibt in der *europäischen Erzählung* ein (»vor-philosophisches«) griechisches Vorbild für Erfolg mit einem alternativen strategischen Konzept. Odysseus – den »Weisen«, den »Listenreichen«, den »Erfindungsreichen« nennt ihn Homer, falls er denn wirklich gelebt hat, ca. 800 v. Chr.

Liest man die *Ilias* und die *Odyssee* unter der Perspektive von Planung und Strategie, so gewinnt man alle erforderlichen Elemente, um in einer stürmischen, überraschungsreichen, mit dramatischen Hindernissen gespickten (z. B. einem menschenfressenden Zyklopen), von ablenkenden Verführungen nicht freien Welt (wir erinnern nur an die unwiderstehliche Nymphe Kalypso) konsequent sein Ziel zu erreichen. Benötigt werden laut Homer – so verstehen wir:

- Eine klare, emotional mächtige und tragende Vision: »... auf Ithaka den Fürstenthron wiederbesteigen, die geliebte Ehefrau Penelope und seinen Sohn Telemachos in die Arme schließen...«.

- Eine kraftvolle kluge Führung – entscheiden, was an Irritationen kommunikativ zugelassen wird, was nicht (so erfährt die Schiffsmannschaft nichts von der Wirkung des Gesangs der Sirenen, sind ihnen doch die Ohren mit Wachs verstopft worden).
- Die Fähigkeit, dramatische Probleme zu re-framen, statt zu verzweifeln.
- Die Fähigkeit, Chancen, die auch in der unmöglichsten Situation verborgen sind, zu erkennen.
- Die Fähigkeit, Lösungsprozesse mit Witz und Frechheit zu initiieren, wodurch die Überlegenheit des Gegners sich gegen ihn selbst wendet. (Gestrandet auf der Insel der Zyklopen, macht Odysseus dem menschenfressenden, einäugigen Riesen Polyphem weis, er heiße »Oudeis« – was schlicht »Niemand« bedeutet –, und bietet ihm zum nächsten Matrosen, den er zu fressen gedenke, schweren Wein an: einen Wein, der den Riesen wehrlos macht. Und als der schmerzerfüllt – Odysseus hat ihm sein Auge ausgestochen – nach seinen Brüdern schreit: »Oudeis [Niemand] hat mir das Auge ausgestochen«, meinen sie, er sei verrückt geworden, und ziehen sich in die Berge zurück. Wir erzählen diese Szene deshalb so ausführlich, weil sie das wichtigste *Rezept* sichtbar macht:
- Die jeweilige aktuelle Situation so zu betrachten und zu interpretierten, dass man sie kreativ für sich nutzen kann. Oder, anders gesagt: das Handeln nicht an einem Sollzustand ausrichten, sondern die aktuelle Situation für sein Ziel wirksam *werden lassen.*

(7) Gestalte Prozesse, und sei klug statt heroisch

Die gerade beschriebene Führungsstrategie ist das Gegenteil von heroischem Management, denn das Denken in Prozessen (der Reifung) unterscheidet sich radikal vom Denken des Erzielens, des Erzwingens von Wirkungen.

Wenn man annimmt, dass erfolgreiche Unternehmensentwicklung der unmittelbaren Wirkung von Führung zuzuschreiben ist (und anders ließen sich die hohen Boni nicht begründen!), dann wird das Denken in Prozessen zur Zumutung. Es verlangt vom Manager die Fähigkeit des Pflegens, des Förderns eigener Potenziale, des Wartens und Beobachtens, sicher auch des Schwächens der Potenziale des Konkurrenten, was nicht mit Vernichtung gleichzusetzen ist. Steuern und führen heißt dann, *mit den Möglichkeiten in Übereinstim-*

mung zu kommen und der Wirkung der *Neigung* und der *Eigenenergie* – achtsam und begleitend – zu vertrauen. »Das fördern, was von alleine kommt« (Laotse).

Man muss viel über die *Umstände*, die Situationen herausfinden. Um in der biologischen Metapher zu bleiben: Man muss wissen, welche Erde, wie viel Wasser, wie viel Licht und welche Zusatzstoffe eine Pflanze braucht, um wachsen zu können, und man muss vertrauen, dass dieses Wissen die gewünschte Wirkung – indirekt – hervorzubringen hilft. Eine sehr diskrete Form der Einflussnahme, denn man sieht nicht von außen, *wie* Pflanzen wachsen.

Das Steuern auf der Basis von Modellen und Plänen erfordert aktives Handeln, und weil auch das nicht auszureichen scheint, muss es *proaktiv* werden. Dieses »pro« steht in einem seltsamen Widerspruch zum »retro«, das jedem Ziel *innewohnt*. Sind doch die Ziele, die aus den Überlegungen von Stäben, Planungsklausuren oder Managemententscheidungen hervorgegangen sind, *gestern* entstanden.

Getrieben vom Willen oder Zwang, Ziele zu erreichen, müssen *heute* neue Umstände negiert, umgangen, aufgehoben werden, damit der Plan erfüllt werden kann: »... weil nicht sein kann, was nicht sein darf.« Nichterfüllung wird bestraft.

Dieses Denken kann Situationspotenziale gar nicht erkennen, der Plan ist die einzige Orientierung, ohne Plan und Ziel ist diese Art der Steuerung völlig hilflos. So entstand auch die absurde und rational kaum nachvollziehbare Empfehlung »Besser eine falsche Entscheidung als gar keine«. Die Ergebnisse dieser Management-»Weisheit« sind landauf, landab zu beobachten.

Denken in Prozessen öffnet und bedingt das Vertrauen in Entwicklung und Wandel. Statt zu ziehen, zu machen, Druck auszuüben, werden Rahmenbedingungen geschaffen, die etwas ermöglichen. Bedingungen schaffen heißt Strukturen gestalten, Spielregeln entwickeln und vereinbaren, Inszenierungen einleiten und *es geschehen lassen*. Nennen wir dies »evolutionäres Management«.

(8) Entdecke die Chancen auf dem Weg

Es geschehen lassen – dürfen das Manager überhaupt? Würde man wirklich ökonomisch denken, also mit geringsten Mitteln optimalen Ertrag anstreben, dann läge die Antwort auf der Hand. Es bedarf eines viel geringeren Aufwandes, den Wandel zu initiieren und zu ermöglichen, als alle Umsetzungs-, Durchsetzungs-, Kontroll- und Sanktionsmaßnahmen an Zeit, Personalressourcen und Budgets zu verschleißen – ganz abgesehen von den Folgekosten der Demotivation und Resignation.

Erst die Prozessperspektive macht den Blick frei für den Reichtum der Möglichkeiten und der Vielfalt, die durch die Logik des Modellierens notwendigerweise reduziert werden muss. Die Wahrnehmung und das Denken öffnen sich für das *gesamte Jetzt* und für die *Chancen auf dem Weg*. Dieses Vertrauen in die Fähigkeit, Erkenntnisse aus der aktuellen Situation zu gewinnen, in den Prozess der Selbstorganisation und in die Qualität des Wandels hat nichts mit Passivität und schon gar nichts mit Schicksalsergebenheit zu tun.

Gefragt sind vielmehr höchste Aufmerksamkeit und Achtsamkeit, einerseits für den Beginn des Prozesses, dort, wo die »Gelegenheit«, Entwicklung, Chance ihren Ausgangspunkt hat, und andererseits für den günstigsten Augenblick, wenn die Frucht reif für die Ernte ist.

Aber weil es die Prozesse selbst sind, die Wirkung erzeugen und entfalten, kennt ein Steuermann oder Stratege weder Verausgabung noch Widerstand. Daher kann er keinen Ruhm beanspruchen oder – wie ein Held – sich den Erfolg zuschreiben (lassen).

Was aber, wenn man kein Situationspotenzial entdeckt, keinen Faktor findet, der einen trägt? Dann tut man nichts außer weiterzubeobachten und zu warten. In einer solchen Situation wäre Handeln zu riskant und könnte zur (Selbst-)Zerstörung führen, also auch ökonomisch das Gegenteil von sinnvoll sein.

(9) Hol die Zukunft in deine Gegenwart

Die Aufgabe einer »neue Steuerung« ist die Verknüpfung dieser gegensätzlichen Denk- und Strategiekonzepte:

- planen, aber den Fokus auf die Situationspotenziale richten
- den Wandel anstoßen und das Ziel »vergessen«, damit der Prozess seine Wirkung entfalten kann;
- im Fluss der Entwicklung sich an gewünschten Zukünften ausrichten.

Und so könnten Sie *Ihre* **Vision** kreieren (allein, mit anderen, in einem Workshop, auf einem Strategy Walk):

Im ersten Schritt entwerfen Sie Ihre wünschenswerte *zukünftige Gegenwart.*

Formulieren Sie bewusst im Präsens:

Es ist das vierte Quartal 2020 (oder welches konkrete Datum auch immer), wir sind ..., wir haben ..., wir machen ...

Beschreiben Sie in vielen Facetten, wie man *jetzt* arbeitet, welche Produkte man *jetzt* herstellt, welche Kunden man hat, wie sich Mitarbeiter und Führungskräfte *jetzt* verhalten, wie man kommuniziert usw.

So werden Sie unmittelbar spüren, ob Ihre Beschreibungen auch emotional stimmig sind und nicht durch ein »Wir werden, wir hoffen« relativiert werden.

Im zweiten Schritt blicken Sie voll Freude auf diese erfolgreiche Entwicklung des Unternehmens, des Geschäftsfeldes zurück und *erinnern sich*, welche Prozesse, welche Maßnahmen zu dieser Entwicklung geführt, welche Weichen Sie und andere gestellt haben, welche wichtigen Entscheidungen wie getroffen wurden, worauf Sie und andere ihr besonderes Augenmerk gerichtet haben, welche Hindernisse Sie wie bewältigt haben.

Mit diesem »Trick«, die Zukunft aus dem Rückblick zu erfinden (die Verwandlung der Leerstelle der Organisation N. N. in die üppige Fülle, die es lohnt, sich dafür zu engagieren), entdecken Sie schon in der *Planungsphase*, was Sie besonders beobachten werden. Schaffen Sie sich ein umfangreiches *Bildmaterial*, mit dem Sie dann Beobachtungen im aktuellen Geschehen vergleichen und bewerten wobei Sie aus Unterschieden lernen können. Statt Stress – wir haben die Planvorgaben nicht erreicht – entsteht Kreativität aus den interessiert-neugierigen Vergleichen der unterschiedlichen Wirklichkeiten.

Mehr ist nicht zu tun. Sie werden staunen, wie bereits in der *gegenwärtigen Gegenwart* die Bilder der neuen Identität zu wirken beginnen, wie sich Aufmerksamkeitsfokus und Gespräche bei Meetings auf *Situationspotenziale, Neigungswinkel, tragende Faktoren* richten und wie daraus Aktivitäten abgeleitet werden. Alles andere *ergibt sich von selbst.*

(10) Nutze den Widerspruch – agiere flexibel auf der Grundlage einer soliden Planung

»Das ist kein Widerspruch, sondern gerade die Kunst eines wirksamen Managements. Pläne sind dazu da, Orientierung zu geben. Sie stecken den Korridor ab, in dem man in der nächsten Phase mit hoher Wahrscheinlichkeit tätig sein wird. Pläne, die nach diesem neuen Verständnis erstellt werden, geben den Managern und Mitarbeitern die notwendige Orientierung, um auch unter wechselnden Rahmenbedingungen handlungsfähig zu sein« [...]

»Deshalb sage ich: Leute, hört auf, zu steuern und zu regeln, sondern macht euch zum relevanten Wahrnehmungsorgan für die Veränderungen in eurer eigenen Kultur und für die Dynamik in den Märkten! Wir brauchen keine fertigen Konzepte und keine klugen Pläne, sondern maximale Fähigkeit im Umgang mit dem nicht Vorhersagbaren« (Prof. Kruse, interviewt von Winfried Kretschmer, 21.01.2015, »Raus aus dem Tief«, changeX:Home, 2015).

Wozu (noch) Visionen?

What the hell is the difference between vison, mission, values?
Okay, listen and watch P. Griffith Lindell in the WWW.

»Seien wir Realisten und versuchen das Unmögliche!«
(Günter Cramer, Gründer von SMA).

»Bilder sind Netze, was auf ihnen erscheint, ist der haltbare Fang. [...] Man trägt die Netze mit sich herum, wirft sie aus, und sie stärken sich an ihren Fängen« (Canetti 2005, S. 110).

Der Strom der Entscheidungen fließt, man kann eine Organisation nicht anhalten, das Netz ist in Bewegung und wird teils durch Zufälle, teils durch definierte, mehr jedoch durch *sich selbst hervorgebrachte (emergente)* und manchmal auch nur vermutete (aber nicht weniger wirksame) Strategien gesteuert.

Im Kapitel »Willkommen in der VUCA-Welt« haben wir die Auswirkung von Widersprüchen, Unsicherheiten, von Komplexität auf die Steuerung von Unternehmen ausführlich beschrieben und mit dem tröstenden Hinweis »Sei selber vuca!« eine – nicht nur als Pointe gemeinte – Antwort auf die Frage versucht, woraus man überhaupt noch Sicherheit und Stabilität gewinnen kann.

Kann es wirklich der Weisheit letzter Schluss sein, auf Unsicherheiten mit Experimenten mit unsicherem Ausgang, auf komplexe

Verhältnisse mit vielfältigen Optionen, auf Paradoxien mit Paradoxien zu antworten?

Woran kann man sich und eine Organisation ausrichten, wenn man vor lauter zirkulären Zusammenhängen, Rückkoppelungsschleifen, Feedbackprozessen, überraschenden Relationen keine halbwegs berechenbaren Kausalitätsbezüge mehr herstellen kann?

Auf die Ergebnisse einer *reinen* Selbstorganisation kann man sich auch nicht verlassen, Systeme (welcher Art auch immer) sind per se »a-moralisch«, also weder gut noch böse (wie man an der unsichtbaren Hand des Marktes ersehen kann), Sie tendieren nicht in eine ethisch gewünschte Richtung, sie überleben oder eben nicht.

Gesteuert von der inhärenten Logik der Funktion, aus der sie sich in der Gesellschaft herausdifferenziert haben, »betreiben« sie ihren Selbsterhalt – und bei Wirtschaftssystemen geht es eben um den Grundcode, Zahlen oder Nichtzahlen, nicht um »Recht vs. Unrecht«. Dafür ist das norm- und regelgebende Rechtssystem zuständig.

Sollen also andere wichtige Unterscheidungen in die Steuerung einfließen, müssen sie (a) wirklich (von Management und wichtigen Stakeholdern) gewünscht sein und dürfen (b) nicht im Widerspruch zur Grundlogik stehen.

Man mag noch so moralisch engagiert argumentieren, wie man z. B. an der Integration von Umweltfragen in Unternehmen ersehen konnte: Erst als Umweltschutzmaßnahmen ihre ökonomische Begründung fanden und auf Zahlen-/Nicht-zahlen-Können Einfluss hatten, wurden sie Teil der Steuerungsfragen von Unternehmen.

Aus sich heraus entstehen solche neuen Orientierungen nicht. Darin liegt die oft beschworene, eigentlich erschreckende Erkenntnis, dass ohne Krisen keine tiefgreifenden Veränderungen zu erwarten sind. Was die Behauptung begründet, dass in jeder Krise eine Chance steckt. Die Krise gibt sozusagen die Erlaubnis, neu zu entscheiden, ob bisher Ausgeschlossenes Geltung gewinnen und in die Steuerung integriert werden soll. Braucht die Vernunft, aus der sich diese Entscheidungen ableiten lassen, dann eine Vision? Und was kann ihre besondere Wirkung sein?

Unsere Grundannahme lautet: Menschen kreierten immer schon Vorstellungen und Engführungen, um sich in der *Weite des Kosmos* selbst einen Bezugspunkt zu erschaffen und um aus den unendlichen Möglichkeiten des Seins Gewünschtes zu selektieren und erreichbar zu machen.

Wo dieses Gewünschte kommuniziert, auf den Punkt und in die Sprache der Wünschenden gebracht wird, entsteht jene besondere *Sozialenergie,* die in einem Raum von Komplexität, Widersprüchen, Paradoxien, Instabilitäten und Unübersichtlichkeiten Sinn, Ordnung und Ausrichtung hervorbringt.

Das ist erstaunlich, da Visionen so unspezifisch – trotz eindeutiger Begriffe – das Wünschenswerte (z. B. Menschenrechte, Freiheit, Demokratie, Leader in Innovation, »Wir glauben an …«) markieren, dass die unterschiedlichsten Ableitungen im Sinne einer Konkretisierung möglich bleiben und doch wieder bestimmte Handlungen ausschließen. Ihre Wirksamkeit entsteht aber erst durch Kommunikation, in der geklärt werden kann, welche Wünsche »es wert sind«, mit der Kraft der Realisierung ausgestattet zu werden. Und nur sie sollten mit der Bezeichnung »Vision« ausgestattet werden, wenn man schon das gängige Strategievokabular verwenden muss.

Visionen entstehen durch Kommunikation und erzeugen Kommunikation

> »Der Sprache, ihrem schieren Klang öffnen sich ungemessene Räume, der flüchtige Wortklang flattert schmetterlingsgleich von Ding zu Ding, bis er sich vor lauter Bedeutungsfülle schließlich sogar jeder Bedeutung entledigen kann und die Zauberspruchregionen der reinen Abstraktionen erreicht« (Mosebach 2014, S. 325).

Erst durch einen breiten Diskurs können so wirksame Slogans wie »Freiheit, Gleichheit, Brüderlichkeit«, »Yes, we can«, »Service is our success«, »Trust and respect for individuals«, »We work together to create a culture of inclusion built on trust, respect, and dignity for all« entstehen.

Diese Slogans *erzeugen* weitere Kommunikationen, die aus Worten Bilder (= Visionen) kreieren. Dies unter einer Voraussetzung: Sie benennen etwas, was über die bisherigen Erfahrungen, Annahmen und Erwartungen hinausgeht.

Andernfalls bleiben solche Sätze leerer, langweiliger *Marketingsprech,* der nichts bewegt. Dennoch ist es erstaunlich und erklärenswert, wie etwas Gesprochenes oder Geschriebenes – nichts *Hand-Festes* – das Handeln bestimmen kann.

Befragen wir dazu zwei Wissenschaften: die Quantenphysik und die Neurobiologie.

(1) Warum gerade die Quantenphysik?

Einerseits, weil es Soziologen, Psychologen und Beratern in unserer technisch-naturwissenschaftlich basierten Gesellschaft Freude macht, wenn die sogenannten exakten Wissenschaften Alltagserfahrungen oder psychologische und soziologische Aspekte des Miteinanders mit ihren Erklärungsmodellen abstützen. Andererseits helfen gerade einige Aspekte der Quantenphysik, die Welt anders zu verstehen und verfestigte Annahmen zu irritieren.

Was hat es mit den Quanten so an sich – Ein kurzer Einschub zur Klärung und Irritation:

»Die Quantentheorie ist die erfolgreichste Theorie über die Natur, die wir haben.

Natur ist Beziehung.

Im täglichen Leben ist es uns sehr wohl bewusst, dass die Reihenfolge von Handlungen deren Ergebnis sehr nachhaltig beeinflusst [...], wenn wir es mit Beziehungen zu tun haben, denn bei Beziehungen kann es anders sein als bei der Feststellung der Eigenschaften von Objekten.

Die Prüfung einer Beziehung auf ihre Eigenschaften beeinflusst diese, sie muss danach nicht mehr die gleiche sein als zuvor.

Mit der Unbestimmtheitsrelation (nicht Unschärferelation) gelang es Werner Heisenberg, die Quantenmechanik in einer logisch konsistenten Form darzulegen. [...] Bestimmten physikalischen Größen wie z. B. Ort und Impuls können in keinem einzigen Quantenzustand wohlbestimmte und scharfe Werte zugeschrieben werden.

Man kann künftige Ereignisse nicht exakt vorhersagen, wenn man noch nicht einmal in der Lage ist, den gegenwärtigen Zustand des Universums genau zu messen! Die Quantenmechanik führt also zwangsläufig ein Element der Unvorhersagbarkeit oder Zufälligkeit in die Wissenschaft ein.

Aus der Quantenphysik kann geschlossen werden, dass eine prinzipielle Unterscheidung von Geist und Materie nicht notwendig ist« (Görnitz 2008).

»Atome können gleichzeitig an verschiedenen Orten sein.

Kann ein Elfmeterschuss ins Tor und gleichzeitig ins Aus gehen? Für sehr kleine Objekte scheint dies möglich zu sein: Sie können sich zur gleichen Zeit auf verschiedenen Bahnen bewegen. In einem ersten Schritt konnten Physiker der Universität

Bonn bereits beweisen, dass Cäsiumatome tatsächlich an verschiedenen Orten zugleich sein können.

Jedes Objekt der Quantenwelt bewegt sich – so die Theorie – nicht auf einer fest definierten Bahn. Stattdessen folgt es allen möglichen Bahnen; es befindet sich also zugleich an verschiedenen Orten. Physiker sprechen von einer Überlagerung unterschiedlicher Pfade.

Nach der Standardquantenmechanik sind Überlagerungszustände von beliebig großen Gegenständen prinzipiell möglich. Jedoch sind diese Zustände sehr fragil: Jeder Versuch, den Ort eines Quantenobjekts zu bestimmen, zerstört die Überlagerung. Anders gesagt: Allein dadurch, dass wir den Ball mit den Augen verfolgen, sorgen wir dafür, dass er sich für eine Flugbahn ›entscheidet‹«

(Robens et al. 2015, p. 1).

Eine dieser fest gefügten Annahmen erklärt das Verhalten von Elementen aus ihren Eigenschaften. Das sollte uns bekannt vorkommen. Wir erinnern uns, man kann ein und denselben Mitarbeiter als schlampig oder als kreativ, einen anderen als konsequent oder als stur bezeichnen, wir vermuten, dass diese Etiketten mit begründen, warum die Zusammenarbeit mal einfach und mal schwierig ist.

Eine ganze Branche von Gutachtern lebt davon, bei Rekrutierungsprozessen herauszufinden, was die wesentlichen Eigenschaften des Kandidaten sind. Natürlich gibt es *Prägungen*, die sich in bestimmten Situationen und Konstellationen auswirken – aber genau diese können maximal in Rollenspielen simuliert, jedoch nicht *hochgerechnet* werden.

Bezöge man sich auf die Quantentheorie, könnte man schon seit 1932 – da wurde Werner Heisenberg der Physik-Nobelpreis verliehen – davon ausgehen, dass Eigenschaften den Teilen nicht inhärent sind, sondern aus der Relation zwischen ihnen entstehen. »Kreativ« zum Beispiel ist eine Etikette, die man sich selber oder anderen gern anhängt, aber andere Beobachter würden vielleicht lieber von »chaotisch«, »sprunghaft« sprechen.

Auch diese Erkenntnis ist nicht ganz neu, haben doch etwa Paul Watzlawick schon seit 1969 in seinen Arbeiten zu Kommunikationstheorie und Konstruktivismus und der Arzt und Psychoanalytiker Helm Stierlin 1976 mit dem Buch *Das Tun des Einen ist das Tun des Anderen* die Dynamik menschlicher Beziehungen neu erklärt und damit jedem resignativen »So ist sie eben« oder »Ich bin, wie ich bin« den Boden entzogen. Was nebenbei Patienten aus der Festlegung einer Störung befreite – siehe die Wirksamkeit der systemischen Familientherapie. Lineare Ursache-Wirkungs-Verhältnisse, ade. Für immer.

Wenn Natur stets Beziehung, und zwar wechselseitige Beziehung, ist, werden Visionen wirksam, indem sie Beziehungsräume aufspannen, in denen die Art und Weise, wie Menschen sich zueinander verhalten, eine Ausrichtung und wechselseitige Verstärkung erfährt. Das kann zum Heil führen. Aber auch zur Vernichtung.

Quantenphysikalisch wird zwischen Materie, Energie, Information und Kohärenzfeldern unterschieden und die Dualität von Materie und Geist aufgehoben. Man kann den Zusammenhang mit einer einfachen Verknüpfung darstellen: Energie kann Materie bewegen – Information kann Energie auslösen, die Materie bewegt.

Für unser Thema ist »Information« der Schlüsselbegriff. Wenn es einer Vision gelingt, markant einen Unterschied darzustellen, der für Beobachter (Mitarbeiter, Stakeholder, Bürger...) einen Unterschied macht (vgl. Bateson 1985, S. 582), dann entsteht aus dieser Information Energie, und diese Energie bewegt Materie. Es *entstehen* Gedankenprozesse im Gehirn, Handlungsprozesse werden initiiert, Menschen versammeln sich auf Plätzen, um neuen politischen Visionen zum Durchbruch zu verhelfen, engagieren sich für Kranke und Unterdrückte oder kümmern sich voll Enthusiasmus um die Kunden ihres Unternehmens.

(2) Die neurobiologische Perspektive

Die neurobiologische Perspektive erklärt uns, dass die Struktur und Funktionsweise des Gehirns Menschen zu Sinnsuchern, Sinnerfindern und Sinnschaffenden *macht*. Sinn ist die zentrale Strukturierungs-, Bewertungs- und Orientierungsinstanz – er ist die *Ablageautorität* für die über die Sinnesorgane einströmenden Daten.

Was in die bestehende Erfahrungswelt eingeordnet werden kann, wird als sinn-voll, was nicht zuordenbar ist, als sinn-los abgespeichert, und was irritiert, kommt in die Kategorie Un-Sinn. Im *Sinn* verbindet sich die emotionale Erfahrungswelt (gesteuert über das limbische System) mit der analytischen, rationalen Verarbeitung (im zentralen Cortex).

> »Aufgrund seines enorm plastischen, zeitlebens lernfähigen, sich durch sinnliche Erfahrungen strukturierenden Gehirns ist jeder Mensch zu jedem Zeitpunkt seines Lebens darauf angewiesen, neue Sinnesein-

> drücke bzw. die durch neue Wahrnehmungen im Gehirn generierten Erregungsmuster mit den durch vorangegangene Erfahrungen entstandenen und stabilisierten synaptischen Verschaltungsmustern in Einklang zu bringen, ihnen also ›Sinn‹ zu verleihen. Die Suche nach Sinn ist also kein nutzloses oder esoterisches Unterfangen, sondern eine sich aus der Arbeitsweise und der Strukturierung des menschlichen Gehirns zwangsläufig ergebende Notwendigkeit« (Hüther 2008, S. 219).

Und weil das Gehirn (derzeit) nun mal nicht anders kann, beschert es uns auch einige Überforderungen. Das Leben ist nicht nur komplex, sondern, wie es der soziologische Terminus benennt, kontingent. Dieses Phänomen der »Hypermoderne« (Ortmann 2009, S. 17), »es kann so, aber es könnte auch anders sein«, konfrontiert das Individuum mit einer Vielfalt und Unübersichtlichkeit, die sich der Sinnfindung zu entziehen erscheint. Kaum versucht man, durch Entscheidungen einen richtigen Weg zu gehen, werden andere Wege sichtbar, die auch vernünftig, schön, glückbringend und angemessen erscheinen. Wonach soll man selektieren? Wer, was gibt Orientierung? Religion? Aber welche? Eine Ideologie? Aber welche? Die Wissenschaft? Aber welche Theorie? Werte? Aber welche?

Die Sicherheit ist endgültig dahin – keine Schlussfolgerung ist stringent genug, als dass sie nicht auch anders sein könnte.

Von der Verwirrung und Resignation zur vernunftbasierten Vision

Eine Lösung aus diesem Dilemma wäre Nihilismus oder Solipsismus (von lat. *solus* »allein« und *ipse* »selbst«: nur ich selbst oder das Selbst allein), eine Wahl mit weitreichenden gesellschaftlichen Konsequenzen. Zumindest eine Alternative dazu ist denkbar. Sie setzt der Vielfalt die eigenen, mit anderen abgestimmten Unterscheidungen, Verknüpfungen und Ausrichtungen *entgegen*.

Dies ist der Weg der Kreation, der bewussten Wahl, die von zwei Prämissen geleitet wird; sind dies: das Beste für mich *und* das Beste für alle.

Eines gelingt in diesem Schöpfungsakt allerdings nicht, nämlich das oben beschriebene Paradoxon außer Kraft zu setzen. Es werden Optionen eröffnet, die unvermeidlich andere ausschließen. Kontingenz kann nicht zum Schweigen gebracht, nur manchmal durch Pfadabhängigkeiten *eingefangen* werden. Aber das ist eine andere Geschichte.

Entscheidungsakte sind Schöpfungsakte. Schon die Verortung eines Unternehmens im wirtschaftlichen und gesellschaftlichen Feld ist mehr als eine *Ableitung* aus einer Fülle von Daten, man erzählt sich und anderen die Geschichte und Bedeutung seiner Identität (»Identität« ist immer ein relationaler Begriff!), aus der man die weitere Entwicklung, die weitere Richtung, die Zukunft gestalten will. Diese Entscheidung, welche nicht einer »Eingebung« folgt, weiß Bescheid über die damit verbundene Verantwortung, Risikoübernahme, Begründungsnotwendigkeit, achtsame Beobachtung und erwartet von den Stakeholdern kein blindes Sichausliefern.

> »Aus [...] Gesprächen war mir bewusst geworden, wie blind man sein konnte, wenn man blind sein wollte. Ich begann zu begreifen, dass es mit Büchern nicht anders steht, dass man wachsam sein muss; dass es gefährlich ist, aus Trägheit Kritik auf später aufzuschieben und erst einmal hinzunehmen, was einem vorgesetzt wird« (Canetti 2005, S. 143).

Wir plädieren für eine *reflexionstaugliche, vernunftbasierte Vision*, mit »Vernunft« die Verbindung von Gefühl und Verstand meinend.

> Ihre Kraft gewinnt diese Vision aber erst durch Folgeentscheidungen:
>
> Operative Entscheidungen, Handlungsanweisungen und konkretes Tun müssen *kausal* mit den Visionen verbunden werden können. »Wir haben so gehandelt, weil ...« Solche Brückenschläge von der Wirksamkeit des Bildes zur Bereitschaft der Mitarbeiter, diese Zuschreibungen mitzutragen und umzusetzen, sind Zuschreibungsaufgaben des Managements.

Man kann nie wissen, ob es einem Unternehmen besser oder schlechter ginge oder ergangen wäre, folgte es nicht einer Vision. Denn es gibt kein Verfahren, eine mögliche Welt mit einer faktischen zu vergleichen. Jede Antwort auf »Was wäre, wenn?« ist rein spekulativ. Es geschieht nur, was geschieht, und es geschieht nicht, was nicht geschieht.

Man kann aber feststellen: Wenn zentrale unternehmerische Handlungen nicht von der Vision abgeleitet werden, wenn zu rasch Ausnahmen zugelassen werden, ist die Kontingenz, das unspezifische (Fehlversprechen) »Anything goes«, erneut in die visionär ausgerichtete Welt eingebrochen und unterminiert die Kraft der Orientierung.

Wenn Visionen, die ja einen weiten Rahmen definieren, um eines vermuteten kurzfristigen, meist eindimensionalen ökonomischen Vorteils willen relativiert werden, öffnet sich ein Feld unproduktiver Streitigkeiten darüber, welche Maßnahme denn nun richtig sei. Die individuellen Perspektiven und Interessen haben keine Ausrichtung mehr, jede kann richtig oder falsch sein. Das gilt natürlich auch für Visionen selbst. Sie bieten aber den Vorteil (mit allen Gefahren) einer langfristigen Ausrichtung und Vor-Stellung (Strategic Alignment), deren Erfolg vorweg zwar nie beweisbar, aber begründbar ist, an die daher nur *geglaubt* werden kann.

> »Märkte leben von dem, was Marktteilnehmer glauben, und von dem, was sie glauben, dass andere Marktteilnehmer glauben. [...] Das ist der Grund, warum sogar ein Rettungspaket, das ökonomisch unsinnig ist, am Ende funktioniert« (Žižek 2008, S. 63).

Diese Tatsache ist für die traditionelle betriebswissenschaftlich-rationale Welt natürlich eine Zumutung, aber kaum ein Begriff hat nach der ökonomischen Krise 2008 eine ähnliche Aufwertung erfahren wie »Vertrauen« und »Glaubwürdigkeit«.

Plötzlich wird der Glaube als ein treibendes Element und als Basis für das Marktgeschehen entdeckt.

Navigieren auf stürmischer See, ausgestattet nur mit einem Sextanten, scheint ein Leichtes zu sein, verglichen mit der Steuerung von Unternehmen in stürmischen Märkten und kaum durchschaubaren Wirtschaftslagen.

Das Wetter ist zwar ein chaotisches, aber in Grenzen berechenbares Gefüge. Vor allem zeigt es sich unbeeindruckt davon, was Meteorologen, Klimaforscher und Wetterredakteure von sich geben. Es hört einfach nicht hin. Wie einfach wäre die Dynamik der Finanzwelt, wäre die Börse taub und blind und würde sie nicht zur Kenntnis nehmen, was jede Minute über sie gesagt wird.

Wenn die rationalen Instrumente der Steuerung nicht mehr greifen, hilft dann wirklich nur mehr die Rückkehr in vormodernes Glauben, Vertrauen und Beten? Stimmen damit auch wir in den Abgesang an Aufklärung und das naturwissenschaftliche Zeitalter mit ein? Eigentlich nein. Wir bewegen uns auf völlig rationalem Boden. Wie oben gezeigt, kommen die exakten Naturwissenschaften, die Quantenphysik, Quantenbiologie, Quantenmedizin, Mathematik und Neurowissenschaften, verkürzt gesagt, zu folgenden Aussagen:

Geist und Bewusstsein sind nicht metaphysisch, sondern steuern sehr konkret Materie und Welt.

Bewusstsein ist nicht lokal auf das einzelne Gehirn beschränkt, sondern aufgrund der »Nichtlokalität« (ein Grundprinzip der Quantentheorie) Teil der gesamten Realität selbst.

Das in den Wirtschaftswissenschaften bisher Ausgeblendete betritt, ungebeten oder nicht, die Szene und bestimmt das Spiel mit.

Wie bei Hofmannsthals *Jedermann* erscheint der Glaube auf der Bühne des Unternehmens und behauptet kühn: »Ohne mich, den Glauben, verliert ein Unternehmen seine Energie«. Denn wirtschaftliche Prozesse sind immer auch soziale Prozesse. »Und der Glaube entspringt aus der gemeinsamen Liebe zu einer Vision.«

Oder, anders ausgedrückt:

Visionen sind der erste Schritt der Manifestation des Geistigen im Materiellen, die Realisierung der Zukunft im Gegenwärtigen.

Vision ist ein Medium, das Glauben, Leidenschaft und Verbundenheit, die für die Wirksamkeit der Vision benötigt werden, in eine Organisation trägt und zugleich »erzeugt«,.

Nach den Prinzipien der Quantenphysik schaffen Visionen Synchronisationsprozesse, die wie im Laserstrahl höchste Energie und Zielgerichtetheit erzeugen.

Krisen können einfache Solidaritäten zerstören, sie können Zynismus und Fatalismus fördern, aber sie können auch erneute Bereitschaften wecken, wenn eine Idee Sinn stiftet und damit das Individuum aus seiner Leere und einsamen Beliebigkeit *erlöst*. Individuelles Handeln webt sich erst durch eine verbindende Idee in ein Ganzes ein und gewinnt so genug Kraft, aus Krisen neue Möglichkeiten zu kreieren.

Der besondere Clou von Visionen zeigt sich erst, wenn man sich im unsicheren Terrain bewegen oder Turbulenzen bewältigen muss.

Will man unbedingt von Troja nach Ithaka oder zum Südpol und wieder zurück, dann können die größten Bedrohungen und Schwierigkeiten zwar ständig neue Strategien, Taktiken und Pläne erfordern, aber jede Kurskorrektur richtet sich auf das erklärte Ziel hin aus. So entsteht wieder und wieder Vertrauen in das eigene Wollen, in die Potenziale der Mitarbeiter und in die eigenen Führungsfähigkeiten.

Um es zum Schluss *ganz knapp und prägnant* zu sagen:

> »Ohne Überzeugungen liefert man sich der Beliebigkeit und Partikularinteressen aus. Dann erfüllt man vielleicht das Tagespensum, aber Orientierung, Richtung, Führung kann man nur geben, wenn man ein Bild hat davon, wie das Land sein soll, werden soll. Und führen muss die Politik. Sie muss sammeln und führen. Wer nur sammelt, dreht sich mit den Versammelten im Kreis. Politik muss auch zeigen, wohin der Weg gehen soll, und deshalb muss sie die Fahne voraustragen. Sie muss dabei aufpassen, dass die Versammelten die Fahne noch sehen und folgen können. Klar. Ohne grundsätzliche Orientierung aber wären Fahnenträger nutzlos« (Müntefering 2008, S. 146).

Wie aber kann Führung erkennen, dass aus der Versammlung eine schlagkräftige Truppe (oder, weniger militärisch), ein ausgerichtetes High Performance Leadership Team geworden ist? Wir haben dazu ein Beispiel.

Widerspruch statt Zuspruch?

Die Branche ist krisengeschüttelt. Tiefgehende Veränderungen stehen im Unternehmen an. Der neue Geschäftsführer, Karsten F., hat mit einem Strategieteam die Vision und die Maßnahmen für die nächsten zwei Jahre ausgearbeitet. Nach der Präsentation vor den Führungskräften fragt er: »Was sagt ihr dazu?«, und erhält breite Zustimmung. Ein Mitarbeiter aus dem Strategieteam ist begeistert: »Das haben wir offensichtlich gut hingekriegt, nicht wahr?« Doch die Antwort von Karsten F. fällt anders aus: »Nein, jetzt bin ich tief beunruhigt.«

Es herrscht Verwirrung im Raum – was ist los? Was kann Besseres passieren, als dass die Führungskräfte offensichtlich einverstanden sind? (Vorsicht: Denkfalle 1!) Das heißt doch auch, dass wahrscheinlich alle die Veränderungen mittragen und die Maßnahmen wie geplant umgesetzt werden können, oder? (Vorsicht! Denkfalle 2!)

Denkfalle 1: Zustimmung im Meeting verrät nichts über die Beweggründe der Teilnehmenden. Denkfalle 2: Zustimmung sagt nichts über die Umsetzungsbereitschaft.

Karsten F. kennt beide Denkfallen. Und beide hat er mit aufgestellt.

Die Frage (O-Ton) »Was sagt ihr dazu?« kann man im Subtext als Aufforderung hören: »Na, was sagt ihr, wie toll wir gearbeitet haben und wie kreativ wir alle Herausforderungen meistern werden, ihr müsst nur mitziehen!«

Wie aber die ausdrücklich formulierte Beunruhigung zeigt, war sein Subtext gar nicht versteckt, sondern eine Einladung zu einem kritischen Diskurs. So einfach und zugleich komplex ist Kommunikation.

Karsten F.s – nun deutlich gewordenes – Führungskonzept lautet:

Zuversicht gewinne ich durch Widerspruch, nicht durch Zuspruch.

Das bedeutet, einen kommunikativen Raum zu schaffen für eventuell Übersehenes, für das Aus- und Ansprechen anderer Perspektiven, das laute Staunen über »Schräges und Ungewohntes«, das gedankliche Experimentieren und Spielen mit »noch nie so Gesehenem« – und letztlich auch für die Emotionen, die solche Konzepte auslösen.

Und es braucht einen Austausch über die Bilder, die Vorstellungen, die mit so manchem kühnen Entwurf entstanden sind. Wenn es diese Offenheit und Möglichkeiten im Führungskreis nicht gibt, darf es nicht verwundern, wenn auf der Vergangenheit (in der ja alles viel besser war) insistiert, die Vision als mangelnder Realitätssinn belächelt wird und das scheinbare gemeinsame Einverständnis zu sehr unterschiedlichen Umsetzungen führt.

Wenn man sicher sein kann, dass in der Führungs-, Kommunikations- und Unternehmenskultur Widerspruch tatsächlich gewollt ist, dann muss man nur noch lernen, Fragen präziser und differenzierter zu stellen. Im obigen Fall: »Was an unserem Konzept findet eure Zustimmung? Wie werdet ihr das euren Mitarbeiter erzählen, welche Bilder sind damit verbunden? Wo habt ihr Bedenken, was seht ihr anders? Was haben wir noch gar nicht bedacht?«

Und was machte der beunruhigte Geschäftsführer? Bevor das neue Strategiekonzept *ausgerollt* wurde, lud er die Führungskräfte zu einer Teamklausur, einziges Thema:

»Wie erschaffen wir uns einen inspirierenden Widerspruchsgeist?«

Es muss nicht schwer sein, damit es effizient und wirksam ist … Oder: Wie man aus einer klassischen Strategieklausur Lust- und Ausrichtungstage macht

Erfahrungsbericht des Managementboards eines Dienstleistungsunternehmens, zur Nachahmung empfohlen.

Donnerstag, 17. Juli 2014, 6:30 Uhr früh, ein Morgen in der steirischen Hügellandschaft

Reste von Bodennebel, die Sonne lässt das Licht schwirren und die nahe Riegersburg aufleuchten. Die Wiesen sind nass vom nächtlichen Gewitterregen. Stephan macht seine Dehnungsübungen, bevor er seinen Morgenlauf durch die Weingärten beginnt, Lilian sucht sich einen trockenen Platz für ihre Chakren-Meditation, sie wird besonders den türkisen Kristall auf ihrer Stirn visualisieren, Intuition und Kreativität wird heute gefragt sein. Es ist Tag zwei unserer Ausrichtungstage (wir wählten diesen Begriff, um den Fokus »Zukunft« zu betonen).

Einige schlafen noch, und bis auf Christian treffen wir um 7:30 Uhr zum gemeinsamen Atmen und zu leichten Tai-Chi-Übungen zusammen. Als wir um 8:00 Uhr ins Haus gehen, duftet es nach Kaffee und frischem Brot. Christian hat das Frühstück übernommen. Das wird ein toller Tag.

Nein, wir sind keine Gruppe auf einem Retreat, sondern sechs Geschäftsführende Gesellschafterinnen und Gesellschafter eines Beratungsunternehmens. Wir tun selbst, wozu wir Kunden immer raten: sich genügend Zeit nehmen, nachdenken über die eigene Positionierung, über die zukünftige Ausrichtung, das Miteinander, die ökonomische Situation, weitere Inhalte und wie wir am Markt noch besser sichtbar werden können.

Beginn am Mittwoch, 16. Juli, 16:00 Uhr. Vor zehn Minuten bog Sylvia als letzte in die Sackgasse vor dem charakteristischen Zweitwohnsitz ein, den uns Freunde bis zum Sonntag überlassen hatten. Einmal kein typisches Seminarhotel. Auf einem Flipchart stehen die Fragen, die wir in Wien zur Vorbereitung gesammelt haben, um am Beginn dieser Strategieklausur eine klare Agenda zu erstellen:

»Wo stehen wir gerade? Was ist uns gelungen? Was hat besonders Spaß gemacht? Welche Stärken sind sichtbar geworden, und welche Ressourcen haben wir bzw. fehlen noch? Woran sind wir gescheitert?

Welche Projekte wünschen wir uns? Welche Produkte bieten wir an? Wo ist Bedarf für Innovation? Wie hat unsere Zusammenarbeit funktioniert, wo sind wir einander auf die Nerven gegangen? Etc. etc.«

Irgendwie klassisch und auch o.k., aber wirklich animierend? Sind wir überhaupt schon angekommen? Wir steigen aus dem selbst gewählten Korsett aus, gehen die Landschaft entdecken, die Hügel hinunter, Wolken nachschauen. Um 17:00 Uhr treffen wir wieder auf der Terrasse zusammen, einige mit einem Schmalzbrot und einem Glas Welschriesling.

Der Vorschlag, »Lasst uns mit einer Dankbarkeitsrunde beginnen«, wird mit Fragezeichen, aber mit Freude aufgegriffen. Die Stimmung hat sich gewandelt, wir sind gemeinsam *gelandet, geerdet, für ein alternatives Vorgehen bereit.* Wir schmeißen Struktur, Zeitplan, Vorstellungen zum Ablauf über den Haufen, ändern den Titel dieses Workshops von »Strategieklausur« zu »Lust- und Ausrichtungstage« und vertrauen darauf, dass unser Verstand Gefühle, Intuition und unsere Körper (falls wir nur achtsam *hinhören*) be-achten wird und wir daher *wissen* werden: *was sich gerade durch uns ausdrücken will,* damit der passende Prozess entstehen kann.

Der Themenbogen bleibt bestehen. Wir vereinbaren auch keine Spielregeln, wie wir zu Entscheidungen kommen, wir vertrauen darauf, dass wir ohne unproduktive Streite erkennen werden, welches das nächste Thema, der nächste Schritt zu sein hat. Das Maß an Lust am Experiment, die Zuversicht, uns kann etwas gelingen, überwiegt das Maß an Aufregung und Skepsis.

Es entstehen genussvolle Bilder: das gemeinsame Kochen, Essen, die Auswahl der Weine, eine gemeinsame Wanderung, ein Fest sind nicht getrennt von Analysen, Diskussionen, Entwürfen, Entscheidungen, sondern könnten Teil eines *Gesamtkunstwerkes* werden.

Am Abend wächst das Interesse an den Vorstellungen des Einzelnen – wir nennen es »Fokus Individuum« (meine Ressourcen, Qualitäten, Ausrichtungen, Überraschendes). Das wird Erstaunliches sichtbar machen und später Anregungen dafür geben, wie wir auf den »Fokus Kunden‹« neue Antworten geben können. So wandern wir über den »Fokus Identität« (vom Außen zum Innen und wieder zurück) zu einer neuen Gestalt des Organisierens, zu neuen Produkten und Formaten der Zusammenarbeit mit den Kunden und landen u. a. bei einem Buchprojekt.

Später wissen wir, eines ging ins andere über, die so unterschiedlichen Elemente vermischten sich, die schweren Fragen wandelten sich in eine Leichtigkeit, die nichts von der Ernsthaftigkeit und verantwortungsvollen Risikoabschätzung nahm. Wir wussten einfach, wann Zeit für Einzelüberlegungen ist, wann vom lustvollen Suchen in den Entscheidungsmodus umgeschaltet werden muss, wann eine gemeinsame Meditation hilfreich dabei ist, traditionelle Muster zu durchbrechen, wann wir uns eine spielerische Phase verordnen, wann es Zeit wird, mit dem Kochen zu beginnen oder einfach unter dem Apfelbaum zu sitzen. Und am Sonntag werden wir festgestellt haben: Alles ist besprochen, geklärt, entschieden und in einem Maßnahmenkatalog auf den Weg gebracht.

Wir haben einen Paradigmenwechsel vollzogen.

7 Kaleidoskop der Führung – Gefragt ist bunte Vielfalt

Als Kinder waren wir alle Meister des Staunens, offen für die ganze Welt und voll Freude über alles, was es zu erleben gab. Dem Wirken von Zufallsprinzipien zuzusehen war eines dieser spielerischen Vergnügen. Ein Medium dazu war im Spielwarenhandel erhältlich und hieß »Kaleidoskop« – eine Karton- oder Plastikröhre mit einer Linse und einigen Spiegeln und voll bunt-transparenter Mosaiksteinchen. Durch simples Drehen ließen wir uns immer wieder von neuen Bildern überraschen. Nicht die Mosaiksteinchen selbst veränderten sich, aber jeder Impuls erzeugte eine neue Struktur oder, sinnlicher gesagt, ein neues Bild. Ein Bild, von dem die Steine nichts wussten, nur wir, die spielenden Kinder, genossen die Freude des Staunens.

Kaleidoskope sind ein schönes Bild für das, was heute Führung heißt.

Die Menge der Elemente von Führung – die zu beachtenden Aspekte, die zu wählenden Methoden, die zu definierenden Aufgaben, die zu erfüllenden Erwartungen – ergeben komplexe, kaleidoskopähnlich schillernde Muster. Einem Versuch, sie zu fassen, entziehen sie sich meist.

Allerdings: Kaleidoskope sind unfähig zur Selbstbetrachtung und werden auch nie in die Versuchung kommen, ihr Selbstbild mit der Wahrnehmung manchmal staunender, manchmal jauchzender, aber nicht unbedingt immer begeisterter Betrachter zu vergleichen. Das erspart ihnen so manchen Aha-Effekt und häufige Frustrationen.

Noch ein Unterschied ist zu bedenken: Die einzelnen Elemente einer Organisation haben nur selten die Stabilität der funkelnden Kaleidoskopsteinchen. Sie sind in sich selbst veränderbar und in ständigem Fluss.

Jeder Impuls – ob er nun vom Markt, von dem Aufsichtsrat, einer neuen Technologie, den Mitarbeitern, der Führungscrew, den Banken oder von Twitter und Facebook kommt – kann nicht nur die Menge der Elemente zu neuen Strukturbildungen anregen; auch die Elemente selbst kommen in innere Bewegung: Wer bin ich noch als Führungskraft, worauf ist noch Verlass, wie gewinne ich noch Stabilität, um Stabilität zu ermöglichen? Was und wer federt die Impulse ab?

Bislang hatte das Kaleidoskop der Führung wenigstens eine relativ verlässliche, stabile Fassung: die Organisation mit ihren Selbsterhaltungsmechanismen. An ihrer Grenze wurde entschieden, wovon sie sich beeindrucken lässt und was sie ignoriert. Ihre Struktur und Kultur gaben Art und Inhalt der Verarbeitung vor. Lange Zeit konnte man davon ausgehen, dass dieses *Gefäß* unabhängig von der aktuellen Führung Bestand hat.

Wird aber die Organisation – speziell unter den Aspekten der Organisation N. N. – selbst zum Gegenstand von Führung, so schlägt jeder Impuls auf die Führung durch. Das Ziehen von Grenzen liegt jetzt in ihrer Hand. Sie definiert, mit welchen Erwartungen von Kunden, Banken, Lieferanten, Analysten man sich beschäftigen muss und mit welchen nicht. Ihre einzige Stütze dabei ist die allen sozialen Systemen inhärente Selbsterhaltungs- und Selbststabilisierungsfähigkeit. Da aber das nackte Überleben in immer dynamischeren Umwelten immer raschere Anpassungen erfordert, hat auch diese Stabilität Grenzen.

Diesen sich selbst hervorbringenden Prozessen von Führung und Organisation bzw. zwischen Führung und Organisation kann niemand ausweichen. Das sich selbst erschaffende Kaleidoskop der Führung wird, trotz aller Reflexion und Planung, ständig Überraschungen bereithalten, denen man, wie einst als Kind, am besten mit konstruktivem, lernenden Staunen begegnet.

Davon handeln die nächsten Abschnitte. Sie sind eine Einladung, an gewohnten Vorstellungen und scheinbaren Selbstverständlichkeiten zu drehen, um die entstehenden neuen Formate der Führung für sich zu entdecken.

Braucht es dazu eine Führungstheorie?

Selbstverständlich lautet unsere Antwort *ja*, und damit ist gleich das Hase-und-Igel-Dilemma beantwortet, ob ideale Führungskonzepte praxis- *oder* theoriegeleitet sein müssen: Die Theorie ist immer schon da, auch wenn es manchmal den Anschein hat, sie hetze der Praxis – ohne sie zu erreichen – immer hinterher.

Führungskonzepte ohne theoretische Basis sind pure *Ratgeberliteratur*, die ohne überprüfbare Basis behauptet, Bewährtes für Ihre täglichen Fragen zu bieten.

Wir meinen – in voller Übereinstimmung mit Kurt Lewin (1951, p. 169): »Nichts ist so praktisch wie eine gute Theorie«. Sie macht unabhängig von *Gebrauchsanweisungen*. Denn solides Theorieverständnis ist eine Basis, auf der man alle Rezepte und Wenn-dann-Erkenntnisse immer wieder selbst auf den eigenen individuellen Bedarf hin entwickeln kann.

Praxisrelevante Theorie (im Sinne der ursprünglichen Bedeutung des Wortes *Theorie* = »Beobachtung, Betrachtung, Anschauung«) schärft den Blick auf das, was rundherum geschieht, und gibt Anregungen, wie man sich diese Welt erklären könnte.

Führung wird im wahrsten Sinne spannend, wenn man nicht (nur) gut gemeinten Ratschlägen folgt, sondern selbst Zusammenhänge, Kausalitäten, Zirkularitäten, Erklärungen entdeckt und erfindet. (Nicht, dass dieses Buch keine Rezepte enthielte, Rezeptbuch ist es aber keines!)

Der Führungsfunktion ein Theoriegerüst zugrunde zu legen hilft, den erforderlichen Wechsel von Innen- und Außenperspektive zu managen und gruppendynamische Verwicklungen zu umschiffen.

Theorie trägt dazu bei, relevante Unterschiede zur Sichtweise anderer aufrechtzuerhalten und für Führung und Steuerung nutzbar zu machen. Theorie ermöglicht es, eigene Vorurteile zu überprüfen, zu überwinden und zu neuen Annahmen zu kommen.

Theorie bietet das Werkzeug, Methoden kritisch zu hinterfragen und auf sicherer Basis zu entscheiden, ob, wann und wie man sie anwenden möchte.

Die Arbeit mit Gebrauchsanweisungen ist sinnvoll und zeitsparend, will man Smartphones, Digitalkameras oder neue Autos bedienen lernen. Sie alle unterliegen den Gesetzen der Quantenmechanik, aber davon muss man nichts verstehen, um das Gerät zu benutzen.

Aber kein technisches Gerät, auch nicht das komplizierteste, reicht an die Komplexität der *Gegenstände* heran, mit denen Führungskräfte zu tun haben. »Triviale Maschinen« nennt der Kybernetiker Heinz von Foerster gut berechen- und steuerbare technische Systeme – und liefert gleich die Unterscheidung von »nicht trivialen Maschinen« mit, die er mit dem Begriff »komplex« charakterisiert. Sie entziehen sich der Berechenbarkeit, aber nicht der Verstehbarkeit. Warum? Weil sie sich durch einen *inneren Zustand* auszeichnen.

Fallen Ihnen zu »innerer Zustand« Ihre Gedanken und Gefühle, Ihre Motivation, Ihr Körperzustand, Ihr Team, Ihre Organisation, Ihr Lebenspartner, Ihre Mitarbeiter ein?

Schon sind sie auf der richtigen Spur und in Kontakt mit der von uns gemeinten Theorie:

> »Der innere Zustand einer nichttrivialen Maschine ändert sich jedes Mal, wenn die Maschine einen Output berechnet. Die Maschine ist

> rückbezüglich; immer wenn sie eine Operation durchführt, ändert sie ihre Regel der Transformation« (Segal 1986, S. 153).

Dazu Heinz von Förster im Gespräch:

> »Das sind ausgesprochen knifflige Dinger. Wenn Gehorsam das Markenzeichen der trivialen Maschine ist, dann ist Ungehorsam das der nichttrivialen Maschine. Dennoch ist [...] auch die nichttriviale Maschine gehorsam, nur folgt sie einer anderen Stimme. Man könnte vielleicht sagen, dass sie auf ihre innere Stimme hört« (Segal 1986, S. 152).

Willkommen in der Theorie der Kybernetik, des Konstruktivismus, der Systemtheorie und anderer Denkschulen, die seit den 70er-Jahren des letzten Jahrhunderts das Verstehen von Führung und Beratung geprägt haben. Die Frage, ob diese Theoriekonzepte auch Praxis geworden sind, ist legitim. Antworten finden Sie in Susanne Ehmer und Herbert Schober-Ehmer (2008, S. 3).

Die Verwechslung von Führung mit Führungskraft

Die Beraterbranche versorgt in regelmäßigen Abständen die Unternehmenswelt mit neuen Organisationsformaten, von der klassischen generalisierenden Stab-Linien-Struktur über Gliederungen nach Geschäftsfeld-, regionalen oder funktionalen Logiken und ihre Mischung über die erste und zweite Ebene, die Koppelung über Matrixknoten oder die konsequente Ausrichtung auf Wertschöpfungsprozesse, der Etablierung einer reinen Projektorganisation (wie z. B. bei WL Gore & Associates, Inc.) bis hin zu Networking, innovativen Selbstorganisationsformen oder Hybrid-Organisationen. Eine unverzichtbare Konstante ist allen Ansätzen gemeinsam: die Funktion der Führungskraft, unter welcher Bezeichnung sie auch immer auftritt: Management, Leadership, Entrepreneurship...

Selbstverständlich, werden Sie sagen. Wirklich selbstverständlich? Warum eigentlich?

Greifen wir unter den vielen Funktionen von Führung nur eine heraus, die völlig offensichtlich ist und in jedem Vertrag oder in jeder Zielvereinbarung eindeutig und mit Boni gekoppelt geregelt ist: *Führung ist für den Erfolg oder Misserfolg eines Unternehmens verantwortlich.*

Ihr Stirnrunzeln in diesem Augenblick bezieht sich wahrscheinlich nicht auf diese *Tatsache*, sondern darauf, dass sie hier extra erwähnt wird.

Trotzdem ist Staunen darüber angebracht, dass sich diese Behauptung wie ein Naturgesetz oder Dogma jeder Hinterfragung zu entziehen scheint.

Lassen Sie uns einmal an diesem Dogma rütteln, die wohlgeordnete Welt der Organisationen wird deshalb nicht gleich aus den Angeln fallen. Schon deshalb nicht, weil viele Unternehmerinnen, Manager und Aufsichtsräte wissen, dass diese Zuspitzung, diese Engführung ohnedies nicht zu halten ist.

Als Hierarchie noch war, was ihr Name verspricht, die Abbildung einer heiligen Ordnung (griech. *Hieros* = »heilig« *archē* = »Führung, Herrschaft«), als man noch darauf vertrauen konnte und wollte, dass Gott denjenigen, denen er ein Amt zukommen lässt, auch den dazu erforderlichen Verstand mitliefert, als noch eine relativ stabile, überblickbare Umwelt wenig Irritationen produzierte und sich nicht der Berechenbarkeit entzog, war dieses Verständnis von Führung irgendwie auch funktional.

Nun, wir mussten aufhören, uns die Welt als wohlgeordnet, eindeutig und vorhersagbar vorzustellen (siehe Kap. 1, »Willkommen in der VUCA-Welt«). Auch die Vorstellung, man könne gesellschaftliche, wirtschaftliche, organisatorische und persönliche Dynamiken mit traditionellen naturwissenschaftlichen Kausalitätsmodellen erklären, haben wir hinter uns gelassen.

Wir kennen heute kybernetische Kreisläufe und systemische Wirkungen (kaum wer hat vor der Bankenkrise so oft von systemischen Aspekten geschrieben). Wir ziehen in umfangreichen Analysen viele Parameter zur Begründung für Erfolg oder Misserfolg eines Unternehmens heran und verknüpfen sie im Bewusstsein der Wirkung von Vielfachvernetzungen und Vielfachverursachungen.

Und dennoch wird Führung – vor allem dem Topmanagement – nach wie vor eine *allwissende und allmächtige Funktion* zugeschrieben, zumindest von Aufsichtsräten, Analysten und dem Wirtschaftsfeuilleton. Der Begriff »Charisma« wird mehr denn je strapaziert, als könnten komplexe, instabile, stochastische und unerklärbare Zusammenhänge durch die Einschätzungen, Entscheidungen und Handlungen charismatischer Leader beherrschbar werden. Und niemand wehrt sich gegen diese Zuschreibung, am allerwenigsten die Charismatiker, denen die unmögliche Zumutung der Allmacht routinemäßig durch atemberaubend hohe Boni abgegolten wird.

Stets ist ein Kohl, eine Merkel, ein Putin oder Obama, ein Schrempp, Ackermann, Mehdorn, Welch, Zetsche oder Jobs für geniale Ideen und Strategien, für spektakuläre Deals, für Gewinn und Verlust verantwortlich. (Wahrscheinlich muss man diese Liste beim Erscheinungsdatum des Buchs im Geiste revidieren.)

Warum? Weil andere Möglichkeiten der Begründung noch immer zu schwierig oder uninteressant scheinen? Weil alle Beteiligten lieber die kollektive Illusion der Zuschreibung von Größe und Weisheit pflegen, anstatt nüchtern und realitätsadäquat zu untersuchen, mit welchen komplexen Strukturen und Prozessen komplexe Phänomene bearbeitet werden können? Man setzt wohl lieber auf eigentlich *unbezahlbare* Genies☺, die, wenn es dann doch nicht so läuft, folgerichtig rasch in die Wüste, man müsste sagen, in Luxusoasen geschickt werden.

Bitte nicht missverstehen: Wir kritisieren hier nicht Führung an sich, nur die Zuschreibung, Führung gehe stets von der einen Person aus, die alle Zügel in der Hand hält, wie der Westernheld im Kinofilm acht Pferde in rasendem Tempo durch unwegsames Gelände steuernd. So schön das Bild auch ist, es ist eine Fantasie.

> Denn Führung in modernen Organisationen ist nicht mehr das alleinige Geschäft der einen Kraft, sondern ein vernetztes System, in dem man von den dazu Bestimmten erwartet, dass sie ihre Funktionen so ausüben, dass das Führungssystem erfolgreich das Gebilde »Organisation« steuern kann.

Die Frage lautet dabei: »Was trägt Führung zu Effektivität, Effizienz, zur Optimierung, zur Motivation, zur Zielerreichung, zur Zukunftsfähigkeit – zu dem, und was da sonst noch erwartet wird – bei?« Der entscheidende Perspektivenwechsel steckt in der Formulierung »Was *trägt* – Führung – *bei*?«

Und, etwas weiter gefasst: »Welche Art von Organisation – und daher welche Art von Steuerung, Koordination und Entscheidung – passt zum Umfeld, in dem sich die Organisation mit ihren Antworten und Leistungen bewegen will?«

Das klingt zwar völlig unheroisch, aber grundvernünftig. Der tröstende Rahmen für den Abschied von der Aura wurde schon geschaffen: Wir befinden uns ja in einer »postheroischen Ära«, auch wenn diese Nachricht die politischen Verantwortungsträger offenbar noch nicht erreicht hat. Diese neue Kultur braucht neue Leader. Ihre Aufgabe ist um nichts weniger herausfordernd und kompliziert, und sie ist zusätzlich komplexer geworden. Unterschiedliche Themen benötigen zu unterschiedlichen Zeiten unterschiedliche Methoden der Intervention und Steuerung.

Wenn die Organisation N. N., die noch nicht benannte Leerstelle, *darauf wartet*, ausgefüllt und definiert zu werden, sind andere Modi und Strukturen des Suchens, Analysierens und Entscheidens zu wählen als bei der Folgefrage, welche Art von Führung und Steuerung nun zu dieser definierten Organisation passt. Welche Eigenschaften müsste das Management auszeichnen, mit welchen daraus folgenden Haltungen, Handlungen und Methoden ist zu rechnen, und was sollen sie ermöglichen? (Was braucht z. B. eine *zuverlässige und zugleich hochflexible und -reflexive Organisation* an Führungsleistung?)

Die Antworten könnten das suchende Management durchaus irritieren, wenn sich nämlich herausstellt, dass nun andere Fähigkeiten als die bisher erfolgreichen gefragt sind; dass neue Zuschreibungskategorien, neue Rollenbilder und neue Steuerungsformen einzuführen und zu erlauben sind. Pointiert gesagt, könnte es erforderlich werden, ein neues *Führungsdesign* zu konzipieren und dieses Neue gesellschaftsfähig oder, besser gesagt, organisationsfähig zu machen.

Soziale Innovationen sind erforderlich und müssen zugelassen werden. Der Begriff »Design« erinnert nicht ganz unabsichtlich an Mode und die Erfindung neuer Formen, die nötig sind, damit neue Funktionalitäten ihre Wirksamkeit entfalten können.

Ein sehr reflektierter Geschäftsführer, der ein Unternehmen der Heizungstechnik erfolgreich saniert und in eine erfolgreiche Marktposition geführt hat, bat mich und meinen Kollegen als Berater und Coachs, unsere Einschätzung zu seiner Wirksamkeit, seinen Führungspotenzialen zusammenzustellen. Auf der nächsten Ebene bat er herauszuarbeiten, worauf es in nächster Zeit für dieses Unternehmen ankommen wird. Beides gegenübergestellt, machte deutlich, dass nach der Sanierung andere Formen der Führung sinnvoller werden. Er vermutete, dass er den nun erforderlichen kontinuierlichen Aufbau stets in eine Krisensituation verwandeln würde, um sein Instrumentarium nutzen zu können. Er bereitete rasch eine Übergabe vor.

Der schillernde Stein »Authentizität« – Zur Dekonstruktion eines Missverständnisses

»Und wo bleibt die Authentizität? Das ist doch ein zentraler Wert! Gerade bei Führung geht es um Glaubwürdigkeit, das heißt um Echtheit und nicht darum, mal diese und mal jene Rolle zu spielen.«

So der für Deutschland zuständige regionale Geschäftsführer eines internationalen Logistikunternehmens bei der Vorbereitung einer

Konzeption zur Führungskräfteentwicklung. Seine Irritation, die er mit dieser Frage und seinem Statement ausdrückte, war echt, sozusagen authentisch. Die ihn kannten, wussten, es ging ihm nicht um einen billigen Slogan, er wollte seiner Sehnsucht nach innerer Einheit und Ausgewogenheit auch in seinem beruflichen Verantwortungsbereich Geltung verschaffen. Eine Sehnsucht – wer kennt sie nicht –, die nach Harmonie und Gleichgewicht sucht und fragt, wie die Verbindung zwischen den persönlichen inneren Werten, Wunschbildern und Glaubenssätzen und der vom Unternehmen herangetragenen Anforderung an die Rolle und Funktion gelingt. Wie werde ich als Mensch den Aufgaben, der Verantwortung für die Unternehmensziele inklusive der manchmal schwer zu verstehenden Einschnitte und Not-Wendigkeiten gerecht, ohne mich verbiegen zu müssen?

Was tun, wenn es doch zuallererst um Effizienz, Effektivität, Funktionalität und Profit geht? Worüber müsste man in Konferenzräumen, Büros, Führungsetagen, Produktionshallen und Beratungszentren reden, wenn Organisationen für ihre Mitglieder auch Orte des Mit-sich-eins-Seins, einer allumfassenden Identität, sind, in der ethische Prinzipien (wer entscheidet, welche zu gelten haben?) und die emotionale Verfasstheit ihren Ausdruck finden dürfen?

Diese – wahrscheinlich sehr *deutsche* – Sehnsucht und der mitgelieferte hohe Anspruch sind alleine schon stresserzeugend genug, weil in diesem Anspruch die Möglichkeit, daran zu scheitern, mitgeliefert wird.

Weniger schillernd, aber praktisch: Verantwortungsvolle Professionalität

Lassen Sie uns an die Stelle des Mit-sich-eins-Seins, Authentischseins, das Konzept einer *verantwortungsvollen, achtsamen Professionalität* setzen, an die Stelle der Trennung von Mensch und Organisation das Konzept der Person, die das Psychische, Geistige, gern auch Seelische mit dem Konzept der Rolle verbindet.

Wie gut, dass ich so gebildet bin, daher weiß ich, dass das Wort »Person« in seiner ursprünglichen Bedeutung eine Maske bezeichnet, aber wir sind doch nicht mehr in der griechischen Antike.

Aber die Idee ist noch gültig, so wird anerkannt, dass der Mensch fähig ist zu erkennen, welches Verhalten in welchem Zusammenhang passend ist, also welche Rolle/Maske angebracht ist.

Na gut.

Und da ich ja auch so gebildet bin, zitiere ich jetzt Robert Ezra Park, der schon 1950 geschrieben hat: »In diesen Rollen erkennen wir einander; in diesen Rollen erkennen wir uns selbst [...], insoweit diese Maske das Bild darstellt, das wir uns von uns selbst geschaffen haben – die Rolle, die wir zu erfüllen trachten, ist die Maske unseres wahren Selbst: das Selbst, das wir sein möchten [...] Wir kommen als Individuen auf die Welt, bauen einen Charakter auf und werden Personen.« Schön gesagt.

Dies öffnet den Raum für eine Inszenierung, bei der Kompetenzen, Skills, Repertoires, Einschätzungen, Gefühle, Erfahrungen, Hoffnungen, Taktiken und Werte interagieren können, um in schlüssigen Handlungen ihren Ausdruck zu finden. Das *Schlüssige* ist nur dem Akteur zugänglich (außer, er erzählt davon), nur er weiß, was er im Inneren abgewogen hat, wem und was er stärker Gewicht und Stimme verliehen hat. Die anderen können nur beobachten und den Beobachteten mit ihren Etiketten versehen. Wenn jemand Führungshandlungen das Prädikat »authentisch« verleiht, möge man sich darüber freuen.

Letztlich kann nur *verantwortungsvolle, achtsame Professionalität* sicherstellen, dass Familien, Teams, Krankenhäuser, Theater, Regierungen, Kirchen, Banken, Fabriken, der Massagesalon funktionieren und dass Erwartungen von Kindern, Patienten, Mitarbeiterinnen, Besuchern, Bürgern, Kunden mit erhöhter Wahrscheinlichkeit erfüllt werden.

Wirft jemand ein, dass dieser Begriff ein Etikettenschwindel sei und nur von Entfremdung, Austauschbarkeit, der Ware Mensch ablenken solle? Bevor ich Sie zu einem sehr banalen Gedankenspiel einlade, möchte ich mich dem psychologischen Phänomen der Entfremdung eher soziologisch nähern: Das Strukturmodell der Hierarchie ging (siehe oben) von einem Kontinuum der Weisheit, Wahrheit und Entscheidungsmacht aus. An der Spitze der Hierarchie ist allumfassende Weisheit gebündelt, befähigt zur absoluten Wahrheitsfindung und daher berechtigt zur zentralen Machtausübung.

Das kann aber nur funktionieren, wenn man von einer Einheit aus Position, Funktion, Rolle und Individuum – dem Menschen an der Spitze – ausgeht. Diese Verschmelzung, aus Gründen der Legitimation von Machtpositionen konstruiert und bis heute von den Medien konsequent weiter suggeriert, unterwirft die Repräsentanten an der Spitze dem Allmächtigkeitsanspruch der Organisation: »Du gehörst mir mit Haut und Haaren.« Dies ist die wirkliche Entfremdung, wohingegen die Trennung vom Mensch und Rolle Freiräume eröffnet und Entscheidungen darüber erlaubt, was man als Individuum in den Arbeitszusammenhang einbringt und was man anderswo auslebt.

Nicht erst seit Papst Franziskus werden diejenigen bewundert, die aus der Identität von Amt, Funktion und Person *aussteigen* und den *wahren Menschen* erscheinen lassen. Jenes Grundprinzip der Hierarchie – welches auch seine spezifischen Inszenierungen erfordert – ist nicht mehr haltbar, weil es sein Versprechen von Wahrheit und Weisheit längst nicht mehr erfüllen kann und deshalb seine Steuerungs- und Orientierungskraft verloren hat.

Zugleich wird es noch einige Zeit dauern, bis die Grundverfassung von Arbeitsteilung und Koordination, die Bündelung unterschiedlicher Interessen und Perspektiven, das Herbeiführen verbindlicher Entscheidungen in anderen Formaten als ebender Hierarchie zu bewältigen sein wird. (Mit dem Konzept »Holacracy« wird gerade erst in einigen Organisationen experimentiert.)

Noch leben Arbeits- und Führungskräfte in Organisationen im Dilemma: *»Ohne Hierarchie geht es nicht. Aber Hierarchie als Strukturprinzip ist nicht mehr geeignet, die Anforderungen an Organisationen zu lösen«.*

Authentisch sein (müssen) – Gott möge uns davor schützen

Mit »authentisch« wird die Vorstellung verbunden (und die Erwartung, vor allem an Führungskräfte, herangetragen), dass innere Befindlichkeiten, innere Wahrheiten, Überzeugungen im Handeln für andere beobachtbar werden – also das Gegenteil der Operettenweisheit: »Doch wie's da drin aussieht, geht niemand etwas an.« So heißt es im Lied des Prinzen Sou-Chong »Immer nur Lächeln« in Lehárs »Land des Lächelns«.

Überprüfen wir diese Zumutung anhand eines bewusst manipulativen (aber durchaus realistischen) Gedankenexperimentes.

> Stellen Sie sich vor, Sie stehen gerade vor einem kleinen operativen Eingriff. Sie wurden von sehr freundlichen Pflegern in der OP-Schleuse vom Bett auf den OP-Tisch gehoben, dabei nicht nur beruhigt, sondern auch mit einigen wichtigen Informationen versorgt, Ihnen wurde erzählt, warum Sie gerade in die rechte Vene der Hand eine Nadel gesetzt bekommen und was es mit dem Gerät auf der linken Seite für eine Bewandtnis hat und was die nette Anästhesistin im Anschluss tun wird.

Später werden Sie Ihren Freunden erzählen, wie beeindruckt sie waren, so menschlich behandelt worden zu sein. Einer dieser Freunde, der zufällig einen sehr guten Kontakt zu einem der OP-Assistenten hat, erwidert: »*Na, da hast du echt Glück gehabt, Franz ist in letzter Zeit völlig durch den Wind, ihn nerven sein Job und die Patienten total, vor allem solche wie du, die ständig was wissen wollen.*« Die Lebenspartnerin Ihres Freundes, die wiederum zufällig die als so nett erlebte Anästhesistin kennt, kann mit ihren Kenntnissen das Drama »echt Glück gehabt« weiter steigern. Sie weiß, dass Ingrid (die Anästhesistin) »*aufgrund zweier dramatischer Beziehungskrisen ihren Zorn auf Männer, gerade so Typen wie du einer bist, kaum mehr bändigen kann, ich würde keine Hand dafür ins Feuer legen, ob sie wirklich immer sorgfältig das Gas richtig steuert.*« (Alle Ärztinnen und Ärzte mögen mir verzeihen ob dieses unbrauchbaren Beispiels.)

Authentisch sein oder professionell seine Rolle erfüllen? Verzichten wir auf diese Frage, da die Alternativen in der Realität keine solchen sind. Aber warum wird dann das *Spielen einer Rolle* im Kontext von Führung so kritisch hinterfragt? Warum wird dieser CEO, der die neue Strategie mit Enthusiasmus vermittelt, als unglaubwürdiger Manipulator denunziert, nachdem intern bekannt wurde, dass er noch Zweifel hat, ob das wirklich der richtige Weg sei? Könnte es einfach nur daran liegen, dass er die Rolle des Überzeugten so schlecht spielt oder sie falsch anlegt? Andererseits, was würden denn die Analysten für Folgerungen ziehen und die Medien schreiben, wenn er ganz authentisch – mit gebrochener Stimme und Seufzern – ankündigen würde, uns ist einfach nichts Besseres eingefallen?

Sind Dustin Hoffman, Meryl Streep, Klaus Maria Brandauer u. a. m. keine authentischen Persönlichkeiten, weil sie in jeder ihrer Rollen aufgehen und dann »eigentlich andere« sind, im Unterschied zu denen, die immer nur sich selber spielen? Oder ist vielmehr die Quelle ihrer hohen Wirksamkeit und Überzeugungskraft die, dass sie als Personen mit all ihren Selbstzweifeln, Brüchen und Erfahrungen eine Basis, einen Kern besitzen, der ihren Rollen – über die exzellente Technik hinaus – die besondere Ausstrahlung, die Glaubwürdigkeit verleiht? Letztlich ist es dem Publikum egal, ja meist ist es gar nicht zu erkennen, was die professionelle Technik (die Art der Bewegung, der Einsatz von Stimme, Gestik und Mimik) bewirkte, um den jeweiligen Gemütszustand der Rollensituation zu transportieren, und es ist ihm auch egal, ob das *authentische* Gefühl durch die Identifikation mit der Figur in der Situation *echt* entstanden ist. Entscheidend ist, ob man als Zuschauer emotional berührt wird; uns begeistert die Professionalität und gerade nicht die Authentizität.

> »Masken sind bewahrter Ausdruck und bewundernswerte Echos des Fühlens, zugleich wahrheitsgetreu, zurückhaltend und übersteigert. Lebende Wesen, die der Luft ausgesetzt sind, brauchen eine Schutzhaut, und niemand wirft es der Haut vor, dass sie nicht das Herz ist; dennoch scheinen es manche Philosophen den Bildern zu verübeln, dass sie nicht die Dinge selbst sind, und den Worten, dass sie nicht die Gefühle sind« (Santayana, in Goffman 2003, S. 181 f.).

Es ist erstaunlich – und wird zu erklären sein –, dass im Kontext von Führung ein Übereinkommen zwischen Führenden und Geführten besteht, dass Verhalten beobachtet und mit »authentisch« (= die wahren Gefühle, die echten Gedanken)/»nicht authentisch« (= täuschen, verbergen) bewertet werden darf.

Ein hilfreiches Paradoxon: professionelle Authentizität

Um nicht ganz auf den Begriff des Authentischen verzichten zu müssen, möchte ich die Vorstellung einer *professionellen Authentizität* etablieren. Professionell authentisches Handeln bringt die eigene Befindlichkeit, die eigenen Überzeugungen und Zweifel im Kontext der eigenen Rolle, der aktuellen Lage der Organisation und der Beteiligten zum Ausdruck.

Dies erfordert *verantwortungsvolle Achtsamkeit*. Sie könnte eine Angst beruhigen, die durch die wechselseitige Abhängigkeit zwischen Führenden und Geführten immer im Spiel ist: Kann man sich auf Forderungen, Versprechen, Aussagen des jeweils anderen denn wirklich verlassen? Als Zuschauer kann man das Theater verlassen, wenn einem die Interpretation einer Rolle nicht gefällt, als Patient kann man nicht vom OP-Tisch springen, da hilft nur Vertrauen und Glaube an die Expertise (Professionalität) und die Wirkung der Narkose.

Wenn die Einheit von Amt, Funktion und Person nicht mehr realisierbar ist, dann muss die entstehende Lücke mit einer Paradoxie geschlossen werden: Wir vertrauen nur dann, wenn wir dem Verhalten derjenigen, denen wir Autorität zugestehen – denen wir also folgen –, Authentizität zuschreiben können. Wir müssen hinter die Person, hinter die Maske (= *persona*) schauen können, damit wir bereit sind, ihren Überzeugungen und Anweisungen zu folgen. Im Grunde zielt der Anspruch auf die Authentizität der Führungskraft auf eine temporäre Umdrehung der strukturell angelegten Macht-Asymmetrie (*»Ich bin bereit, mich dir zu unterwerfen, wenn du dich mir mit deinem Innersten zeigst«).* Daher ist die Situation der Experten – also der Anästhesistin, des Zahnarztes, des Automechanikers – eine völlig andere. Man vertraut – meist ungeschaut – der fachlichen Kompetenz. Kein Trost für Manager und Managerinnen. Vielleicht nur diesen: Hinter der Aufforderung »Zeig dich authentisch« verbirgt sich die Hoffnung, dass dieser Aufforderung nicht wirklich nachgekommen wird. Nicht einmal in einem geschützten Familientherapiesetting wünschen sich die Beteiligten die völlige Offenlegung derjenigen Gedanken und Gefühle, die man nur auf der Couch dem Analytiker verraten würde.

Das Rollenspiel der Führung – wie *hintergründig* auch immer angelegt – bleibt ein Spiel mit Paradoxien. Es verlangt, dass Verhaltensvariationen eingebaut werden, die Beobachter veranlassen, von Ehrlichkeit, Offenheit, Vertrauenswürdigkeit zu sprechen – im Wissen, dass man über diese Einschätzungen keine Kontrolle hat, schon deshalb, weil es genügend Situationen gibt, in denen Beobachter mit sehr unterschiedlichen Interessenlagen und Perspektiven die »Auftritte« bewerten.

O.k., ich habe verstanden, das mit dem objektiven Richtig und Falsch klappt hier nicht.

No, das ist schon eine kühne Erkenntnis.

Aber ich kann ja nicht ständig hin und her überlegen, das ist ja lähmend, hast Du einen objektiv richtigen Tipp, wie ich dem entgehen kann?

Du willst mir wohl ein Bein stellen?

Nein, nur: was tun?

Du hast dir den Tipp gerade selber gegeben, irgendwann musst du handeln, auch wenn du weißt, dass du einiges nicht weißt und wissen kannst.

O.k., aber ich muss doch begründen.

Dazu habe ich einen ganz sicheren Tipp: Erzähle, was deine Alternativen waren, was deine Wahl beeinflusst hat und worin das Risiko liegt, lass dich ausfragen, und bitte die anderen zu beobachten, wo am Weg der Umsetzung Gefahren lauern.

Dann eröffnen wir aber das nächste Paradoxiespiel.

Richtig.

Führung soll authentisch sein, und Mitarbeiter sollen sich als Unternehmer verstehen – als gäbe es nicht genug Widersprüche

Wir sprachen schon davon, die Wirksamkeit von Führung erkennt man (traditionell) daran, ob Geführte auf Forderungen, Appelle, Fragen und Anregungen in der Weise reagieren, wie man sich das als Führungskraft so vorstellt. Aber diese Art von Führung ist an ihre Grenzen gestoßen.

Gut eingebettet in klassisch hierarchische Verhältnisse, dachte man, Autorität ist Autorität, weil sie Autorität ist.

Aber wenn Autorität nicht mehr gegeben, sondern Ergebnis von wechselseitigen Beziehungsangeboten ist, hat man den stabilen Boden der Eindeutigkeit verlassen und gegen paradoxe Verhältnisse eingetauscht.

Welch eine Zumutung, dass sich Führung, um wirksam zu sein, als solche befragbar machen muss. Die Mittel der Macht – Entscheidungen über Gehalt, Karriere und Mitgliedschaftsbedingungen – bleiben sozusagen nur mehr als Reißleine, die man vor der Umkehrung der Verhältnisse, vor dem Absturz in die »Abhängigkeit von unten« ziehen kann. Ob eine solche Wenn-Sie-nicht-dann-Option die erwünschte Wirkung zeigt, hängt alleine von der Einschätzung der Mitarbeitenden ab, ob es ihnen klug erscheint, sie ernst zu nehmen.

Führung entkommt nicht mehr der Zustimmungsabhängigkeit. Und als wäre das Management dieser »Verwicklungen« nicht schwierig genug (siehe die seltsamen Gesprächsinszenierungen rund um die Aufarbeitung von Mitarbeiterbefragungen), wird sie noch mit der Idee, Mitarbeiter mögen doch wie Unternehmer im Unternehmen agieren, zugespitzt.

»Haben Sie Lust, 1245 Unternehmer zu führen?«

Diese Frage hat sich der Geschäftsführer des Automobil-Zulieferbetriebes wohl so nicht gestellt, bevor er die neue Führungskultur beim jährlichen Offsite Meeting verkündete:

»Um den Anforderungen der Zukunft noch besser gerecht zu werden, müssen wir mehr denn je die Agilität unseres Unternehmens steigern. Dazu braucht es begeisterte Mitarbeiterinnen und Mitarbeiter. Wir wollen, dass sich jede und jeder, ich betone: jeder als ›Unternehmer in unserem Unternehmen‹ versteht.«

Der Applaus der 21 Bereichsleiter signalisierte Zustimmung. Erst später stellte sich heraus, welche Vorstellung mit diesem Slogan verknüpft worden war. Viele Führungskräfte hofften, dass sich damit das Motivationsthema wie von selbst erledigen würde; müsste doch in Zukunft ein kurzer, nicht zu scharf formulierter Hinweis auf die unternehmerische Haltung dafür genügen, die gewünschte Performance der Abteilungs- und Teamleiter und der Mitarbeiter zu bekommen. An einen Wandel der gut eingespielten Führungs- und Steuerungsstruktur hatte damals kaum jemand gedacht. Das neue Motto allein würde schon seine Wirkung zeigen. Welche Herausforderungen man sich mit diesem einen Satz eingehandelt hatte, ahnten an diesem Nachmittag nur wenige.

Hat sich der Geschäftsführer mit seiner HR-Managerin überlegt, ob Unternehmer in Organisationen überhaupt führbar sind? Wie zeichnet sich denn ein Unternehmer, eine Unternehmerin aus, wie unterscheidet er, sie sich vom angestellten Manager?

> »Ein Unternehmer ist für den Ökonomen Israel Kirzner ein Häscher des Okkasionellen, professioneller Opportunist, Chancenverwerter, jemand, der aufgrund einer besonderen ›alertness‹ fähig ist, von anderen nicht bemerkte Gelegenheiten auszubeuten« (Ortmann 2011, S. 202).

Man kann diese Definition durchaus »freundlicher« formulieren, ohne ihren Inhalt und ihre Pointierung zu relativieren, z. B. so:

Ein Unternehmer handelt eigenständig. Situationen bewertet er nach Chancen und Risiken. Mit kalkuliertem Mut setzt er Maßnahmen – im Wissen, dass ihre Ergebnisse nicht wirklich vorhersehbar sind. Er glaubt der eigenen Intuition (seinem Bauchgefühl) und vertraut (im Unterschied zum berechnenden Controller, Verwalter, Manager) darauf, dass mit seinen Ideen, gepaart mit etwas Kühnheit und Glück, neues Terrain gewonnen, neue Märkte erobert, neue Produkte geschaffen, neue Lösungen kreiert werden können. Und dabei zögert er nicht, auch Grenzen zu überschreiten, manche Rahmenbedingungen im Sinne seiner Zielerreichung auszulegen oder »naiv« zu übersehen.

Dieser Interpretation müssten das Topmanagement und ein Großteil der Führungscrew erst einmal zustimmen, um zu erahnen, welche Folge- und Nebenwirkungen man sich einhandelt, wollte man tatsächlich das unternehmerische Element innerhalb des Systems zulassen. Sollte sich nämlich dieses Führungsprinzip nur als nicht wirklich ernst gemeinter *Motivationsgag* entpuppen, wird man Frustration und Zurückhaltung statt Engagement ernten.

Letzteres trat im erwähnten Unternehmen schneller ein, als selbst die größten Skeptiker (natürlich nie ausgesprochen) vermutet hatten. Ein exzellenter Mitarbeiter der Entwicklungsabteilung wurde von einem Headhunter über ein Angebot der Konkurrenz informiert. Sein Zugehörigkeitsgefühl zum Unternehmen und sein Verständnis von Fairness ließen ihn nicht lange überlegen, er nahm mit der Personalabteilung Kontakt auf: »Wir werden seit einem halben Jahr mit dem Leitbild und in Seminaren auf verstärktes Unternehmertum eingestimmt. Das hat mir Mut gemacht, jetzt, wo ich meinen Marktwert kenne, über meinen Beitrag zur Wertschöpfung und über meinen Bonus mit Ihnen zu sprechen.«

Die Reaktion der Personalchefin sprach sich in Windeseile im Unternehmen herum: »Schamlose Erpressung« war noch die mildeste Bezeichnung, die man unmittelbar und ohne Umweg über die Gerüchteküche aus dem vierten Stock hörte.

Kein Paradoxiemanagement vermittelte zwischen den Polen *Angestelltenloyalität* und *eigenständiges Unternehmertum.* So hatte man sich das natürlich nicht gedacht, man wollte schließlich nur ein wenig mehr Initiative auf allen Ebenen. Aber auch der besagte Mitarbeiter war ja auch nicht wirklich unternehmerisch im oben beschriebenen Sinne, hatte er doch die Lage und die Chancen, die Risikopotenziale falsch eingeschätzt.

Dabei wäre eine Verhandlung zwischen dem Entwicklungsexperten (= »Subunternehmer«) und dem Automotive-Unternehmen eine gute Gelegenheit für das Abwägen von Preis-Leistungs-Verhältnissen und Lieferbedingungen gewesen. Man hätte über Projekte sprechen und herausfinden können, mit welcher Wertschöpfung diese Projekte zum Unternehmenserfolg beitragen und wie dies – über das Gehalt hinaus – abgegolten werden könnte.

Aber auch ohne so eine kluge Gesprächsstrategie, hätte man den Streit mit der Personalleitung nutzen können, hat er doch zum Vorschein gebracht, dass die Vorstellung von Organisation und von Führung neu gedacht werden müsste. Dies ist jedoch ohne Brüche, Konflikte, Irritationen und neue Muster nicht umzusetzen. Jenseits der eingeübten Hierarchie müssten Mitgliedschafts- und Eintrittsbedingungen, Funktionsbeschreibungen und Erwartungen, Karrierepfade, Führungs- und Kooperationsprinzipien neu gestaltet werden. Ein Aufwand, der sich lohnen könnte, vorausgesetzt, alles war so gemeint, wie es gesagt wurde. Und wie sollte man andernfalls mit der nächsten *motivierenden Metapher* umgehen?

Das Kaleidoskop lebt von der Unterscheidung – vom Segen und Fluch der Bezeichnung

Möchten Sie sich mit der faszinierenden Magie der Worte beschäftigen? Entdecken Sie, wie Bezeichnungen aus Individuen Personen, aus Menschen Rollenträger machen. Versuchen Sie herauszufinden, ob eine Bezeichnung spezifische Bilder mit besonderer Wirkung erzeugt, oder sind es die Bilder, die die Bezeichnungen hervorbringen, oder schafft die Bezeichnung unabhängig vom Bild eine Festlegung, einen unumkehrbaren Unterschied? Sprache kann, Worte können mächtiger sein als andere Medien der Durchsetzung.

Segen und Fluch der Unterscheidung

Was geschieht, wenn alle Steine im Kaleidoskop den Mittelpunkt beanspruchen? – Eine Reflexion über irreführende Leitbilder und ein Plädoyer für die Vielfalt

Wem gebührt der Platz im Mittelpunkt der Organisation? Den Kunden, meinen die Kunden. Denen, die täglich den Laden am Laufen halten, denken die Mitarbeiter. Umwelt, Natur, Carbon Footprint und ähnlichen Anliegen, behaupten NGOs, Politiker und die PR-Abteilung. Völliger Blödsinn, winken Analysten und bonusabhängig bezahlte Entscheidungsträger ab: Profit ist der Fokus. Oder sind Sie etwa Kommunist?

Das Gedränge und Gerangel um den Platz an der Sonne der Aufmerksamkeit ist so dauernd gegenwärtig, dass, wer ihn gerade innehat, dieses Glück kaum genießen oder gar zum Wohle der Gesamtorganisation verwenden kann. Alle Energie fließt in die Verteidigung. Misstrauisch wird die nahe Umgebung beäugt, getrieben von der Furcht, aus der Mitte verdrängt zu werden, und belastet vom Albtraum, die ganze Erfolgsstory könnte nur eine listige Chimäre gewesen sein, inszeniert zu dem Zweck, einen Anspruchsvollen »ruhig zu stellen«. Schließlich kommen fast alle von den lichtlosen Rändern und haben beim mühsamen Weg ins Zentrum gelernt, dass »im Mittelpunkt sein« oft nur die Unternehmensrhetorik bestimmt und selten die Entscheidungspraxis.

Wir bitten den »Menschen« auf die Bühne – Scheinwerfer an

Jetzt wird das Geschehen bizarr, Portiers, Sekretärinnen, Buchhalter, Instandhalter, Kundenberaterinnen, Produktionsleiter, der Finanzvorstand merken, dass Sie es sind, der da als *der Mensch* eingeladen wird, den Platz im Mittelpunkt einzunehmen. Selbst wenn man vorübergehend außer Acht lässt, was dann die Kunden, der Profit, die Umwelt, die Lieferanten und Shareholder denken, bleibt die Frage: Was erwartet der *Mensch,* der im Mittelpunkt angekommen ist? Werden die Kunden Sie bedienen? Wird der Profit sich vor Ihnen verneigen? Und – nimmt man die Metapher tatsächlich konkret beim Wort – was wird sich am Gefüge rundherum ändern?

Ich frage dich, wovon reden wir da eigentlich?

Was heißt, wovon reden wir da? Sei doch froh, dass du endlich auch mal vorkommst und den verdienten Applaus bekommst, oder hast du zu viel geschludert?

Lenk nicht mit der dummen Praxis ab, hier geht es um philosophische Fragen.

Oder um einen Irrtum, lesen wir lieber weiter.

Wer behaupten oder fordern kann, »Bei uns steht *der Mensch* im Mittelpunkt«, muss eine ontologische (Ontologie: die Lehre vom *Seienden*) Vorstellung davon haben, wie man das »Sein«, das Wesen(tliche) des Menschen aus Dutzenden, Hunderten oder Tausenden Mitarbeitern und Mitarbeiterinnen herausdestilliert.

Denn andernfalls ist keine Unterscheidung möglich, die als Maßstab für das Führungsverhalten taugt.

Wie etwa sollen sich, bitte schön, Kunden künftig verhalten, um von einer Organisation, die den Menschen in den Mittelpunkt stellt, befriedigend bedient zu werden? Dies vor allem im Vergleich zu Organisationen, die den Kunden die monarchischen Herrschaftsinsignien versprechen?

Ertappen wir gerade die Exponenten der Unternehmensführung auf philosophischen Pfaden? Und weil wir sie gerade im Fokus haben: Was muss der Mensch in der Führungsposition tun und lassen, um das Postulat von der Mittelpunktposition mit Leben zu erfüllen? Schließt er sich selbst ein oder aus? Oder bildet die Führung in diesem System eine – wodurch auch immer unterscheidbare – Einheit, für die der Mittelpunkt weder in Unternehmensbroschüren noch in Sonntagsreden vorgesehen ist?

Dann lass uns doch im Leitbild schreiben: Bei uns steht die Führungskraft im Mittelpunkt oder »Der Manager ist König«. Endlich Tacheles reden, und alle hätten ihren Spaß.

Solche Organisationen soll es schon geben, aber deine Ironie hilft auch nicht weiter.

Nein?

Nein, denn dieses Spiel enthebt Führungskräfte nicht der Verantwortung, zu sich selbst, zum eigenen Wesen als Menschen einen spezifischen Bezug herzustellen, der andersgeartet wäre, gäbe es die Exklusivität »Mensch im Mittelpunkt« nicht.

Ist das Postulat *Mittelpunkt* einmal eingeführt (das hierarchische Denkmodell lässt grüßen), sollte man davon ausgehen, dass, wer immer die Organisation beobachtet und bewertet, auf die Suche nach Belegen für die Behauptung im Unternehmensalltag geht. Ab der Verlautbarung des Postulats lebt das Management mit dem Risiko, dass sich einige – oder viele? – Mitarbeiter in diesem Abstraktum nicht wiederfinden und erstaunt fragen, welche Art Mensch da wohl gemeint sein kann, denn: »Ich bin es ja wohl nicht, oder?« Das bewusst oder unbewusst provozierte Missverständnis fliegt in der Realität unweigerlich auf.

Das ist mir alles zu kompliziert, da will doch jemand ein Täuschungsmanöver inszenieren.

Das glaube ich auch, aber wie so oft ist der Weg zur Hölle ...

Na, so schlimm wird es nicht werden.

... zum Fegefeuer mit guten Absichten gepflastert.

Es wäre ein durchaus kühner Ansatz, eine Organisation zu bauen, die auf das jeweils spezifisch Individuelle (= Menschliche) des Einzelnen Rücksicht nimmt und es im Sinne »besonderer Potenziale« auch nutzen möchte. Eine Organisation, die sich auf die Potenziale, Stimmungslagen und Befindlichkeiten jeder und jedes Einzelnen ausrichtet; Arbeitsinhalte, Leistungserbringung und Leistungsprozesse, Kommunikation, Verantwortungsräume, Strukturen und Abläufe daraus je und je entstehen lässt. Nicht, dass es nicht immer und immer wieder versucht wurde, zu verlockend ist die Vision. Aber in seiner Radikalität konnte das noch nicht umgesetzt werden, außer in den begeisterten Erzählungen und verklärten Erinnerungen derer, die daran gescheitert sind. Die Gründe dafür liegen auf der Hand.

Rücken wir den Menschen wieder aus dem Mittelpunkt, und deklinieren wir in Gedanken durch, was sonst alles im Mittelpunkt stehen könnte, so wird rasch offenbar: Hier wird ein Ideologiespiel betrieben, womit von der Komplexität der Verhältnisse abgelenkt und – vor allem – den Steuerungsverantwortlichen die Arbeit etwas leichter gemacht werden soll.

Verweilen wir kurz bei den Bildern einer Organisation, die wie ein Jahrmarktskarussell um einen beliebig gewählten Mittelpunkt kreist: Der Kunde, als König mit unsichtbarer Krone und Zepter im Mittelpunkt thronend, sieht sich stirnrunzelnd um und findet sich umzingelt.

Nicht nur viele »Nebenkönige« machen ihm durch schlichten Sachzwang seinen Thron streitig.

Auch die Untertanen, all die Lieferanten, Produzenten und Dienstleister, agieren für ein monarchisches Umfeld eigentlich beunruhigend eigensinnig. An manchen Tagen möchte man meinen, die Revolution hätte schon stattgefunden.

Die Zeiten von Henry Ford (»Der Kunde kann seinen Wagen in jeder Farbe ordern, vorausgesetzt, sie ist Schwarz«, Ford a. Crowther 1923) sind längst vorbei. Aber der Fordismus erzeugt noch immer spürbar geistige Nachbeben. Bis heute folgen immer wieder Unternehmen – besonders wenn die Gewinnaussichten schwinden – einer auf die Bedürfnisse der Produktion zentrierten Logik. Der Slogan vom »Kunden im Mittelpunkt« soll dies ungünstigstenfalls kaschieren, günstigstenfalls ausbalancieren, aber ändern?

Der Slogan ruft der Organisation zu, »Schau hierher, hier spielt die Musik!«, und die Erfinder hoffen, dass die neue Perspektive neue Einsichten und verändertes Verhalten bewirkt. Solche Signale brauchen Begleittexte, die zwar inhaltlich nicht haltbar sein müssen, aber die neue Grundlogik verdeutlichen, wie man an der gern zitierten Drohung (des Vertriebs), »Schließlich bezahlt der Kunde eure Gehälter«, ersehen kann.

Das nächste Gedankenexperiment stellt den Profit in den Mittelpunkt: »Wozu gibt es uns als Unternehmen? Natürlich, um Gewinne zu machen!«

Zur Beruhigung von Belegschaft und Betriebsräten wird die verblüffende Erkenntnis mitgeliefert: »Denn nur so können wir die Gehälter bezahlen und die Arbeitsplätze erhalten.«

Ein Argument, welches spätestens sichtbar wackelt, wenn um dieses Profits willen, bar jedes strategischen Sinnes und langfristiger Perspektiven, Arbeitsplätze wegrationalisiert werden.

Börsennotierte Unternehmen ermessen an den Reaktionen der Analysten und des Aktienmarktes, dass der Profit tatsächlich zum Mittelpunkt wurde, um den sich alles dreht, wie kurzfristig, wie entkoppelt von der realen Wertschöpfung auch immer.

In der Logik des Wirtschaftssystems geht es – wie Niklas Luhmann schon nüchtern konstatiert hat – um die Differenz *Zahlung/ Nichtzahlung*. Nichtzahlungsfähigkeit stoppt den Selbstorganisations- und Selbsterhaltungskreislauf des Wirtschaftssystem (siehe:

warum Banken gerettet werden *müssen*), und nur Zahlung, der eine Zahlung folgt, hält das System aufrecht.

Wenn aus dieser soziologischen Beschreibung eine normative Ausrichtung, ein weiterer Mittelpunkt abgeleitet und postuliert wird (mit allen Folgewirkungen dieser Komplexitätsreduktion), muss man mit ähnlichen Verzerrungen und Blockaden im Wertschöpfungsprozess eines Unternehmens rechnen, wie dies bei allen anderen Zentrierungen auch der Fall ist.

Jede konsequente Fixierung auf einen dieser hypothetischen Mittelpunkte würde alle anderen relevanten Aspekte nicht nur zu Randfiguren degradieren, sondern diesen selbst, durch die Vernachlässigung der anderen ‚Figuren', in seiner Wirkung beschädigen. Alle Mitbewerber – der Mensch, der Kunde, die Umwelt, der Profit, die Qualität, die Innovation –, die nun unbeachtet den Einzigen auf der Bühne zurückließen, könnten dann nur zuschauen, wie einer ohne sie das ‚Geschäft hebeln' wollte. Die Tragödie im shakespeareschen Ausmaß ist gewiss. Kein Management, das bei Trost ist, würde dies in der Praxis wirklich tun.

Umso mehr muss erstaunen, dass die Theatervorstellung »Bei uns steht der/das ... im Mittelpunkt« so konsequent und weitverbreitet geboten wird, obwohl jeder weiß und sieht, dass sich das Stück, das wirklich gespielt wird, von der programmatischen Ankündigung im Titel radikal unterscheidet.

Alle Mitglieder in einer Organisation wissen – das zeigen Befragungen deutlich –, dass ein solches Mittelpunktmantra stets von Bedeutungsunterschieden, unterschiedlichen Fokussen, widersprüchlichen Entscheidungsprämissen, divergierenden Prioritäten oder, ganz generell gesagt, von den unauflösbaren Paradoxien der Organisationen ablenken soll.

Eine solche Ablenkung könnte sogar gelingen, würde man nicht gleichzeitig immer, wenn es schwierig wird, auch das Komplexitäts-, Vernetzungs-, Flexibilitäts-, Dynamisierungsmantra anstimmen.

Diese Gesänge finden offene Ohren. *Menschen*, speziell in der Rolle als Mitarbeiterin/Mitarbeiter, sehen und verstehen Widersprüche in Organisationen.

> Deshalb plädieren wir leidenschaftlich für die kopernikanische Wende:
>
> Führungskräfte aller Unternehmen, befreit euch und eure Teams!
>
> Verzichten Sie, speziell in Unternehmenskommunikation und Leitbildern, Mission Statements und Firmenphilosophien

strikt darauf, einen Mittelpunkt zu suggerieren, wo in Wahrheit keiner ist.

Benennen Sie stattdessen offen und realistisch die Widersprüche, die Sie zu bewältigen haben. Damit können Sie nur gewinnen, und als Erstes gewinnen Sie Leitbilder, die halten, was sie versprechen.

Widerspruchs- bzw. Paradoxiemanagement bedeutet nicht den Verzicht auf bildkräftige, überzeugungsstarke Slogans und Orientierung gebende Kommunikation.

Die HR-Managerin eines internationalen Produktionsunternehmens verabschiedete den Menschen feierlich aus dem Mittelpunkt und den Mittelpunkt aus dem Unternehmensdenken, indem Sie es ganz klar und einfach neu formulierte: »Für uns sind die Mitarbeiterinnen und Mitarbeiter ein ganz wichtiges Gut.« Und der Subtext lautete: »Wir achten nicht nur aus ökonomischen Gründen, sondern aus unseren ethischen Überzeugungen und unserer gesellschaftlichen Verantwortung heraus Menschen in ihrer Unterschiedlichkeit. Jede/r in unserem Unternehmen respektiert den anderen als Mensch, weil auch er als Mensch gesehen und respektiert werden möchte. Erst die individuellen Prägungen und Erfahrungen machen eine Rolle und das Zusammenspiel lebendig.«

Das kam an, denn es konnte von der Belegschaft geglaubt werden. Es konnte in Workshops daran gearbeitet werden, Formen und Strukturen zu finden, in denen dieses »Gut« zu pflegen, zu erhalten und weiterzuentwickeln wäre.

Ähnliche Sätze und Überzeugungen wurden für andere zentrale Aspekte (Kunden, Shareholder, Stakeholder...) gefunden.

In solcher realistischen Ehrlichkeit kann ein Unternehmensleitbild wirklich zu dem werden, was der Begriff verspricht: Es leitet an, Bilder zu erzeugen, aus denen Leitimpulse entstehen können.

Vom Leitbild zur Grundaufgabe von Leadership

Leitbilder sind Erzählungen, die eine Ahnung davon vermitteln, mit welchen Verhalten in einer Organisation zu rechnen ist, was erwünscht und was eher vermieden werden sollte. Sind sie verstanden und (einigermaßen) akzeptiert, kann sich Leadership seiner eigentlichen Aufgabe zuwenden: das nicht logisch Berechenbare, kausal nicht Ableitbare oder, wie es Heinz von Foerster so prägnant auf den Punkt gebracht hat – das *Unentscheidbare* zu entscheiden.

In der Entscheidung des Unentscheidbaren arbeitet sich Leadership am Material moderner Organisationen und ihrer gesellschaftlichen Umfelder ab, an Komplexität, Widersprüchen und Paradoxien. (Siehe Kap. 7, »Leben ist Entscheiden«.)

Thema von Leadershipentscheidungen sind Risiko und Verantwortung, die Beobachtung, was eine Entscheidung wirklich bewirkt, und die Beobachtung der Beobachtung, ihr Thema ist die unbekannte Zukunft und der gelassene, verantwortungsvolle Umgang mit Unsicherheit.

Leader wissen Bescheid über die potenziell geringe Halbwertszeit ihrer Entscheidungen, weil sie ständig mit Verhältnissen konfrontiert sind, die erst durch die Entscheidungen hervorgebracht wurden und die oft eine Revision der Entscheidung erfordern.

Damit dieser Prozess nicht als »Die wissen nicht, was sie tun« abgetan werden kann, müssen Entscheidungen in einer anderen Weise herbeigeführt, begründet und kommuniziert werden. Wahrscheinlich müssen sie mitkommunizieren, was man als Option ausgeschlossen hat.

Die Unsicherheit als Element von Organisation muss ihren kommunikativen Ort der Auseinandersetzung finden, sie kann nicht mehr durch (scheinbare) Eindeutigkeit ersetzt werden, auch wenn das eine Herausforderung für das Management und eine Zumutung für die Mitarbeiterinnen und Mitarbeiter darstellt.

Strategien fokussieren nicht mehr einen Punkt – auch Alignment muss anderes gedacht werden –, sondern geben Rahmen vor, innerhalb deren Paradoxien verhandelbar werden. Zwangsläufig erfährt das Handeln erst an den Grenzen zu anderen Perspektiven und Rahmenbedingungen, wo es unterwegs ist, was es als passend berücksichtigt und wo es sich über das Richtige hinweggesetzt hat oder ob es mit anderen Werten in Kollision geriet. Das könnte Tom Peters

Irgendwie ist das ein Dauerdilemma: Erst im Handeln kann man die lähmende Wirkung der Reflexion – ohne die es aber auch nicht geht – von Paradoxien überwinden, und zugleich fordern komplexe Verhältnisse immer auch die Entschleunigung, um sich aus einer Metaperspektive einen Überblick über die Verhältnisse zu verschaffen.

Dem ist nichts hinzuzufügen.

(2011) mit seinem Plädoyer »Macht Fehler, und macht sie schneller, denn woraus wollt ihr sonst lernen?« gemeint haben.

An die Stelle des Mittelpunktes sollte das Management (teilweise im wahrsten Sinn des Wortes) Räume und Bühnen einrichten, in und auf denen die Elemente kooperierend und konkurrierend zueinander in Beziehung treten können. Der »moderierte Streit« wird zur wesentlichen Inszenierung der strategischen Steuerung der Organisation: ein Streit – und das wird die wichtigste Spielregel –, bei dem nicht einer als Sieger hervorgehen darf und bei dem über ein Ranking Prioritäten definiert werden dürfen, die das Entscheiden entlasten sollen.

Im Streit wird die künftige Form der Organisation N. N. gesucht und inhaltlich gefüllt. Mitarbeiteraspekte, Shareholder-Erwartungen, Kundenanforderungen, Bankenforderungen, Lieferantenentwicklungen, Nachhaltigkeitserwägungen, Verantwortlichkeit für Gesellschaft und Umwelt u. a. m. bilden ein Netz von dynamischen und zirkulären Abhängigkeiten, die so weit als möglich zu beobachten und wechselseitig zu kontrollieren sein werden. Leitbilder sind dann Generalisierungen dessen, was bei diesem »Streit« zu beachten ist.

An einem konkreten Beispiel, dem Leitbild eines Unternehmens der Automotive-Branche, können wir deutlich machen, dass dieser Weg so schwierig oder fremd nicht ist. Das Bemerkenswerte an diesem Entwurf ist die Benennung von Widerspruchspaaren mit dem Anspruch, sie auch verbinden zu können.

Grundausrichtung:

- Wir verbinden Leistungsbereitschaft mit Begeisterung und Freude an der Verantwortung.
- Innovation und unkonventionelle Wege haben bei uns Tradition.
- Wir verbinden die traditionellen Werte unserer Familie mit den Zukunftsanforderungen eines modernen, dynamischen, internationalen Unternehmens.
- Wir verbinden wertschätzendes und vertrauensvolles Miteinander mit der Forderung nach hoher Leistungsbereitschaft.
- Wir verbinden eine betriebswirtschaftliche Orientierung mit der Verantwortung für Umwelt, Gesundheit und Sicherheit.
- Bei der Arbeit verbinden wir Begeisterung und Freude mit hohem Engagement.
- Wir verbinden die Entwicklung des Unternehmens mit der gesellschaftlichen Verantwortung für die Region.

- Strategische Rahmenbedingung (wir können hier nur einige Aspekte nennen):
- Als flexibler Spezialist können wir Innovations- und Kostenführerschaft für eine starke Marktposition nutzen.
- Die Produkte sind die Basis für komplexe technische Lösungen und Verarbeitungs-, Logistik- und Serviceprozesse.
- Innovationen beziehen sich nicht nur auf die Produkte, sondern auf die Prozesswertschöpfungskette und auf alle unsere Funktionen.
- Wir setzen das Kapital nachhaltig und ertragsbewusst ein: Investitionen müssen die Kapitalkosten decken.
- Für uns ist die langfristige Gewinnoptimierung wichtiger als eine kurzfristige Gewinnmaximierung.

Rahmen für unsere Führungsgrundsätze:

- Unsere Führung verbindet die Unternehmenswerte mit einem professionellen Verständnis von Leadership.
- Führung verbindet die betriebswirtschaftliche Orientierung mit einem unternehmerischen Spirit und der Wertschätzung für unsere Mitarbeiter.
- Führung basiert auf Zutrauen und lädt zur Verantwortung ein.
- Führung trifft und fördert Entscheidungen am »Ort« des Entscheidungsbedarfes und der Entscheidungskompetenz.
- Führung achtet auf den organisatorischen und unternehmerischen Gesamtzusammenhang und ist ziel- und leistungsbezogen.

Man könnte dies als plakativ abtun oder entdecken, dass damit sowohl Ausrichtung und Rahmen als auch Freiraum für Entscheidungen geschaffen wurden. Die Bewertung von Optionen lässt sich nicht einfach ableiten, aber trotzdem an diese Werte und Prämissen rückbinden. Das Management ist gefordert, *vernetzungsrelevante Entscheidungen* zu entwickeln. Dies wird nur gelingen, wenn es – siehe

Was ist das schon wieder? Ihr mit eurer Beratersprache!

Danke, du hast nicht darüber hinweggelesen. Manchmal schaff ich doch so Aufmerksamkeit, also, ich will das Management auffordern, gut zu überlegen, was wie zusammengehört, irgendwie – halt relevant – sich wechselseitig beeinflusst. »ganzheitlich« ist mir zu verschwommen

oben – zu einem Diskurs oder moderierten Streit einlädt und sich darauf einlässt.

Weil wir schon beim Entscheiden sind ...

Jetzt wird nicht am Kaleidoskop gedreht – jetzt wird entschieden.

> Am Anfang waren nicht nur das Wort, sondern auch die Unterscheidung und damit die Entscheidung. Eine Tatsache, die keiner mehr loswird, sei es als Chance der Wahlmöglichkeit oder als Fluch des Zwanges zur Wahl und zur damit verbundenen Verantwortung.
>
> Die folgenden Überlegungen sollen die Basis dafür legen, Entscheidungsprozesse im Führungsalltag dem Entscheidungsgegenstand angemessen gestalten zu können. Wir werden – in Anlehnung an Heinz von Foerster – eine Grundunterscheidung einführen, die es ermöglicht, Diskussionen und Entscheidungsprozesse unterschiedlich zu moderieren und Zeit und Energie besser einzusetzen. In einem Exkurs werden wir den Aspekt der Expertenentscheidung und der Intuition ansprechen.

Leben ist Entscheiden

Unsere täglichen Lebensabläufe fordern uns eine ununterbrochene Kette von Entscheidungen ab, begonnen mit dem ersten Erwachen am Morgen und der Frage, ob wir besser aufstehen oder lieber liegen bleiben. Selbst wenn ein verregneter Sonntag verlockt, einmal gar nichts zu entscheiden und einfach im Bett zu bleiben, haben wir uns eben genau dafür *entschieden.*

Um die ständige Qual der Wahl zu reduzieren, haben wir Abläufe und die Bewältigung von Ereignissen im Tages- und Jahresrhythmus automatisiert und ritualisiert. Wir haben Wege und Verfahren entwickelt, eine nahezu unendlich scheinende Menge von Handlungsalternativen und Optionen auf eine handhabbare Übersichtlichkeit zu reduzieren.

Verträge, institutionelle Festlegungen und gesellschaftliche Spielregeln sind Werkzeuge zur Herstellung von Berechenbarkeit. Von der Verfassung bis zum Fahrplan, vom Vertragswerk bis zur Wertevereinbarung, von der Bibel bis zu den »Fünf Leitlinien des XY-Konzerns«, vom Knigge bis zu Spielregeln für erfolgreiche Verhandlungen haben wir eine riesige Palette von Möglichkeiten, Verhaltensoptionen auszuschließen und andere zu fördern, bis idealerweise nur mehr ein Weg als richtig und wahr *erscheint.*

Die Entlastung durch diese Form der Komplexitätsreduktion ist so groß, dass wir meist dankbar alle Vorwegfestlegungen akzeptieren und darüber die Entscheidungsmöglichkeit und die Entscheidungsproblematik »vergessen«.

Erst wenn sich der Kontext ändert – eine unwesentliche Verschiebung kann genügen –, merken wir, dass wir ja entscheiden können, sogar müssen. Besondere Dynamik entfaltet sich durch die Methode der Reflexion, denn sie bringt das gut gehütete und stabile Geflecht gewohnter Entscheidungsmuster in Bewegung. Der kritisch prüfende Blick auf sich selbst und andere macht deutlich, dass es auch anders gehen könnte, sollte: »Wir sind so, wie wir sind, weil wir nicht versucht haben, anders zu sein.«

Also was nun, einmal heißt es, Reflexion ist die Königsdiziplin der Führung, dann kommt sofort das Aber, die Warnung: Sind Sie vorsichtig, laden Sie nicht zu schnell sich und andere zur Reflexion der Verhältnisse ein, man weiß nicht, was da rauskommt, es aber nicht zu tun kann den ungeprüften Verhältnissen erstaunliche Macht verleihen.

Das richtig hinzukriegen ist nicht einfach, daher heißt es ja »Königsdisziplin«.

Plötzlich meldet sie sich zurück, die Freiheit zur Entscheidung, und mit ihr der *unvermeidliche Zwang, Verantwortung zu übernehmen.* Selbst, wenn danach alles beim Alten bliebe, so wäre dies das Ergebnis einer neuen Entscheidung.

Eine praktische Grundunterscheidung

Für die Steuerungsfragen von Leadership grenzen wir das Thema auf zwei unterschiedliche Entscheidungsfelder oder Entscheidungstypen ein.

Den einen Typus nennen wir »ableitbare, berechenbare Entscheidungen«.

Dem anderen geben wir – in Anlehnung an Heinz von Foerster – die seltsame Bezeichnung »zu entscheidende Entscheidungen«.

Mit dieser Unterscheidung wird es möglich, relativ trennscharf die differente Charakteristik und Problematik von Entscheidungsfragen zu erkennen und die passenden Methoden und Prozesse einzusetzen.

Für diese Zuordnung muss man zunächst klären: Bewegen wir uns mit der Entscheidungsthematik in einem Feld, welches bereits durch wichtige Prinzipien, Parameter, Algorithmen oder Grundregeln strukturiert und durch Kausalitätsketten ausdefiniert ist?

Dann wäre es sinnvoll, der Entscheidung Ableitungen zugrunde zu legen. Die *generelle Wahrheit* ist bereits gefunden und festgelegt und wird als solche nicht infrage gestellt. So ermöglichen z. B. die

Prinzipien der Mathematik, den Regeln folgend abzuleiten, ob 4 mal 6 gleich 24 oder 26 ist. Naturgesetze geben dem Ingenieur Richtung und Rahmen vor, die strategische Positionierung definiert die Art des Marktzuganges, die Einkaufsrichtlinie entscheidet, wer was wo wie bestellen darf, Compliance-Regeln steuern Risikofragen.

Logik und Sachzwänge können argumentativ ins Feld geführt werden. *Das ist die Stunde der Experten.*

Oder befinden wir uns auf einem *Feld von offenen Wahlmöglichkeiten*, gleichwertigen Widerspruchspaaren, Paradoxien, ungeklärten Zukunftsfragen, der Einschätzung neu aufgetretener Risiken, der Entwicklung neuer Produkte, des Findens weiterer strategischer Positionierungen?

Bei diesen Fragen kann nicht allzu viel abgeleitet, es muss durch Entscheidungen »Neues in die Welt« gebracht werden. Dieses Feld ist dadurch charakterisiert, dass uns nur wenig Prämissen, Regeln, Logiken und Paradigmen verbindlich sagen könnten: A ist *richtig* und B ist *falsch*; es können *sowohl A als auch B* oder vielleicht ein noch unbekanntes *C möglich oder passend* sein.

Wenn Ergebnisse keiner strikten Kausalität folgen, wenn keine eindeutigen, logisch ableitbaren Wenn-dann-Konsequenzen herstellbar sind, verweist das auf die Risiko- und Verantwortungsdimension der *zu entscheidenden Entscheidung*. Es würde beispielsweise sehr schwierig sein, mit kausaler Logik nachzuweisen, dass es *richtig* ist, ein Einkaufsvolumen über € 5 000 *nur* durch zentrale Instanzen genehmigen zu lassen. Das kann nur, falls man es begründen muss, aus strategischen oder moralischen Gründen oder aufgrund von Einschätzung in die Fähigkeit zentraler oder dezentraler Stellen so *entschieden* worden sein. *Das ist die Stunde von Leadership.*

Halten wir fest, dass sich viele Managemententscheidungen in beiden Feldern zugleich bewegen. Trotzdem lohnt sich der analytische Aufwand, den Entscheidungskomplex zu differenzieren und die jeweiligen Detailfragen den unterschiedlichen Entscheidungscharakteristika zuzuweisen. Die richtige Einschätzung kann viel Zeit, Mühe und Auseinandersetzungen ersparen.

Ableitbare Entscheidungen

Ableitbare Entscheidungen erfordern ein Wissen über diejenigen Regeln, Prinzipien, Algorithmen und kausalen Verknüpfungen, die von den Fragen zu den richtigen Antworten leiten.

Unsere Erfahrungen zeigen, dass in diesem Feld häufig die Diskussion unter der irrigen Annahme geführt wird, man befinde sich in einem offenen Raum, der erst durch Entscheidungen zu gestalten und zu formen sei.

Fragen Sie sich daher immer wieder: Besteht unsere Aufgabe darin, durch das *Erfinden* von Regeln ein *neues Spiel zu schaffen*, oder können und müssen wir im Rahmen der gesetzten Regeln und den daraus abzuleitenden Möglichkeiten – wie bei einem Schachspiel in Kenntnis der vielfältigen Eröffnungsvarianten – überlegen und prüfen, wie man die ersten Züge setzt?

Es gilt herauszufinden, welche Gesetze, strategischen Prämissen, vereinbarten Bedingungen des »Vorentschiedenen« bestehen, von denen *abgeleitet und berechnet* werden kann.

Darauf verweisen wir, wenn wir von der *Stunde der Experten* sprechen. Diskussionen und Streitgespräche zwischen Führungskräften und Anwendern mit Teilwissen können nur bedingt klären, welche Kriterien ein IT-gesteuertes Fertigungssteuerungsprogramm erfordert, damit ein optimaler Produktionsablauf gewährleistet ist.

Wir meinen nicht, dass bei *ableitbaren Entscheidungen* die Managementverantwortung abzugeben sei, sie soll sich aber weniger auf den Sachinhalt und mehr auf die Gestaltung des Prozesses der Ableitung konzentrieren, das heißt:

- die passenden Experten finden, ihnen mit sozialer Kompetenz zur Seite zu stehen, ihren Such-, Denk- und Entscheidungsprozess durch Fragen moderieren
- sinnlose Wahrheitskämpfe unterbinden und die Experten in bestimmten Phasen mit Praktikern ins Gespräch bringen
- darauf achten, dass die gezogenen Schlüsse der Sachlogik und nicht einer politischen Interessenlage folgen
- prüfen, ob sich die Ergebnisse noch im Feld der Prämissen und Regeln bewegen.

Der Flexibilität sind hier klare Grenzen gesetzt. Ein kleiner Vergleich: Der Turm beim Schach darf sich nicht so frei bewegen wie die Dame. Wollte man das ändern, müsste man die Entscheidung treffen, aus einem festgelegten Spiel auszusteigen, um ein neues zu erfinden, das dann nicht mehr Schach heißen dürfte. Aber dafür wären neue Ziele zu formulieren, und das Umfeld wäre zu überzeugen, dass das neue Spiel das Leben reicher macht. Das gehörte aber schon zum Feld der *zu entscheidenden Entscheidungen*.

Bedeutung für Teamentscheidungen

Auch wenn es um Ableitungen geht, haben Teams große Vorteile gegenüber Einzelentscheidungen, sofern das Entscheidungsthema ein komplexes ist. Gut kooperierende Teams sind besser imstande, unterschiedliche Logiken und Regeln aus speziellen Fachgebieten zu einer neuen Gesamtlösung zu verknüpfen.

Wer auch immer solche Entscheidungsprozesse steuert, muss darauf achten, nicht eine der zu beachtenden Sachlogiken deshalb zu forcieren, weil er z. B. selbst als gelernter Betriebswirt die Argumentation anderer Betriebswirte für wesentlich plausibler als die des Technikers hält. Zum anderen muss er erkennen, bei welchen Fragen Vorentscheidungen (Strategie, Produktionsprämissen, Budgetgrößen usw.) zu berücksichtigen sind und bei welchen Fragen man in neue Dimensionen vorstoßen kann und muss, also das Feld der *zu entscheidenden Entscheidungen* betritt.

Zu entscheidende Entscheidungen

Zu entscheidende Entscheidungen verlangen eine wesentlich *andere* Qualität von Verantwortung und eine *andere Art* des Entscheidungsprozesses. Bitte beachten wir: »Anders« heißt nicht zwingend »besser«.

Die an diesem Prozess Beteiligten (er)schaffen neue Produkte, Positionen, Regeln, Prinzipien, Werte, Paradigmen. Damit werden nicht nur neue Möglichkeiten und Chancen, sondern auch neue Risiken gezeugt.

Die Entscheider sind nicht nur dafür verantwortlich, ob ein Ergebnis *richtig* ist, sondern schultern auch die Folgen dieses *Schöpfungsaktes*. Natürlich schaffen einzelne Entscheidungen die Welt nicht neu. Auch Innovationen müssen sich in einer gewissen Weise im Vorgegebenen, Vorentschiedenen bewegen. Und dennoch stellen sie manchmal die Dinge auf den Kopf, formen neue Gewohnheiten, erfordern neues Sehen und Verstehen.

Solche Entscheidungen können nicht begründet werden, indem man sich auf Gesetze, Normen, Erfahrungen, Wissenschaft, Logiken oder Sachzwänge beruft, sie also ableitet, solche Entscheidungen erfordern statt Wissen Glauben, statt Wahrheit Überzeugung und damit die Übernahme von persönlicher Verantwortung für Folgewirkungen und Risiken.

Die Fragen für dieses Entscheidungsfeld sind oft einfach zu formulieren, die Antworten, die man (sich) gibt, öffnen jedoch Türen in unbekannte Räume. Ist A oder B der richtige Partner fürs Leben?

Natürlich wird man sich einige Absicherungsparameter zurechtlegen, vielleicht auch noch zur Astrologin gehen, aber die Letztentscheidung kann nicht berechnet werden, sie bleibt unentscheidbar und muss daher, wenn man zusammenleben will, entschieden werden. Sollten sich im Laufe des Lebens Schwierigkeiten ergeben, dann ist es bei diesem Entscheidungsfeld müßig, in der Vergangenheit zu suchen, was man denn nicht bedacht habe.

Im Führungskontext treffen wir dann auf die Charakteristik solcher Entscheidungen, wenn die Fortführung bewährter Produkte, Programme, Technologien, Marktstrategien, interner Strukturen und Regeln nicht mehr das Überleben der betreffenden Organisation sicherstellen; auch wenn Optimierungsprozesse nicht mehr reichen, um die Antwortfähigkeit der Organisation auf ihre Umweltanforderungen zu gewährleisten oder wenn Organisationswidersprüche sichtbar werden, deren jede Seite berechtigt oder richtig scheint.

Die in solchen Fällen erforderlichen Entscheidungen werden gerne mit dem Begriff »Dilemma« oder »Ausweglosigkeit« etikettiert:

»Sollen wir jetzt konsolidieren oder erneut die Organisation umgestalten?« – »Sollen wir mehr durch die Zentrale standardisieren oder den Bereichen mehr Autonomie und Selbstorganisation ermöglichen?«

Wie bei der oben skizzierten Partnerentscheidung lässt sich immer erst rückwirkend interpretieren, ob der eingeschlagene Weg, der Schritt durch diese eine Tür den weiteren Erfolg ermöglicht oder den Misserfolg herbeigeführt hat. An die Seite der argumentativen, objektiven, wissenschaftlichen Begründung treten hier die Dimensionen soziale Glaubwürdigkeit, Macht, Mut, Risikobewusstsein, Verantwortungsübernahme und vor allem ein bewusster Umgang mit Unsicherheit und Angst.

Expertenteams zu »verführen«, zu entscheidende Entscheidungen mithilfe ihrer analytischen Methoden, vordefinierten Wahrheiten und naturwissenschaftlichen Paradigmen einer wasserdichten Lösung zuzuführen, dient weder dem Ergebnis noch dem Renommee der Experten. Die Verlagerung der Verantwortung für hochbrisante und strategische Fragestellungen an Expertengremien mag Teil des politischen Spiels unterschiedlicher Interessengruppen und eine gute Einnahmequelle für Fachberater sein, aber der Preis ist hoch: der Verlust einer Kultur des Risikobewusstseins und der Übernahme von Verantwortung.

Wenn Sie noch Lust haben einige Minuten weiterzulesen – hier beschreiben wir ...

... weitere Aspekte für die Gestaltung der beiden unterschiedlichen Entscheidungsfelder.

In der Praxis treten ableitbare und zu entscheidende Entscheidungen meist ineinander verwoben auf. Gerade in solchen Fällen hilft eine bewusste Unterscheidung dabei, den Entscheidungsprozess sinnvoll zu strukturieren und bewusst zwischen den Feldern zu wechseln – auch methodisch.

Heinz von Foerster bietet einen interessanten Leitsatz an: »Entscheide stets so, dass die Anzahl der Wahlmöglichkeiten größer wird.« Ein Leitsatz, der in die Entscheidung eine hilfreiche Paradoxie einführt. Denn jede Entscheidung ist ja ein Abschied von einem bunten Strauß an Möglichkeiten. Komplexität wird radikal auf einen Punkt reduziert: In diese eine Richtung und nicht in die vielen anderen möglichen Richtungen gilt es zu gehen. Die Engführung wird leichter, wenn man über den jeweiligen Entscheidungspunkt hinausschaut und prüft, von welcher Alternative aus sich weitere interessante Optionen aufbauen und welche eher in eine Richtung mit wenig weiteren Verzweigungen führt. Der größere Reichtum an neuen Möglichkeiten ist ein wichtiger zusätzlicher Anhaltspunkt dafür, das Nichtentscheidbare zu entscheiden.

Natürlich wird man *ableitbare Entscheidungen* auf *rationalem Kalkül* aufbauen, dafür gibt es genügend adäquate Verfahren: vom einfachen Entscheidungsbaum über diverse Kosten-Nutzen-Analysen, wertanalytische Verfahren bis hin zu ausgeklügelten technischen oder betriebswirtschaftlichen Softwareprogrammen.

Bemerkenswert, wenn auch nicht neu ist die Tatsache, dass Personen mit einem großen Erfahrungsschatz selbst in einem noch so komplexen Themenbereich sehr rasch zu richtigen Entscheidungen gelangen, ohne sich methodisch abarbeiten zu müssen. Befragt, wie sie zu ihren Schlüssen gelangen, erhält man oft die lakonische Antwort: »Das sagt mir meine Intuition.«

Kommt diese Antwort aus der obersten Managementebene, wird sie sofort akzeptiert, erhält man die gleiche Begründung aus dem Mittelmanagement, löst dies eher Erstaunen aus. Diese unterschiedliche Bewertung lässt sich nicht nur mit einem Machtreflex begründen. Wenn Intuition – so unscharf dieser Begriff auch ist – mit der Fähigkeit des Gehirns zu tun hat, ganzheitlich wahrzunehmen und aus dem Erkennen einer gesamten »Gestalt« die richtige Schlussfolgerung zu ziehen, dann helfen tatsächlich eine breite Erfahrung und eine General-Management-Perspektive.

Wer gelernt hat, auf Verknüpfungen und Verbindungen zu achten, dem fällt es leichter, die Enge *einer Fachlogik* zu überwinden und den Blick auf einen größeren Zusammenhang zu richten. Während Einzeldisziplinen erst die Eitelkeit der Expertenposition überwinden und die Verknüpfungsregeln für das Puzzlespiel finden müssen, gelingt es dem Gehirn der Generalisten eher, die wichtigsten Dimensionen als Gesamtbild zu sehen.

Weitere Hinweise und Bündelungen im Kapitel »Für Freunde von Checklisten, Shortcuts, Tools«

Die versteckten Steine im Kaleidoskop: Ein Spiel mit Tabus

Na endlich wird es interessant, oder ist das nur ein Lockangebot zum Weiterlesen.

Na klar, ist doch spannend zu fragen: »Was hat Lust, Liebe, Freiheit, Glück in Organisationen zu tun?« Oder: »Kann Führung auf Erotik und Ästhetik verzichten?«

Oh, du hast wohl zu viel über das Google-Paradies gelesen, vergiss es.

Abgesehen davon, dass ich lieber in einer Organisation arbeiten möchte, wo man nicht die Freude beim Sicherheitscheck abgeben muss und dann mit dummen Motivationssprüchen zur Leistungsbereitschaft hinmanipuliert wird, bringen die neuen Buchstaben-Generationen eh andere Vorstellungen mit. Über die Y-Generation wird nicht nur gemunkelt, die werden auch heftig beforscht, und was mit der Z-Generation auf uns zukommt, wissen wir auch nicht.

Wahrscheinlich beginnt dann alles mit SneO (Sehnsucht nach einfacher Ordnung).

Die Veränderung hat schon begonnen, es sind schon neue Lebens- und Karrierevorstellungen, andere Bilder von Arbeitsethos, Loyalität und Unterwerfungsbereitschaft, andere Motivationsszenarien – und damit andere Vorstellungen von der Wirksamkeit von Führung – in die Organisationen eingezogen. Erhebungen unter Studierenden zeigen deutlich, dass die traditionellen Werte und Programme einer auf den deutschen Sekundärtugenden aufgebauten Unternehmenskultur entweder aktiv umgebaut oder durch einen massiven Clash demontiert werden. Und die älteren Arbeitnehmer lassen sich immer mehr von diesen Vorstellungen anstecken.[1]

1 Frank Kohl-Boas, Personalleiter von Google Nordeuropa: »Bei Google arbeiten dagegen Menschen, die ein Umfeld suchen, in dem sie sich einbringen und entfalten können. Unsere Mitarbeiter machen das, was sie tun, weil sie es gerne tun, sodass es Teil ihrer Selbstverwirklichung ist. [...] Was man erblickt, ist real. Es ist die Gemütslandschaft der neuen Arbeitswelt. Google-Mitarbeiter in bunten Waben sitzend, spielend, denkend. Mitarbeiter, Rutschen hinabrutschend. Mitarbeiter, vor Flatscreens in Wannen liegend. Spaßmöbel in einer Spaßarchitektur, bereitgestellt von einem Konzern, dessen Geschäftsmodell es ist, die Welt in einen Spaßplaneten zu verwandeln« (*Die Welt*, 22.08.2014: »Generation Weichei ersetzt unsere Führungskräfte«).

Bereits 2015 sind in einigen Unternehmen die Begriffe wie »Freiheit«, »Lebensbalance« (nicht »Work-Life-Balance«), »Freude«, »Lust«, »Ästhetik« oder »Schönheit« Teil der Organisationswirklichkeit geworden. – Nicht als romantischer Zuckerguss, sondern als Elemente der Gestaltung, die in den Blick genommen werden müssen, wenn Begeisterung, Sinnfragen, Leidenschaft in die Arbeitswelt Eingang gefunden haben. Sie haben entdeckt, dass es zur Disziplin (dem »Begrenzenden« oder der »mechanisierten Versteinerung«, vor der Max Weber schon 1905 in Protestantische Ethik und der Geist des Kapitalismus gewarnt hat) das Erweiternde braucht – nennen wir es *Lebendigkeit.*

»Lebendigkeit ist eine Beziehungsform, eine Art und Weise, auf die Welt, auf die Menschen und Dinge bezogen, mit ihnen in Kontakt zu sein. Lebendigkeit ist ein Austauschverhältnis. [...] Lebendigkeit ist ein erotisches Weltverhältnis. [...] Wer sein Leben unter Kontrolle hat, ist tot« (Rosa 2015, S. 30).

Wenn man solche Begriffe mit ihrem jeweiligen Gegenpol koppelt, findet man hilfreiche Hinweise für gutes Paradoxiemanagement. Es wird deutlich, dass Freiheit nur im Widerspruch ihrer Begrenzung sichtbar wird, Freude im Widerspruch zum Leid, Ästhetik (auch in der Sprache) nur im Unterschied zum Stillosen, Hässlichen oder zum Kitsch verstanden werden kann. Und Lust kreuzt sich ganz gut mit Angst.

Also widmen wir uns dem Führen im Spannungsfeld von Lust und Angst:

Uns ist noch keine Führungskraft – wirklich keine, uns selbst eingeschlossen – begegnet, die sich nicht in diesem Spannungsfeld bewegt hat oder bewegt. Diese beiden Pole haben viele verschiedene Bezeichnungen, aber warum herumreden? Es sind nun mal Grundgefühle, denen keine/r entkommt, wenn sie/er sich entschieden hat, eine Rolle und Funktion zu übernehmen. Zu hoffen bleibt, dass keine Führungskraft versucht, diesen Gefühlen zu entkommen. Denn wir sind überzeugt:

> Je mehr eine Führungskraft Lust und Angst wahr-, auf- und annimmt, umso klarer, selbstbewusster und damit wirksamer wird sie sein.

Lust und Angst sind die Brennpunkte der Ellipse, die emotionalen Orientierungsgrößen, zwischen denen sich die Widersprüche aufspannen, welche Führung bearbeiten muss:

- einerseits autonom entscheiden und handeln, anderseits aber loyal gegenüber der nächsten Ebene bleiben
- kreativ sein, ohne den Praxisbezug zu verlieren
- gestalterisch agieren, ohne den vorgegebenen Rahmen zu sprengen
- Visionen kreieren und sich von ihnen leiten lassen, aber auf dem Boden der Realität bleiben
- mit Feingefühl und sozialer Kompetenz gegenüber den Mitarbeitern auftreten, ihnen aber gleichzeitig im Dienste der um sich greifenden Rationalisierungen erhebliches persönliches Leid zufügen
- usw. usf.

Mut alleine ist zu wenig, will man dieses oft sehr irritierende Terrain erfolgreich durchmessen. Man muss auch abwägen, erkennen, wo man sich und andere überfordert, man muss experimentieren, sich manchmal über Grenzen hinwegsetzten, neue Spielregeln erfinden und akzeptieren, dass Führung auch die Fähigkeiten zum Jonglieren, Balancieren, zur Clownerie, zur Magie, zur Dressur, zur Inszenierung erfordert.

Das ist mal was anderes, Leadership als eine zirzensische Kunst zu sehen.

Ich weiß nicht, ein Leben zwischen Lust und Angst?

Die Metapher macht's deutlich, auf die Balance kommt es an.

Das kenne ich vom Klettern, wenn die Lust mit mir durchgeht, werde ich zu kühn, und es droht der Absturz, wird die Angst zu groß und werde ich zu vorsichtig, komme ich nicht mehr weiter.

»Und wo bleibt die Rationalität, Führung ist doch ein ganz nüchternes, sachliches Geschäft?« Die bekommt gerade dann ihre Chance, wenn man nicht gegen die *Natur des Menschen* operiert, sondern, den Erkenntnissen der Neurowissenschaften folgend, akzeptiert, dass Denken und Fühlen untrennbar miteinander verbunden sind.

Es sind die Gefühle, die das Denken strukturieren. Daher ist der Versuch, Emotionen »draußen zu lassen«, eine irrationale und letztlich gar nicht umsetzbare Anweisung. Bestenfalls könnte man sich darauf einigen, *so zu tun, so als ob wir keine Emotionen hätten*, obwohl wir aus der Gehirnforschung wissen, dass die Entkoppelung der Gefühls- und der Denkareale der kürzeste Weg zu Psychose, Schizophrenie und anderen Formen des Wahnsinns ist.

Wenden wir uns also lustvoll und vielleicht auch etwas unsicher (ängstlich) der Wirksamkeit jeweils einer dieser Gefühlsdimensionen zu, und betrachten wir im Anschluss die Dynamik, welche aus der Spannung zwischen den beiden entsteht.

> Die praktischen Konsequenzen aus einem bewussten Zusammen-Spiel der beiden Gefühle werden zeigen, dass Organisationen nur gewinnen können, wenn sie ihre Tore für Freude, Lust, Schönheit, Humor, Liebe öffnen.

Führen mit Lust

Natürlich ist Lust das *schönere* Gefühl, aber, gleich vorweg, auch kein ungefährliches: Wenn keine Angst das Wahrnehmen und Denken mit steuert und ausbalanciert, sind strategische Fehlentscheidungen, überzogene Investitionen oder riskante Innovationen wahrscheinlich – Folgen des Ausblendens jener Angstgefühle, die Manager angeblich nicht haben dürfen.

Dessen ungeachtet, sind nachhaltig erfolgreiche Leader, die gestalten, verändern, dynamisieren, stabilisieren, mitreißen, irritieren, immer *getriggert* von der *Lust zu führen*. Sie freuen sich an sich selbst, geben sich selbst Wertschätzung, spüren ihre inneren Energien, lassen sich von ihnen *antreiben* und von ihrer Intuition *antörnen*. Es gibt kein Zögern bei der Übernahme von Funktionen, Herausforderungen, Risiken und der Begegnung mit Ungewöhnlichem und Unvorhersehbarem.

Führen ist Beziehung

Bei der genauen Beobachtung und Befragung erfolgreicher Leader lassen sich sehr klar diejenigen Haltungen und Fähigkeiten identifizieren, die aus der »Quelle Lust« genährt werden:

- Sie können Bilder von erwünschten Zuständen entwickeln und sie plastisch und anregend vermitteln.
- Sie sind an unterschiedlichsten Kontakten und Erfahrungen interessiert und lassen sich davon anregen – sie lassen sich von anderen Gedanken mitnehmen oder »surfen« gern auf anderen Gedankenwellen.
- Sie lieben die Frage: »Why not?«
- Sie haben Mut, auch scheinbar Unmögliches zu wollen, zu erwarten, und besitzen die (Nerven-)Stärke, anderen viel zuzutrauen
- Sie werden ungeduldig bei zu langen Problemanalysen, Ursachen und Fehlersuchen.
- Auch wenn sie von einem Ziel fasziniert sind, sind sie »ideologisch« nicht begrenzt – sie kennen die Vielfalt der Welt und ihrer eigenen Möglichkeiten.

- Sie sind großzügig in der Anerkennung von Leistungen und in der Ressourcenverteilung.
- Da sie Freude am Spiel haben, sind die Gespräche meist mit Humor und Lachen »garniert« – Ironie ist selten verletzend und bezieht sie selbst mit ein.
- Leader, die ihre Lust am Führen wahrnehmen und auch deutlich zeigen können, kennen die erotische und sinnliche Komponente dieser Aufgabe. Unverkrampft und ohne Zweideutigkeit wird ihre Form der Einflussnahme eine sehr persönliche Mischung aus Wollen und Willen, Vermittlung und Verführung.
- Man könnte auch sagen, sie führen mit *Kraft und Charme.*

An diesen Beschreibungen wird deutlich, wie sich die »Lust zur Führung« vom »Willen zur Macht« unterscheidet. Menschen mit hohem Machtbewusstsein – das manchmal mit der Verleugnung eigener Ängste verbunden ist – wirken ernsthafter, strenger, unnachgiebiger. Kommunikationspartnern vermitteln sie das Gefühl, man müsse auf der Hut sein. Ihre eigene Angst wird sozusagen auf das Gegenüber verlagert. Beobachtet eine Führungskraft, die ihr Handeln aus dem Bedürfnis nach Macht ableitet, die Ängste seines Gegenübers, beruhigt sie das und vermittelt ihr Sicherheit. Da aber diese Sicherheit nicht aus sich selbst genährt wird, sondern aus dieser Differenz entsteht, bleibt sie höchst instabil (der andere wird letztlich für seine Angst verachtet) und muss immer wieder durch Machtdemonstrationen hergestellt werden.

So attraktiv Leadership wirken kann, die aus der Lust *geformt* wird, es muss auch auf die Gefahren verwiesen werden. Selbst für erfahrene Coachs ist es nicht leicht, rechtzeitig solche Risikodimensionen zu erkennen und zu benennen, ohne als »beckmesserisch« erlebt zu werden. Gerade die »sinnlichen« und wertschätzenden Seiten schalten bei Mitarbeiter und Mitarbeiterinnen – eher unbewusst – die sachliche Achtsamkeit und kritische Überprüfung aus. Man hat Freude am Spiel, am »Verführtwerden«, man wiegt sich in der Sicherheit des Charismas und der Klarheit der Ausrichtung. Man will es sich nicht mit ihr/ihm verscherzen und spürt unangenehm, wie ungeduldig er/sie wird, verweist man auf Gefahren und Probleme.

Für die Führungskraft selbst ist nicht immer eindeutig zu erkennen, ob da ein gesundes Selbstbewusstsein trägt oder narzisstische Selbstüberhöhung blind und – noch viel schwerwiegender – taub für Gefahren macht. »Erfolg macht lernresistent« umschreibt präzise die Risikoseite dieser Form von Führung. Werden Grenzüberschreitungen stets als leicht und sanktionslos erlebt, können keine mentalen Muster entwickelt werden, die rechtzeitig auf (existenzbedrohende) Risiken aufmerksam machen. Die Frage »Was soll mich aufhalten?« treibt selbst über legale Grenzen hinweg und der folgende Absturz ist meist tief. Wird eine Misserfolgserfahrung aber konstruktiv und selbstkritisch verarbeitet, so wird die *Lust an Führung* bald wieder neue Aufgaben und Herausforderungen finden.

Führen mit Angst

Wie agiert Führung, bei der der andere Brennpunkt – das Grundgefühl Angst – mehr oder minder durchgängig Wahrnehmung, Bewertungen, Entscheidungen und die Form der Einflussnahme bestimmt?

Dass und wie weit Verhalten wesentlich durch Angst bestimmt wird, kann aus einer Beobachterperspektive letztlich nur vermutet werden. Unsere eigenen Befunde verknüpfen solche Beobachtungen mit langjähriger Erfahrung aus Coaching- und Diagnosegesprächen.

Bitte lesen und verwenden Sie deshalb die folgenden Beschreibungen und Verallgemeinerungen mit angemessener Vorsicht: Es ist fahrlässig, eigene Beobachtungen nonchalant innerpsychischen Prozessen von Personen zuzuordnen. Diese Vorsicht begründet sich aus der Erfahrung, dass das Thema Angst aus der Tabuzone *entlassen* wurde. Es darf auch außerhalb von Coaching und Therapieräumen angesprochen und reflektiert werden, was eindeutig zur Gesundung von Führungsverhältnissen beiträgt. Würde aber zu schnell klassifiziert werden, schlösse sich wieder das Tor der Verleugnung.[2]

Angst ist für das Überleben des Individuums und der gesamten Menschheit ein ebenso funktionales, zentrales und evolutionär bedeutendes Gefühl wie Lust, Aggression, Scham, Trauer oder Liebe und Dankbarkeit. Sie sensibilisiert für Gefahren, lässt uns rechtzeitig flüchten, statt aussichtslos zu kämpfen, und innehalten, statt mit Schwung in den Abgrund zu stürzen.

Ist Angst das bestimmende Gefühl in der Führung, werden Skepsis, Misstrauen, Kontrolle und Distanz die vorherrschenden Verhaltensmechanismen sein. Das klingt negativ, aber die Folgen sind es nicht unbedingt.

Eine von Angst diktierte genaue Überprüfung von Behauptungen und Fakten ist legitim:

---

2 Bemerkenswert ist, dass – möglicherweise im Gegenzug – beim Thema »Lust auf Führung« die »Schamgrenze« steigt; zumindest im deutschsprachigen Kulturkreis fällt es schwer, in der Unternehmensöffentlichkeit seine Lust am Führen zu deklarieren.

- Bewusste Rücksichtnahme auf bewährte Strukturen und Verfahren in Veränderungsprozessen findet statt.
- Planungen antizipieren klarer Schwierigkeiten und Hindernisse,
- Vorstellungen nächster hierarchischer Ebenen werden eher einem Realitätscheck unterzogen,
- Angst lässt weniger Prozessorientierung oder Experimente zu.
- Investitionen werden sorgfältig überlegt und nur jene Marktchancen aufgegriffen, die im wahrsten Sinn »auf der Hand liegen«.
- Das weithin unhinterfragte Motto »Agieren ist besser als Reagieren« wird kritisch auf seine ökonomische Auswirkung hin überprüft.

Angst ermöglicht dem Verstand zu erkennen, dass aktives oder gar – welch seltsame Steigerungsform – proaktives Handeln mit hohen Kosten verbunden sein kann, vor allem, wenn man als Erster *unerforschtes Land* betritt. Die reaktiv Handelnden, also die später Nachfolgenden, können aus den Fehlern der Pioniere lernen und sich hohen Entwicklungsaufwand sparen.

Andererseits verschläft Sicherheits- und Angstvermeidungsdenken häufig das Ende gewohnter Produkt-Markt-Konstellationen. Um dann als Unternehmen(seinheit) noch überleben zu können, muss man oft besonders radikale, risikoreiche und dramatische Restrukturierungsmaßnahmen einleiten – meist mit Leadern eines anderen Typs.

Angstmotivierte Führung wird sicher nicht mit »Verführung« operieren, sondern mit Druck. Ein Wort, welches das gesamte Repertoire des Rollenspiels und des Einflussverhaltens dominiert. Dass mit Druck, wenn überhaupt, nur kurzfristig konstruktive und effiziente Ergebnisse erzielt werden können, wird ausgeblendet. Letztlich erzeugt Druck Enge, Anpassung, Gegendruck, Angst, Härte oder Ausweichen. Diese selbst hervorgerufenen Reaktionen dienen als Beweis, warum es ohne Druck nicht geht, und die nächste Eskalationsschleife wird eingeleitet. Betroffene Mitarbeiterinnen und Kollegen gehen auf größere Distanz, werden dadurch noch »unberechenbarer«, und die (selbst produzierte) Unsicherheit steigt.

So erweist sich Druck als das untauglichste Mittel zur Bewältigung von Unsicherheit und Angst. Die nicht wahr- oder ernst genommene Angst höhlt sozusagen die innere Stabilität aus. Man glaubt nicht an die eigene persönliche Wirksamkeit und »schiebt« quasi zwischen sich und die Umwelt, die nicht Zeuge des inneren *Zitterns* werden soll, eine physikalisch-technische Methode – Druck. Es ist ein einfaches, aber höchst wirksames Gedankenspiel, an die Stelle der Bezeichnung »Druck« die Formel »Ich bin konkret und konsequent« einzusetzen. So kommuniziert, kann verstanden werden, dass es um klare, beobachtbare Ziele, eindeutige Grenzen und realistische und umsetzbare Maßnahmen geht.

Angst wird immer dann zum guten Ratgeber und Begleiter für Leader, wenn sie bewusst gespürt und als Teil des Selbst wahrgenommen wird. Wo die Verleugnung keine Energie mehr absorbieren kann, entsteht eine Vertrautheit mit wesentlichen Teilen der eigenen inneren Welt, aus der eine besondere Kraft gewonnen werden kann.

Führen im Spannungsfeld von Lust und Angst

Leadership muss sich – ob man will oder nicht – an der Wirkung, dem (Gestaltungs-)Erfolg messen lassen (was Wirkung ist und welche Messgrößen für den Erfolg herangezogen werden, entscheiden die Beobachter, und sie entscheiden auch, ob sie den Erfolg dem Handel der Führung zuschreiben).

Wir bieten Ihnen einige Kriterien dafür an:

- Die Organisation ist an den Kunden- und Markterfordernissen ausgerichtet, das zeigt sich eindeutig an inhaltlich, zeitlich und ökonomisch *angemessenen* Antworten, Produkten und Dienstleistungen und an dem, worüber bei Meetings ausführlich gesprochen wird.
- Strategische Überlegungen klammern die gesellschaftliche Verantwortung nicht aus.
- Lernfähigkeit zeigt sich in der Balance von Bewegung und Stabilität, Erhalten und Verändern, im Erkennen und Managen von relevanten Paradoxien.
- Mitarbeiter engagieren sich aus Freude und Leidenschaft an der Sache, können sich mit dem Unternehmen identifizieren und verstehen den Sinn ihres Tuns.
- Probleme sind Impulse dafür, Lösungen zu entwickeln.
- Die Kultur kann mit »vertrauensvoll«, »klar«, »einfach«, »wertschätzend« und »sehr achtsam« beschrieben werden.
- Autonomie und Verbundenheit werden bewusst balanciert.
- Unterschiede und Konflikte sind die Quelle der Entwicklung.

Unsere Behauptung und Erfahrung: Führung, die sich bewusst im Spannungsfeld von Lust und Angst bewegt, hat eine größere Erfolgsaussicht, diese eben aufgezählten Qualitäten zu erschaffen und zu erhalten.

Die Bedeutung der hierarchischen Position für die Wirkung von Führung hat sich zugunsten der Frage nach Glaubwürdigkeit und Echtheit verschoben. Damit hat die Skepsis unwiderruflich Eingang in die Beobachtung und Bewertung aller Leitenden gefunden.

Diese Paradoxie – man erwartet Glaubwürdigkeit und beäugt sie zugleich skeptisch – setzt jeder Führungskraft kräftig zu, vor allem, wenn sie vor sich selber und den Bewertungen der anderen positiv bestehen will.

Eine der zentralen Aufgaben von Führung, nämlich zwischen den Organisationsebenen zu vermitteln, kann nicht einfach nach dem Prinzip »Sei authentisch und offen« gelöst werden. Diese Aufgabe wird immer eine kontextadäquate und rücksichtsvolle Selektion erfordern, d. h., die jeweilige Führungskraft muss bewusst entscheiden, was sage und bestimme ich und was nicht. Es ist eine Gratwanderung zwischen der Lust und dem Selbstbewusstsein, mit professioneller Taktik zu agieren, und der Angst, sich selbst nicht zu verleugnen und sich und die anderen nicht zu verlieren.

Die Zumutung an Führung in der derzeitigen gesellschaftlichen Verfassung lautet:

> »Setze deine Pläne und deinen strategischen Willen um *und* passe dich flexibel (geschmeidig) den Gegebenheiten an! Sei Sozialingenieur und Gärtner zugleich!« (Schober u. Buchinger 2006, S. 30; Hervorh. im Orig.).

Die Bewältigung dieses Rollenwiderspruchs ist ein auch psychisch-emotional herausforderndes Spiel. Eine Bewegung zwischen den Brennpunkten Lust und Angst, die auf eine *Selbstverortung* zielt, die wir in Anlehnung an Heinz von Foerster mit »Ich bin *Teil* der Organisation« charakterisieren. Dieses »ich bin Teil« erkennt, anerkennt und versteht die eigene Vernetzung.

> »Welche Position man auch immer einnimmt und wie hoch der Autonomiegrad auch sein mag, man ist Teil eines größeren Zusammenhanges. Was immer man anstößt, die Auswirkungen kehren – oft überraschend in der Form und im Zeitpunkt – zum Impulsgeber zurück.
>
> Sehen und annehmen, was aus den eigenen Handlungen folgt, schafft Vertrauen in einen dynamischen Prozess der Lösungsfindung. So wird

> das Leben mit anderen zu einer gemeinsamen Bewegung, in der Führen und Geführtwerden zusammenspielen, wo jeder Schritt agiert und reagiert zugleich, Weichenstellung und Antwort ist in einem.
>
> Aus diesem Prozess erwächst eine neue Form von Sicherheit. Es ist nicht mehr die Geborgenheit in einer zu unserem Wohl gelenkten Welt, nicht mehr die wachsende Kontrolle über die Phänomene der Natur, die Planbarkeit und Vorhersehbarkeit der Ereignisse der Gesellschaft, es sind nicht inhaltliche Festlegungen, sondern Austausch und gemeinsame Bewegung, die Sicherheit verleihen.
>
> Die Leitsätze dafür lauten: Bleib in Kontakt mit dir selbst, mit deinen Partnerinnen und deinem Umfeld. Schließe dein Handeln an das an, was du vorfindest. Steig nicht aus, wenn die eigenen Erwartungen nicht eintreten, gib nicht anderen die Schuld, sondern entdecke die neuen Perspektiven.
>
> Das Unerwartete, andere wirkt dann nicht begrenzend, sondern erweiternd. Durch Schuldzuschreibungen überträgt man letztlich anderen die Macht über das eigene Wohlbefinden. Indem man die Enttäuschung oder Freude in Verbindung mit den eigenen Erwartungen und Bedürfnissen bringt, entdeckt man sich selbst als Quelle der Veränderung und des Wohlbefindens« (ebd., S. 29 ff.).

Die Bewältigung dieser so widersprüchlichen Anforderungen gelingt, wenn mit den emotionalen Energien von Lust und Angst jongliert werden kann. Da dürfen schon mal die Bälle runterfallen und wieder aufgehoben werden. Schon allein es immer wieder zu versuchen und dabei die anderen »zusehen zu lassen« ist die Voraussetzung für ein Führungskonzept hoher Lebendigkeit und Wirksamkeit und für das, was manche Beobachter mit Charisma etikettieren werden.

Organisationen sind *Komplexitätsbewältiger* und *Komplexitätserzeuger*. Sie können beruhigen und aufregen, anregen und überfordern, Angst machen und lustvolle Energien hervorrufen. Was sie sicher nicht sind: *emotionsfrei-rationale Räume*. Das hat sich herumgesprochen, und man hat verstanden, Organisation nicht mehr sachlich *rein* halten zu können und zu wollen. Es mag manchmal noch über das *Menscheln* gescherzt werden, die erfrischende *Normalität* möchte man nicht mehr missen.

Daher stellt sich die Frage »Was haben Lust, Liebe, Freiheit in Organisationen zu tun?« eigentlich gar nicht mehr. Das »normale Leben« weiß, was es davon hat. – Und auch, welche Mühen man sich damit antut.

Heroische Führung – Ewiger Mythos? Neue Realität? Beides?

Betrachtet man die politischen Führungspersonen der jüngsten Vergangenheit, die Erwartungen, die sie zu erfüllen hatten, die Bilanzen ihrer Bemühungen, die Schmähungen der Medien, wenn Heilserwartungen enttäuscht und herkulische Aufgaben nicht in Rekordzeit bewältigt wurden, bezieht man dann auch die Entwicklung der Parteienlandschaften und des Wählerverhaltens in das Gesamtbild ein, dann fragt man sich, wann zuletzt ein anderes Bild von Leadership denkbar war.

Als auf dem Feld der Organisationen die postheroische Ära eingeläutet wurde, dachte man, endlich habe sich der Entzauberungsprozess, der in den späten 60er-Jahren des vorigen Jahrhunderts mit der »Krise der Hierarchie« begonnen hat, von der Randerscheinung zum Mainstream verbreitert. Der Optimismus war verfrüht. Nach fünf Jahrzehnten, in denen sich Bibliotheken mit Erkenntnissen aus Führungs- und Organisationsforschung, moderner Systemtheorie und Neurobiologie füllten, werden die Erfolge und Katastrophen von Organisationen unverändert kausal mit der Person an der Spitze verknüpft. Welche Art von Menschen man heute an die Spitze eines Unternehmens, einer Partei, einer Organisation berufen soll, welche Fähigkeiten, wie viel Kühnheit, rationale Kühle, warme Emotionalität sie mitbringen müssen, um Turbulenzen zu managen, Stakeholder zu überzeugen, nach innen glaubwürdig und motivierend, nach außen vertrauenerweckend und stabil zu wirken – diese Fragen bleiben brennend, und die meisten Antworten werden offenbar immer noch unter falschen Prämissen gegeben.

Der Sehnsucht nach charismatischen Leitfiguren an der Spitze von Unternehmen und Organisationen sollten wir weder entgegentreten noch applaudieren, ohne nochmals einen prüfenden Blick auf Organisationen und ihr Steuerungserfordernis in ihrem aktuellen ökonomischen und gesellschaftlichen Umfeld geworfen zu haben.

Seit Adam Smith käme niemand mehr auf die Idee, Märkte als etwas Stabiles und Berechenbares zu betrachten. Sie sind im Gegenteil das »sich selbst Steuernde« schlechthin, auch wenn Smiths romantisches Bild von der »unsichtbaren Hand« – wessen Hand eigentlich? – durch die moderne Systemtheorie und Kybernetik etwas entzaubert wurde.

Fast unzerstörbar ist hingegen die Vorstellung von Unternehmen und Organisationen als Räderwerken, als Maschinen mit mehr oder weniger Sand im Getriebe oder, etwas zeitgemäßer, als technischen Netzwerken. Wir wollen sie uns als Systeme vorstellen, die nach streng logischfunktionalen Prinzipien und rein rationalen Regeln arbeiten. Wo das misslingt, hat es wohl zu sehr »gemenschelt«. Die »Chemie« hat nicht funktioniert.

Die Kollision mit der Wirklichkeit kann sie nicht überleben, die Annahme, dass sich das Geschehen in Organisationen mit einfachen Ursache-Wirkungs-Ketten (wobei Ursache = Schuld) beschreiben ließe.

Und dennoch setzen sich die Angebote für realitätsnähere Analogien nur sehr zögerlich durch. Verständlich, denn sobald man Unternehmen als kybernetische Kreisläufe oder Organismen, Organisationen als komplexe Netzwerke, Abteilungen als lebendige Ökosysteme *plastisch* begreift, werden auch die Grenzen der herkömmlichen Begrifflichkeit von Führung und Steuerung sichtbar.

Du, ich hätte noch was für dich, sogar von Popeye kannst du was über Leadership erfahren – der sagt dir doch was?

Was, wo?

Na, auf YouTube: »Lessons in Leadership«.

Es entsteht Bedarf nach einer neuen Sprache, die ihre Begriffe nicht mehr aus Technik und Ingenieurwissenschaften entleiht, sondern sich aus dem manchmal kryptisch wirkenden *Fundus* der Soziologie, der Systemtheorie, der Chaostheorie, der Kybernetik, der Neurowissenschaften oder sogar der Philosophie bedient. Mit der Begriffswelt der Dampfmaschinenära ist das beginnende Zeitalter der künstlichen Intelligenz nicht mehr zu beschreiben.

Auch der »Kapitän auf der Brücke« wird immer noch gerne zitiert, aber welches Unternehmen ist ein stabiles Schiff, das durch den Weltmarkt fährt? Wie es greifen? Wo sind seine Grenzen, wie ist seine Gestalt? Der Organisationswissenschaftler Fritz B. Simon bringt es auf den Punkt: »Organisationen kann man nicht küssen.«

Was sind aussagekräftige Bilder für das, was Führung heute ist? Kapitän zu sein, Industriekapitän, das war früher ein schönes Bild, im Gespräch mit Frau und Kindern, Journalisten und Stakeholdern leicht zu erklären, befeuert vom perfekten Mix aus Romantik, Abenteuer, Kompetenz und Verlässlichkeit und übrigens auch attraktiv genug, sodass junge Talente ihm begeistert nachstrebten.

Und heute? Wie umreißt man kurz und bündig Leadership in unserer Zeit, entwirft für den Inhaber der Funktion ein attraktives Rollenbild und vermittelt Shareholdern, Stakeholdern und allen inte-

Abb. 20: Was möchten Sie sein? Wer will ich sein?

ressierten Beobachtern das beruhigende Gefühl, das Geschehen sei in guten Händen?

Wären Sie gerne Industriemoderator? Innovationsgärtner? Teambiologe? Pfleger, Supporter, Ermöglicher? Sie meinen, das sei ganz nett, aber angesichts der Mühen und Risiken einer Spitzenposition wäre das Understatement schrecklich übertrieben? Nun, zumindest die Welt ist Ihrer Meinung: Das Außerordentliche der Aufgabe fokussiert nach wie vor alle Aufmerksamkeit und Hoffnung des gesamten Umfeldes, selbst coolster Analysten, auf Führung. Der CEO wird zugleich an der Spitze und im Zentrum »verortet«.

Das Pyramidenbild der Hierarchie ragt unverdrossen, allen Zeitströmungen entrückt, vor unseren inneren Augen empor, so wie seine architektonische Verkörperung im Wüstensand von Giseh.

Alle, der Positionsinhaber wahrscheinlich eingeschlossen, erwarten von der Person an der Spitze das einzigartige und besondere Gelingen, die Lösung aller Probleme, den Durchbruch, die begeisterte Mobilisierung, die geniale Strategie und ihre erfolgreiche Verwirklichung.

Gewollt oder ungewollt: Der Heldenmythos lebt. Vielleicht, weil der heroische Führer ein Archetyp ist. Weil sich keine Story ohne Helden erzählen lässt. Oder weil die Turbulenzen und Unwägbarkeiten nicht erträglich wären, würde man nicht den rettenden Superhelden in den Chefsessel imaginieren.

Abb. 21: Nur mehr Mythos?

Wenn man glaubt, dass die Welt aus den Fugen gerät ... wenn eine erfolgreich tradierte, tief in Mensch und Institution verankerte Ordnung, aus der Generationen ihre Handlungssicherheit und Orientierung bezogen haben, zu zerfallen scheint, wenn die Steuernden an der Spitze merken, dass sie das Geschehen der Organisation nicht mehr wirklich im Griff haben, wenn sie ahnen, die Zeit der Planbarkeit, Machbarkeit und stabilen Kontrolle ist vorbei und bemerken, dass heute erworbene neuen Fertigkeiten zu Führung und Steuerung morgen schon nicht mehr ausreichen, dann verliert auch rationale Einsicht ihre Wirkung.

Wissen hin oder her – was auf uns einstürzt, ist zu viel, als dass man ihm noch mit kantscher Vernunft gelassen beikäme.

> »Jeder kennt die tiefe Unsicherheit, die uns befällt, wenn sich die Verhältnisse nicht so darstellen, wie wir es geglaubt haben. Das beginnt ganz harmlos, wenn eine bestimmte Sache nicht an dem Ort liegt, an dem man sie zu wissen meint. Wir können nur leben, wenn wir eine große Zahl von Annahmen für wahr halten, ohne sie zu überprüfen. Jeder traut dem Erdboden blind, dass er ihn tragen werde, umso schlimmer, wenn da unversehens Luft ist. Der Schreck ist dann noch größer als der Schmerz durch das Stürzen. Um zu leben, müssen wir einen Pakt mit der Welt schließen, der uns erlaubt, unseren Augen zu trauen und uns auf unsere Erfahrungen zu verlassen« (Mosebach 2014, S. 392).

Angst übernimmt das Regime. Sie setzt einen Kreislauf des Denkens und Handelns in Gang, der in den Zustand der verloren gegangenen Sicherheit zurückführen soll.

Man kann diesen gespaltenen Zustand auch als Regression oder archaische Reaktion bezeichnen. Der Affekt sagt: »Wir holen uns die Sicherheit zurück!« Die Vernunft erlaubt sich den Hinweis, dass dies nicht gelingen kann, da der Zustand, der die Sicherheit geboten hatte, unwiederbringlich aufgelöst wurde. Aber dies verstärkt nur den Affekt in seiner Wirkung. Er mobilisiert Erinnerungen an eine noch frühere Zeit, da »wirklich« noch alles im Lot war. Im Feld der Führung geht es an diesem Punkt der Krise nicht mehr um die simple Reaktivierung der klassischen Hierarchie und des »alten« Vorgesetztenstatus, sondern um die Sehnsucht nach dem »weißen Ritter«, dem Helden, der jenseits geordneter Strukturen zu einfachen, klaren Lösungen führt. Sehr, aber dennoch zulässig verkürzt lässt sich eine Analogie zur zentraleuropäischen Geschichte im 20. Jahrhunderts ziehen: Als die aristokratisch-monarchischen Gesellschaften sich auflösten, eine neue *politische Vernunft* demokratische Verfassungen und Steuerungsformen einsetzte und die Krisenerscheinungen nicht rasch genug aufgelöst werden konnten, war der Boden für Diktatur und Faschismus bereitet: Der als charismatisch erlebte Führer präsentierte seine Vereinfachungen, die Sicherheit, eindeutige

Orientierungen und klare Ursache-Wirkungs-Zusammenhänge vortäuschten. Der Affekt trieb zur Gefolgschaft, die Vernunft gab nach, die Katastrophe war programmiert. Fast möchte man meinen, dass einschneidende Veränderungen erst möglich werden, wenn das Verlorengegangene noch einmal zerstört wird.

Helden und Führer scheitern und stürzen, aber der Heldenmythos scheint unausrottbar. Bei jeder größeren Verunsicherung wird der nächste Held auf den Schild gehoben, aber die Gefolgschaft ist aus der Geschichte gewarnt, der Misserfolg wird vorhergesehen und auf paradoxe Art sogar herbeigesehnt: So schnell heute Helden gemacht und auf die Throne des Wirtschaftsboulevards gehoben werden, so respektlos werden sie wieder heruntergestoßen. Was Monate zuvor als beispielgebende Strategie gefeiert wurde, findet sich einen gefühlten Lidschlag später als zynisch kommentiertes »Versagen von Spitzenmanagern« wieder. Rituell werden der regressive Wunsch nach paradiesischer Sicherheit und seine Unerfüllbarkeit zelebriert. So arbeitet man sich unter gewaltigem finanziellen Aufwand und enormen emotionalen Kosten an den anstehenden Aufgaben ab, getrieben von unausrottbarer Sehnsucht, bösen Ressentiments und der paradoxen Befriedigung, dass alle, auch die vermeintlichen Helden, in Wahrheit Opfer sind.

Helden gesucht: Neue Leader sind gefragt

Wir wissen nun, dass wirksame (Vor-)Bilder unverzichtbar scheinen. Die Verführung, nach ihnen Ausschau zu halten, ist sogar im Begriff Leadership (»Folge mir!«) angelegt. Aber Heroen wie Achilles, Hector, Hannibal, Alexander der Große oder die Helden gezählter 160 (!!!) John-Wayne-Filmen taugen nicht mehr als Rollenmodell für modernes Management. Wir sind dennoch in der Antike fündig geworden, bei einem, den sein erster Biograf den weisen, aber häufiger noch den erfindungsreichen, auch den edlen und immer wieder den »herrlichen Dulder« nannte: Homers Odysseus. Der Held als herrlicher Dulder?

In der Tat. Denn an der Spitze von Unternehmen ist es eher selten erforderlich, dass Verantwortliche, Alexander gleich, mit einem Schlag einen Knoten zerteilen. Aber täglich sollten sie listig, ideenreich und situationsadäquat den Kontext identifizieren, Umfeld und eigene Ressourcen richtig einschätzen und angemessene Lösungen entwickeln – Führungskräfte, die stets offenbleiben für Chancen und ganz generell das Leben, die, ohne das übergeordnete Ziel aus den Augen zu lassen, die Gunst der Stunde nutzen und die sich und ihr

Team gelegentlich auch einmal der Gefahr der Verführung durch den Gesang der Sirenen aussetzen, aber nicht ohne ein sicherndes Seil um die Brust und den Schutz der Belegschaft vor unzumutbaren Informationen.

Leader, die nach den »Prinzipien des Odysseus« (vgl. Schober u. Buchinger 2006) führen ... verstehen sich als *einen* (unbestritten wichtigen) Teil in einem vernetzten, dynamischen System, das ganz unterschiedliche Formen annehmen und unterschiedliche Wege gehen kann, in dem immer weniger nacheinander geschieht und immer mehr gleichzeitig und wo es keinen Punkt gibt, von dem aus man das Ganze erkennen, geschweige denn gezielt beeinflussen könnte.

Sie täuschen nicht Sicherheit vor, wo es keine Gewissheit geben kann. Unsicherheit ist für sie kein Mangel, sondern nahezu eine Voraussetzung für das Erkennen von Widersprüchen und das Auffinden von Alternativen. Ins Zentrum rücken die Aufgabe und das Bewusstsein, *Teil zu sein* und aus der »Position des Teils« Einfluss zu nehmen aufs Ganze, zu dem man selbst gehört und das man nicht unter Kontrolle haben kann und dennoch kontrollieren muss.

Erfolgreiche Leader sind nicht entweder Held oder Dienstleister (Servant Leadership), *sondern beides.* Sie integrieren auch diese Widersprüche.

Sie können zielgerichtet zupacken *und* aufmerksam zuwarten, sie verbinden Gestalten *und* Annehmen, sie geben die Richtung vor und können einfühlsam mitgehen, sie stehen für sich allein *und* sind mit anderen verbunden, sie sind selbstbewusst *und* selbstzweifelnd, sie helfen und lassen sich helfen, sie sind stolz *und* demütig zugleich. Stolz auf das, was sie allein leisten, *und* auf das, was durch ihre Mitwirkung an neuen Realitäten, Produkten, Dienstleistungen, Entscheidungen, Prozessen, Werten, Wissen und Gefühlen entstanden ist.

Sie kennen ihre Kraft, ihren Einsatz, die Bedeutung der Mitspieler, und sie können mit Dankbarkeit einErgebnis auch als ein Geschenk annehmen. Sie sind Heldinnen und Helden, die auch – oder gerade – in der höchsten Position *professionell-authentische* und daher glaubwürdige Menschen geblieben sind.

Welchen Namen, welche Bezeichnung wollen Sie sich geben?

Jetzt habe ich so viel gelesen , hast du nicht ein Filmchen, das Führung mal anders auf den Punkt bringt?

Auf die Frage »What is Leadership?« liefert Dir L. David Marquet im Netz einen köstlichen Comic, nimm dir neun Minuten.

Schicken Sie sich selber in die Wüste

Schicken Sie sich in die Wüste!

Die Tradition existiert seit Jahrtausenden. Propheten, Häuptlinge, Schamanen, Krieger, Heilige, Künstler und Stars haben es getan. Manche für Tage oder Wochen, andere für Jahre oder gar ein ganzes Leben: aus der Zivilisation, dem Vertrauten, der Sicherheit, der Bequemlichkeit ausbrechen. In die Wüste gehen. Altes abstreifen. Sich neu (er)finden, um verwandelt und im neuen Bewusstsein einer Mission zurückkehren.

8 Muster brauchen mal Musterwechsel

Muster – psychische, soziale, inhaltliche, zeitliche – machen als Basis für Routinen unser Leben nicht nur einfacher, sie prägen auch unsere Vorstellungen, selektieren unsere Wahrnehmungen und die Reaktionen auf Ereignisse. Sie werden durch Verstärkung, positive Erfahrungen gebildet – meist ohne bewusste Wahrnehmung und bewusste Entscheidungen.

Wenn Sie Ihre Organisation (und mal auch sich selbst) besser verstehen wollen, gehen Sie auf die Suche nach Mustern. Wenn Sie Veränderungen für nützlich halten, dann sollten Sie stabilisierende und dynamisierende Muster entdecken, dann haben Sie – wie bei der Akupunktur – Ansatzpunkte für Interventionen. Die »Change-Nadel« richtig gesetzt, und schon kommt der Selbststeuerungs- und Selbsterneuerungsmechanismus in Gang.

Unter dem Fokus Organisation N. N. werfen wir einige Blicke in die Welten des menschlichen Gehirns, seiner Biochemie und Funktionslogiken. Sie werden dabei entdecken, wie Sie deren Prozesse aktiv nutzen können, weshalb wir Menschen so gerne in unsere Gewohnheitsfallen tappen und Lernen so schwerfallen kann. Sie sehen Ihre Möglichkeiten – so Sie denn wollen –, mit Genuss, Neugier und Perspektivwechsel Ihre Lernlust zu aktivieren. Dazu gehört ganz wesentlich die Wiederentdeckung des Spielgeistes.

Mit diesen Basics ausgestattet, finden Sie einige Anregungen, Praxiserfahrungen und Ideen für Ihren Umgang mit komplexen, zuweilen krisenhaften Situationen – aber ab jetzt spielerisch.

Musterbildung – Musterwechsel

»Manche leben mit einer so erstaunlichen Routine, dass es schwerfällt zu glauben, sie lebten zum ersten Mal.«
Stanisław Jerzy Lec

Ein Schnellkurs zur Programmierung von Denken und Fühlen

Mittwoch, 14:00 Uhr, Sitzungsraum 7.01, so wie jede Woche der Bereichs-Jour-fixe. Noch angeregt von einer kurzen Telko mit dem Produktionsleiter in Illinois, betreten Sie wie gewohnt den Meetingraum. Und in diesem Augenblick geschieht – ohne Ihr bewusstes

Zutun – etwas Erstaunliches: Ihre Hirnaktivität fährt herunter – zumindest in wesentlichen Arealen.

Ihr Gehirn schaltet auf das Programm »Meetingraum-und-Jourfixe-Routine«: festgelegte Codes von Wahrnehmungen und ihrer Einordnung, eine automatische Abfolge von bestimmten Handlungen und Reaktionsweisen, ein eingegrenztes Repertoire an Verhaltensmöglichkeiten, die Sie sich im Zusammenhang mit diesem Mittwochsritual in diesem Raum »zusammengestellt« haben. (Es handelt sich um ein Meeting, das Sie durchaus für sinnvoll halten.)

Das hat nur bedingt mit Abstumpfung oder Desinteresse zu tun, es ist in gewisser Weise sogar äußerst hilfreich – aber lassen Sie sich nicht zu schnell beruhigen.

Jede etablierte Gewohnheit erlaubt dem Gehirn, sich zu entspannen, Kapazitäten einzusparen und ein automatisiertes Routineprogramm abzuspulen. Sie müssen sich nicht mehr, wie beim ersten Mal, orientieren – erinnern Sie sich? Wie ist der Raum beschaffen, gibt es eine Sitzordnung, wie läuft das Meeting ab, welche Rituale gibt es, was muss ich vermeiden, womit komme ich gut an, wessen Worte haben hier welches Gewicht, wem wird nicht zugehört, was bedeutet die Mimik von Herrn X?

Dieser Prozess – als *Chunking* bezeichnet – meint das Portionieren umfassender, auch hochkomplexer Handlungsabläufe. Er bildet die Grundlage von Gewohnheiten, und diese Gewohnheiten entstehen, weil das Gehirn stets bemüht ist, unnötige – oder »langweilige« – Anstrengung zu minimieren. Es wandelt also Routinen – »Ah, den Ablauf kennen wir schon!« – in Gewohnheiten um und lässt sie ab dem Auslösereiz laufen (vgl. Duhig 2013; Graybiel 1998).

Ein perfektes Zusammenspiel zwischen Gehirn und Gefühl: Gefühlte und gedachte Sequenzen werden verknüpft und als *somatische Marker* vom Körper gespeichert – dazu mehr weiter unten.

Mit Blick auf das Einsparen unnötiger Anstrengung klingt das hervorragend – und ist es in den meisten Fällen auch. Unangenehm wird es, wenn Sie im *Meetingraummodus* wesentliche Weichenstellungen für eine weiter reichende Entscheidung schlicht *verpennen.*

Aber auch hierfür hat das Gehirn vorgesorgt: Es kann erkennen und entscheiden, wann eine Gewohnheit das Kommando übernehmen soll – und dieses Erkennen (mit der Entscheidungsmöglichkeit) liegt immer zu Beginn und am Ende eines Gewohnheitsereignisses oder einer Verhaltenssequenz: z. B. wenn Sie den Meetingraum betreten und wenn Sie ihn am Ende verlassen.

Es funktioniert, in aller Kürze, so: Zu Beginn des gewohnten Ereignisses (Betreten des Meetingraums) bemüht sich das Gehirn zu erkennen, ob es sich um die erwartete Routine handelt, es scannt sozusagen die Situation. Gibt es die entsprechenden Auslösereize, die zu dieser Gewohnheit passen: den Raum, die Sesselanordnung, bestimmte Kollegen, die schon da sind, den Beamer, Kaffeetassen und Mineralwasser auf dem Tisch? Okay, alles vorhanden, Gehirn entspannt sich, Gewohnheitsmodus einschalten – zumindest was diesen Teil der Hirnaktivität betrifft.

Der Auslöser passt, die Routine läuft (Routine ist nichts »Böses«!), Sie verhalten sich und handeln wie gewohnt. Der nächste entscheidende Moment: das Ende des Gewohnheitsereignisses- oder der Verhaltenssequenz. Gab und gibt es für das Einhalten der Routine eine Belohnung, hat es sich ausgezahlt, die Routineschleife immer wieder ablaufen zu lassen? War der Verlauf – wie erwartet – reibungslos, hat man durch den Verzicht auf weitere Fragen ein verständnisvolles Zuzwinkern des alten Hasen bekommen, ein freundliches Danke des Bereichsleiters für die Aufmerksamkeit, sind Gefühle wie Zugehörigkeit, Orientierung, Verlässlichkeit, Zufriedenheit spürbar?

Okay, alles bestens, das machen wir wieder so!

Was aber, wenn sich etwas ändern soll, wenn Sie den Routineverlauf *verändern wollen*, etwa weil Sie erkannt haben, dass die Kreativität der Teilnehmenden in keiner Weise zum Zuge kommt? Oder weil Sie bemerken, dass in der Routine keine unerwarteten Fragen mehr gestellt werden, Sie aber genau solche für unerlässlich halten?

Machen Sie sich Ihre Routinen bewusst!

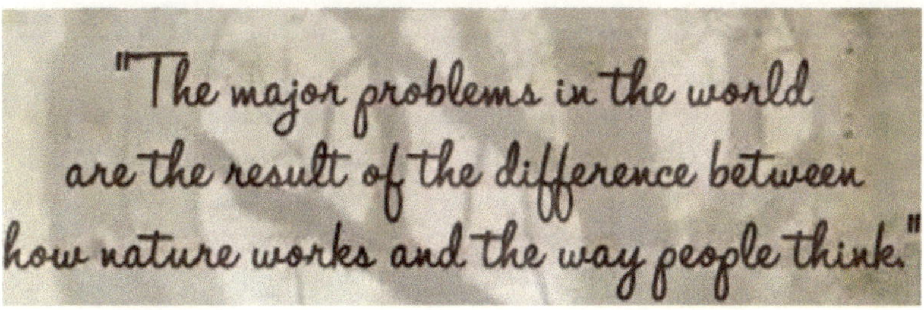

Abb. 22: Gregory Bateson

Routine blockiert Suche

Wenn eine Routine entstanden ist, hört das Gehirn auf, sich mit vollem Einsatz an der Suche neuer Optionen oder Aktionen zu beteiligen. Es strengt sich nicht mehr an, es beschäftigt sich mit anderen

Angelegenheiten – und lässt den gewohnten Gang automatisch ablaufen. Das ist auch seine Aufgabe! Das Gehirn soll sich mit dem aktiv befassen, was ungewohnt und unbekannt ist – und herausfinden, welche *Abläufe* es hier (zum Überleben) bereitstellen muss.

Heikel wird es dann, wenn vor lauter Routine nicht erkannt wird, wo ebendiese Routine nicht mehr hilfreich ist – sprich, wo es um eine erneute aktive Beteiligung an der Gestaltung des aktuellen Geschehens gehen muss.

Wenn also der *Jour-fixe-Modus* auch andere Hirnaktivitäten erfasst, ist es allerhöchste Zeit, diese Routine zu durchbrechen!

Eine erfreuliche Nachricht dabei: Das Gehirn liebt die Herausforderungen, es wird sich also hocherfreut auf abwechslungsreiche Aktivitäten stürzen.

Na, so eine Belohnung motiviert mich, aktiviert mich wieder, macht mich lebendig, gefragt, hilfreich, geistreich ...

... reich im Geiste!

... einen Sinn erkennen, beim Meeting zu sein.

Da sich nun aber die Routinen gut etabliert haben und das Gehirn in entsprechenden Situationen, also mit dem jeweiligen Auslösereiz, sein Programm fahren will, braucht es einen bewussten Akt, eine bewusste Entscheidung, diese unbewusst verlaufenden Routinen zu durchbrechen.

Perspektivwechsel – Musterwechsel

Das wöchentliche Meeting beginnt, alle sitzen am gewohnten Platz.

Bitten Sie die Versammelten, aufzustehen und ihre Sachen in die Hand zu nehmen – zunächst noch ohne weitere Erklärung.

Wenn alle stehen: »So, jetzt sucht sich bitte jede/r einen anderen Platz! Danke. – Lassen Sie uns beginnen ...«

Andere Perspektive, andere Sitznachbarn, andere »Ordnung«!

Gewohnheiten fußen auf bestimmten Haltungen und Überzeugungen, die im Laufe der Erfahrungen entwickelt wurden. Haltungen sind die im Gehirn in Form komplexer neuronaler Vernetzungen verankerten Erfahrungen. Sie steuern den Blick des Menschen in die Welt, wie er etwas wahrnimmt oder nicht wahrnimmt, wie er denkt, bewertet und wie er handelt. Die Hirnforschung und die Psychologie (vgl. hierzu u. a. Storch et al. 2006; Dispenza 2012, 2014) sagen uns nun, dass wir Haltungen nicht einfach so ändern können. Um die

Na, das kenn ich!

verdichteten neuronalen Verschaltungen zu verändern, muss das Gehirn die Chance haben, neue, als positiv erlebte Erfahrungen mit sich und seinem Körper zu machen. Können diese Erfahrungen wiederholt werden, legen sie sich als neue Verschaltungen über die alten.

Vier Elemente für neu Erlerntes

Wie gelingt das? Ein erster wesentlicher Schritt ist das *Wissen* vom *Wollen*, unterstützt von einer lockenden *Belohnung*. Begeisterung ist

Wenn ich bei unserem Meeting frech und neugierig Fragen reinwerfe, fühle ich mich sofort wieder wach!

Dann biste ja auch im Kontakt mit den anderen, wirst angesprochen.

Mich bringt das auf neue Ideen ... und damit geht es mir gut!

hier ein wirksamer *Dünger*! (Vgl. Hüther 2006, 2009; Hüther et al. 2008.)

Jetzt muss diese Erfahrung *erlebt* werden, denn kognitives Wissen allein reicht nicht aus. Es braucht die *emotionale Erfahrung*, damit dieses Wissen im Gehirn wirksam werden kann, denn das emotionale Netzwerk verknüpft sich mit dem kognitiven zu einer festen Struktur.

Bei allem physisch oder mental neu Erlerntem sind vier Elemente beteiligt:

- Ich muss wissen, was ich will.
- Ich muss das Erlernte in Handlung und Erfahrung umsetzen.
- Ich muss aufmerksam beobachten, um nicht in die Routine zurückzufallen.
- Ich muss wiederholen, üben, wiederholen – denn ein Musterwechsel wird nicht geschenkt!

Je begeisternder solche Erfahrungen sind, umso leichter etablieren sich die entsprechenden Verhaltenselemente und lassen neue Haltungen (Vernetzungen im Gehirn) entstehen.

Biochemie des Denkens und Fühlens

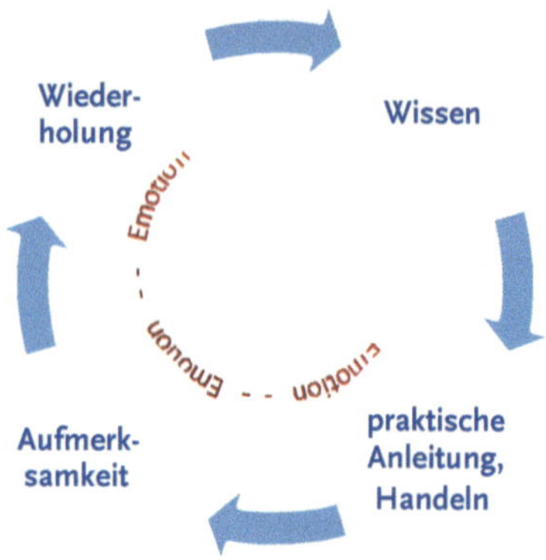

Abb. 23: Vier Elemente für neu Erlerntes

Lustvolles Lernen – wirksames Irritieren

Sie sind schon wieder zur Umstrukturierung Ihres Bereiches aufgefordert! Sicher nicht zum ersten Mal – und wir ahnen Ihre Reaktion: »Nein, nein, nein! Kann nicht irgendwann einmal Bestand haben, was wir uns mühsam erarbeitet haben?«

Frage zurück: Wieso sollte es Bestand haben? Ah, es hat sich bewährt. Könnte man gelten lassen. Und Ihre Mitarbeiterinnen und Mitarbeiter haben sich endlich überwiegend »committed«. Sehr gut! Es kehrt wieder Ruhe ein, die Leute können sich wieder auf ihre Kernaufgaben konzentrieren, dafür sind sie schließlich hier. Ja, da freuen sich alle.

Aber schließt das eine das andere aus? – Natürlich nicht.

Stellt sich noch die Frage: Wie motivieren Sie Ihre Mitarbeiter zu erneuten Veränderungen und damit zum Lernen? Die Antwort ist einfach: gar nicht. Es gibt keine Notwendigkeit zur Motivierung, sondern »nur« die Herausforderung an Sie, Lernen zuzulassen.

Sie werden sich wundern, was sich alles ereignet und entwickelt, wenn Sie das Lernen Ihrer Mitarbeiter mal nicht verhindern!

Dieser kurze Blick hinter die Kulissen der Denk- und Gefühlsvorgänge gibt bereits Hinweise, wie wir uns die nach Herausforderungen geradezu suchende Struktur unseres Gehirns zunutze machen können. Der Mensch will lernen, will wachsen, will sich entfalten. Doch er will dies lustvoll, kreativ und mit Freude tun können. Erst dann passiert Lernen – im Unterschied zu Konditionierung oder Nachahmung –, individuell und organisational.

Was lädt zum Lernen ein und was lädt aus?

- Das Gehirn will herausgefordert werden!
- Es ist plastisch – es kann sich permanent weiterentwickeln.
- Körper, Gehirn und Geist bilden eine dynamische Einheit.
- Lernen ist nicht nur ein intellektueller, sondern ein physiologischer Vorgang: Es entsteht ein synchrones Erregungsmuster aus Lernstoff + Gefühl.
- Das limbische System unseres Gehirns fungiert als »Interpret« persönlicher Lernprozesse: Es aktiviert, steuert und vermittelt Affekte, Gefühle, Motivation und sortiert alles, was durch uns und mit uns geschieht danach, ob es
  - gut, vorteilhaft, lustvoll war und wiederholt werden sollte, oder ob es
  - schlecht, nachteilig, schmerzhaft war und zu meiden ist.

Einladung zum Lernen

Ein Häppchen für Wissenshungrige!

Gedächtnis der Organisation

Wie passiert organisationales Lernen?

Die Idee der *lernenden Organisation* konfrontiert mit der Frage, wer dort lernt: Mensch oder Organisation?

Lern- und Gestaltungsprozesse einer Organisation geschehen in vielschichtiger, verwobener Weise, es bedarf hierzu einer permanenten Rückkoppelung zwischen individuellem und organisationalem Lernen bzw. zwischen individuellen Beobachtungen und Erkenntnissen und ihrer Bedeutung für die Organisation.

Lernen bzw. das *Gedächtnis der Organisation* ist die Verschaltung und der Speicher der mündlichen und schriftlichen Kommunikation das, was weitererzählt wird, die ausgetauschten Beobachtungen, die Protokolle und die *Flurgeschichten.*

Organisationen lernen nur dann, wenn sie interessiert sind an ihren internen und externen Umwelten:

- Was denken unsere Mitarbeiter und Mitarbeiterinnen, unsere Kunden, Lieferanten, die Gesellschaft, die Ortsgemeinde über die Organisation, unser Unternehmen?

- Welche Beobachtungen machen sie, welche Unterscheidungen treffen sie, welche Bedeutungen messen sie dem bei?
- Was wird nicht beobachtet? Was wird schlicht ausgeblendet und nicht (als relevant) wahrgenommen? Worüber wird nicht gesprochen?
- Welche Zusammenhänge werden hergestellt – und welche nicht? Welche Wechselwirkungen und Einflüsse werden beobachtet und diskutiert? Wie wird überprüft, ob Bestand hat, was hier angenommen wird?

Verlernen, um zu lernen – oder: Konzepte und Vorstellungen brauchen

- andere Betrachtungen,
- andere Denkweisen,
- andere Verknüpfungen,

eben solche, die für die aktuelle Herausforderung brauchbar und hilfreich sind.

Hier entscheidet sich, woran die Organisation interessiert ist – und hier wird es nicht nur *spannend,* sondern für die Organisation N. N. höchst relevant: Macht sich das Management bewusst, welche Überlegungen und welche Mind Sets zum jeweiligen Beobachtungsfokus führen? (Vgl. auch Ehmer 2015.)

Erst die Kommunikation der Erkenntnisse, der Sinnkonstruktionen, führt zu wirksamem Lernen im Sinne eines Entdeckens. Es reicht nicht, wenn Erkenntnisse nur individuell generiert werden. Tauschen Sie sich aus über Fragen wie:

- Was wird beobachtet? Wie wird beobachtet?

Was sind deine Beobachtungskriterien?

Na ja, welche Laune mein Chef grad hat … und bei wem das was auslöst. Echt wichtig !

- Gibt es anderes zu beobachten, was derzeit nicht beobachtet wird?
- Sowie dies alles im Blick ist, ist es schon beobachtet!
- Und wie wird das Beobachtete bewertet?

Nehmen Sie sich und Ihre Organisation als Praxisbeispiel:

- Wie bewusst ist Ihnen Ihre eigene Verarbeitung von Beobachtungen, Wahrnehmungen, Gedanken und Schlussfolgerungen?
- Hat Ihre Organisation ein Bewusstsein ihrer Verarbeitung von Beobachtungen usw.? Woran merken Sie das?
- Wie würden Sie die Form und Qualität Ihrer Verarbeitung beschreiben, wie machen Sie das? Was stellen Sie zur Verfügung und weshalb? Und was nicht?
- Ist Ihnen im Sinn, ob es Ihnen jeweils nützt oder schadet?
- Wie reflektieren Sie das, mit wem und mit wem nicht?
- Wie werden die Beobachtungen und ihre Reflexion, die jeweiligen Sinnkonstruktionen, miteinander verknüpft und ins gemeinsame Spiel gebracht?

Verständigen Sie sich darüber, was Sie jeweils zu beobachten entschieden haben (Auswahl), und darüber, nach welchen Kriterien Sie das Beobachtete bewerten, dann sind Sie in der Lage, die Ergebnisse dessen adäquat zu nutzen – denn jetzt sind Sie sich miteinander klarer darüber, wer mit welchen Auswahlkriterien beobachtet und aufgrund welcher »Maßstäbe« zu seinen Bewertungen, Einschätzungen und letztlich Schlussfolgerungen gelangt ist.

Bei unsren Evaluationserhebungen frag ich mich immer, was die Ergebnisse eigentlich aussagen.

Letztlich kannste eine Antwort nur verstehen, wenn der Beobachtungs- und Bewertungskontext mitgeliefert werden.

Dies führt zu weiteren entscheidenden Fragen:

- Weiß Ihre Organisation, wissen die verantwortlichen Führungskräfte, wissen die Mitarbeitenden, was relevant für das Überleben des Unternehmens ist?
- Und vor allem, wissen sie es frühzeitig, und welche Schlüsse ziehen sie daraus?
- Oder übersieht man auch nach Bekanntwerden der Insolvenz der (international agierenden) Hausbank, der man eine mehrstellige Millionensumme zu überweisen hat, dass man diese Überweisung tunlichst unterlassen sollte?[3]

Hierin wird u. a. deutlich, welche Auswirkungen es haben kann, wenn Beobachtungen auf *eine* relevante Umwelt enggeführt werden,

3 Das ist im Zusammenhang mit der KfW-Bankengruppe im September 2008 geschehen – um nur an eines von zahlreichen Beispielen zu erinnern.

wenn z. B. Wirtschaftsunternehmen ihre Beobachtungen auf die Perspektive der Shareholder ausrichten, weil sie – nach der Logik der Finanzwirtschaft zu Recht – annehmen, dass diese Perspektive für das Überleben entscheidend ist.

Zurück zum Lernen und vor allem zur:

Lernlust – Gestaltungslust

Dank zahlreicher Forschungen und der Beobachtungen im täglichen Leben wissen wir, wann Menschen bereit sind, ihren vollen Einsatz zu geben, unter welchen Voraussetzungen Gehirn und Körper zu Höchstleistungen bereit sind, nämlich wenn:

- Emotionen im Spiel sind
- der Sinn von Zielen, Forderungen und Erwartungen erkennbar ist – und man daran glaubt[4]
- Verstehen und Einverständnis entwickelt werden können
- man durch persönlichen Einsatz wirklich beitragen kann
- dabei jeder innerlich wachsen und sich mit anderen und der Führung emotional verbunden fühlen kann.[35]

Auf den Punkt gebracht:

Sinnfindung: verstehen, was, warum und wozu getan oder unterlassen wird.

Verbundenheit: Anerkennung, Wahrnehmen der Person, Identifikation, Wertschätzung.

Entwicklung: Möglichkeit der Entfaltung und der Autonomie.

Wir sehen Sinn, Verbundenheit, Entwicklung als die *Quellen der Wirksamkeit*, die gleichzeitig *Voraussetzung für Vertrauen* sind.

Vertrauen ist eine nicht zu unterschätzende Voraussetzung für

Das trifft zu bei Vertrauen, das auf den nächsten Augenblick, die nächsten Ereignisse, auf die Zukunft ausgerichtet ist.

Ganz anders als Vertrautheit, die sich aus Erfahrungen der Vergangenheit gebildet hat.

lustvolles Lernen. Es stärkt die Lernlust und die Entdecker- und Experimentierfreude.

Da sich neue Erfahrungen und Erkenntnisse neuronal mit vorhandenen Erfahrungen, also mit Vertrautem, verknüpfen können

---

4 Frage an den CEO: *Glauben* Sie, dass Sie es schaffen, oder *müssen* Sie es schaffen?
5 Wie hoch auf einer Skala von 1 bis 10 ist Ihre Zuversicht?

müssen, ist die Bereitschaft, sich auf etwas Neues einzulassen, umso größer, je sicherer und vertrauensvoller man sich fühlen kann. Umgekehrt: Jede Art von Verunsicherung, von Druck und Angst erzeugen in unserem Gehirn Unruhe und Stress, die wiederum die Sinne bzw. die Wahrnehmungsmöglichkeiten dergestalt einschränken, dass eintreffende Wahrnehmungsmuster nicht mit den bereits abgespeicherten Erinnerungen (neuronalen Verschaltungen) abgeglichen werden können.

Das Gehirn ist optimiert zum Lösen von Problemen, nicht zum Auswendiglernen von Sachverhalten: Es will auftretende Probleme meistern, Fragestellungen kombinieren, Erfahrungen verknüpfen und Vorhandenes neu verschalten. Das Gehirn scheint in erster Linie ein Sozialorgan (nicht primär ein Denkorgan) zu sein und ist entsprechend strukturiert: Nahezu alles zu Lernende innerhalb eines sozialen Gefüges wird von anderen Menschen bezogen und dient der Gestaltung von Beziehungen (Hüther 2006; Hüther et al. 2008).

Jetzt können Spielräume genutzt werden!

Aus der Praxis:

In einem mittelständischen Unternehmen wird ein Prozess zur Visionsentwicklung und -verankerung initiiert, dies soll auch als ein verbindlicher Orientierungspunkt für die Organisationsmitglieder dienen.

Das in einem solchen Prozess erforderliche Vertrauen, etwa der verantwortlichen Führungskräfte, in das eigene Wollen, in das kluge Nutzen von Ressourcen, in die Potenziale ihrer Wegbegleiter und in die eigenen Führungsfähigkeiten wird gemeinsam thematisiert, vertieft oder verstärkt. Erfolg, Effizienz und Effektivität der Organisation, die Relation von Kosten und Gewinn hängen wesentlich vom Engagement der verantwortlichen Menschen in ihren Funktionen und Rollen ab.

Dieses Engagement wird unmittelbar beeinflusst von der Bindungs- und Wertschätzungsqualität.

Vertrauen – es wäre ganz einfach

Mit Vertrauen hätten Führungskräfte ein einfaches und hocheffektives *Instrument* in der Hand, aber nur wenige haben Vertrauen in Vertrauen und setzen lieber auf Misstrauen und penible Kontrolle – und erzeugen damit das Gegenteil von Vertrauen (womit sie ihr Misstrauen gleich wieder bestätigt finden).

Welches ist der Hintergrund dieser Paradoxie? Hat man zu wenig Vertrauen in sich selber, in die eigene Kraft und Wirksamkeit, ist man vom Sinn des eigenen Tuns zu wenig überzeugt? Gibt man sich selber keine echte – im Unterschied zu narzisstischer – Wertschätzung und Selbstliebe? Lässt man seine eigene Irritiertheit nicht zu?

Gibst du gern zu, dass du etwas nicht weißt oder keine eindeutige Einschätzung abgeben kannst?

Ehrlich? ... Nee.

> Hält man noch nicht begründbare, wohl aber spürbare Zweifel zurück? Traut man den eigenen subjektiven Eindrücken, Gefühlen, der eigenen Vermutung oder Intuition nicht?

Sich auf diese Fragen vertrauensvoll und wertschätzend einzulassen bedeutet Herausforderung und Chance zugleich für Lernen und Entwicklung der Organisation.

Wo Angst herrscht (und sei sie noch so klein), entsteht Enge. Organisationsmitglieder halten sich zurück, halten Daten, Beobachtungen, Informationen zurück. Organisationales Lernen wird verhindert.

Wo hingegen Lust und Entdeckerfreude die Basis von Wahrnehmen, Fühlen, Denken und Handeln bilden, wird der Blick weit, erhöht sich die Zahl der Möglichkeiten. Beobachtungen, Bewertungen, Entscheidungen werden zur Verfügung gestellt. Die Organisation erhält Informationen, die für Lernen und Entwicklung notwendig sind.

Praxischeck

Wo wird in Ihrem Unternehmen mit viel Freude der *Tanz der Organisation getanzt,* und wo zeigt er eine vorgegebene oder eine lernfreudige, improvisierte Schrittfolge?

Es lässt sich leicht erkennen: beobachten Sie:

- worüber außerhalb der offiziellen Kommunikationsräume und -zeiten gesprochen wird
- mit welcher Intensität an Zielen, Aufgaben und Lösungen gearbeitet wird
- worüber sich Mitarbeiterinnen und Führungskräfte Gedanken machen

- ob diese Gedanken (und ob Handlungsenergien) den Organisationszielen zufließen

oder ob sie vielmehr der Bewältigung von Ärger, Enttäuschungen, Unsicherheiten, ungeklärten Fragen oder Entwürdigungserfahrungen dienen (vgl. Ehmer u. Schober-Ehmer 2010)

Lustvolle Auseinandersetzungen machen Organisationen lernfähig

Kommste mit zum »Kaleidoskop der Führung«? Da gibt's mehr dazu.

Komme schon!

- Neugierig fragen, frech hinterfragen und interessiert zuhören.
- Wissen ist längst nicht so wichtig wie gemeinsame Entdeckungen und pragmatische Lösungen.
- Wenn Führung darauf vertraut, dass Ideen entstehen, dass Engagement durch Selbstorganisation und Vernetzung des Knowhow beflügelt wird, dann gelingt auch das Unmögliche oder schwer Vorstellbare.
- Dann ist die Organisation, als eine Organisation N. N., ein inspirierender Lernort, an dem motivierte Menschen ihr Bedürfnis nach Wandlung und Wachstum, ihren Musterwechsel im Wahrnehmen, Denken und Fühlen aktiv gestalten.
- Etablierte Routinen finden sich nur noch dort, wo sie wirklich sinnvoll sind.
- Feiern Sie Ihre Erfolge – auch die scheinbar kleinen!

Spielen

Ohne Programme, To-do-Listen und ohne Vorerfahrungen, auf die wir uns berufen konnten, haben wir als Kinder im *Spiel* gelernt, uns und die Welt um uns herum zu erfahren, zu begreifen und zu gestalten. Jede gewünschte Situation war *spielend leicht* zu kreieren! Spielen war Entdecken, Experimentieren, war Lernen.

Spiel ist die Grundlage von Sprache, von Mythen und Ritualen, von Verhalten und Bedeutung. Evolutionär betrachtet scheint unser Gehirn für einen spiel-vollen Lebensstil geschaffen zu sein.[6] Im Spiel werden affektive, kognitive und motivationale Prozesse in Gang gesetzt, Sinneseindrücke und Bewegungsmuster werden verknüpft, das Gehirn befindet sich in einem optimal geweiteten Zustand.

6 Die Forschungserkenntnisse in diesem Beitrag sind weitgehend entnommen aus: Kets de Vries 2012; Donaldson 1993/2008.

Das freie Spiel entfacht Kreativität und Spontaneität, im Unterschied zum regelgeleiteten Spielen. Lässt man sich auf dieses Spielen ein, überlässt man sich den Impulsen aus dem jeweiligen Moment und befindet sich augenblicklich im *Raum der unbegrenzten Möglichkeiten.* Der (begrenzende) Verstand tritt zugunsten des freien, kreativen Geistes und der Fantasie in den Hintergrund – vorübergehend.

Spiel ist ernsthaft und nicht ernsthaft zugleich, es ist wirklich und unwirklich. Mit dieser Paradoxie können wir Erwachsene meist nicht mehr gut umgehen. Wir wollen einerseits unser spielerisches Selbst stimulieren, denn wir erinnern uns an die Freude der tiefen Zentriertheit im Spiel, das in diesem Moment *alles* ausmacht. Und gleichzeitig sind wir (zutiefst) verunsichert, wenn und weil wir das Spiel nicht dirigieren können. Sowie wir absichtsvoll oder zielgerichtet das Spiel lenken oder *führen,* ist es ein anderes.

Als Erwachsene kennen wir kaum noch dieses freie Spiel, kennen vielmehr Spiel als Wettbewerb, wir spielen gegeneinander: Mensch-ärgere-dich-nicht, Fußball, Doppelkopf, Tennis. Sie alle beruhen auf etablierten Regeln und Unterscheidungen, die einen Unterschied machen: Du bist Gewinner oder Verlierer, manchmal ein schlechter Verlierer oder auch ein Spielverderber. Dagegen ist grundsätzlich nichts einzuwenden, es ist jedoch zu unterscheiden, ob man ein »Gesellschaftsspiel« oder ein freies Spiel spielt – und weshalb man sich für welche Spielform entscheidet.

Und schon muss man wieder mit Paradoxien umgehen!
Schau halt in »Alice im Wunderland«.

Spielregeln geben Orientierung, sie begrenzen die (Handlungs-) Möglichkeiten, reduzieren (soziale) Komplexität und erleichtern damit (idealerweise) Zusammengehörigkeit und Einverständnis im – zielgerichteten – Handeln.

> Erlauben Sie sich hin und wieder, Spiel weder ausschließlich als regelbasiert noch als eine kindliche oder gar kindische Aktivität oder Freizeitbeschäftigung zu verstehen, und schon steht Ihnen eine ergiebige *Spielwiese* zur Weiterentwicklung Ihrer Fähigkeiten, Sichtweisen, Ideen und Ziele zur Verfügung.

Im Spiel löst sich die eigene durchkategorisierte Welt vorübergehend auf, im Zustand des Staunens und der Leichtigkeit kommt unsere natürliche Kreativität zum Tragen. Die daraus entspringenden Handlungen können als ein freies, aktives Geschehenlassen bezeichnet werden – im Unterschied zum Befolgen vorgegebener Spielregeln eines Gesellschaftsspiels oder normierter Verhaltensregeln und Gewohnheiten im (Geschäfts-)Alltag.

Genau dies konfrontiert mit der Angst oder zumindest Unsicherheit, sich aufzulösen bzw. nicht mehr zu wissen, wohin man gehört: Es ist offen, wohin die (Spiel-)Reise geht, welches der nächste Schritt sein wird, welche Auswirkungen – auf einen selbst und auf andere – er haben wird, wohin das Spiel die Mitspieler führen wird (vgl. Ehmer 2015).

Spielende tun sich leicht, wenn sie mit Gelassenheit und Neugier sich selbst und der Situation vertrauen. Sie werden immer etwas entdecken und werden es nutzen können, um weitere Entscheidungen zu treffen. Im Spiel wird man gewissermaßen auf Umwegen finden,

... die darf man nicht scheuen!

wonach man sucht – ohne jedoch *gewusst* zu haben, wonach man sucht. Es ist sogar hilfreich, sich davon zu lösen, was man sucht, um die Entdeckungsmöglichkeiten weitestgehend zu öffnen.

Ein einfaches und sehr spielerisches Hilfsmittel: Benennen Sie das Thema um!

Angenommen, Sie suchen eine Lösung für ein Problem in der Produktionskette, dort hapert es an einer Übergangsstelle, es braucht eine reibungslos funktionierende Verknüpfung von Position X mit Postion Y. Nun skizzieren Sie vielleicht den Ablauf auf einem weißen Papier, oder Sie verwenden die Utensilien auf Ihrem Schreibtisch, um die Positionen rund um X und Y darzulegen. Sie suchen nach der »reibungslosen Verknüpfung«. Vergessen Sie das – für einen Moment!

Nennen Sie es anders, egal wie, irgendwie, aber lösen Sie sich aus der fixierten, eingegrenzten Suche. Nennen Sie es zum Beispiel »Schmierseife«, »Tanz«, »Angeln« oder »romantisches Abendessen«. Und spielen Sie weiter, mit dem Stift oder den Utensilien. Wenn Sie dann die Schmierseife oder das Abendessen nicht finden, macht es nichts! Sie finden sicher etwas – etwas, was Sie gar nicht gesucht haben, weil Sie noch gar nicht wussten, dass es das gibt. Und es könnte genau das sein, was Sie eigentlich die ganze Zeit finden wollten.

Alles andere als beliebig

Im *freien Spiel* gehen wir den inneren Impulsen nach, entdecken Ungeplantes und lassen uns auf Ungewissheit und Unvorhersehbares ein.

In gewissem Sinne ist es vollkommen beliebig, was sich im Spiel ereignet – und gleichzeitig hat das nichts mit Beliebigkeit zu tun.

Das Spiel entsteht aus dem Zusammenspiel von Spontaneität und Disziplin, es nutzt die Situationspotenziale aus einer Kombination von Erfahrungen, gespeichertem oder implizitem Wissen, Gefühlen, momentanen Vorlieben und Ideen.

Es folgt gewissermaßen einer – in dem Moment meist nicht erkennbaren – inneren Logik.

Was Sie mit den Ergebnissen und Erkenntnissen tun, was Sie daraus abzuleiten, neu zu kombinieren und zu entscheiden in der Lage sind, liegt in Ihrer Hand – und ist damit alles andere als beliebig.

Zurückversetzt in Kindheitstage:

Sie sind ungefähr vier Jahre alt, ein ganz normaler Nachmittag, Sie spielen alleine im Garten Ihres Elternhauses. Stundenlang. Sehr konzentriert – und vergnügt.

Anschließend fragt Ihre Mutter: »Na, was hast du denn gemacht draußen?«

»Ich hab ›Vater-Mutter-Kind‹ gespielt.«

»Oh, mit wem denn?«

»Allein. Papi war arbeiten, Mami war einkaufen, und ich war das Kind.«

Übertragen Sie diese Fantasie und Intensität nur mal kurz auf Ihr alltägliches »Führungsspiel« – und spielen es in dieser Gewissheit von Wirklichkeit!

Sie werden garantiert auf Ideen kommen.

Ein Spiel mit Spielgefährten kann sowohl die Freude als auch die Spielvariationen immens erhöhen. Das Potenzial für mögliche Spielresultate ist somit grundlegend höher.

Der moderneren Spielforschung können wir entnehmen, dass der Erfolg von Spielen und die Freude der Spieler in unmittelbarem Zusammenhang damit zu sehen sind, dass die Spielenden das Gefühl haben, Teil eines größeren Ganzen zu sein (Stampfl 2012).

Sie erleben sich nicht als isoliert bzw. vereinzelt, sondern zugehörig und verbunden. Sie erfahren den Reichtum ihrer Intuition, die Ideenfülle ihrer spontanen Handlungen und das verknüpfende Ineinanderfließen und Zusammenspiel mit den Handlungen anderer. (Hier muss sicherlich unterschieden werden zwischen dem freien Spiel und den unter den Begriff der Gamification zuordnenden, meist technikbasierten Spielen.)

Ach so, mit Gamification meinst du dieses unterstützende Verhaltenstraining. Wo erwünschte, planbare Aktivitäten ausgeführt und belohnt werden.

Ja, da wird immer das gleiche Monster erlegt, und mit den angehäuften Punkten steigt man auf den nächsten Level. Na ja, ich hab nach etlichen Strafmandaten mein Fahrverhalten damit trainiert.

Ich zähl täglich meine Schritte, bis ich auf 10 000 bin. Ist mein Gesundheitsversprechen an mich selbst ☺.

> Im freien, intuitiven Spiel gibt es keine Experten, keine Hierarchie, keine Funktion und keine Belohnungs- oder Sanktionssysteme.

Ein Expertengeist kann nur sehr begrenzte Möglichkeiten zulassen, sie müssen mit seiner Expertise kompatibel sein, dürfen keine Widersprüche hervorrufen. Ein neues Produktionsdesign muss den technisch neuesten Erkenntnissen entsprechen, es muss den Berechnungen dieser spezifischen Prozessabläufe entsprechen, es muss die Überlegungen des Fach-Gurus berücksichtigen. »Schließlich sind wir die Experten! – Es gibt doch keine andere Sichtweise, oder? Nein, kann ja nicht sein, wir wissen es schließlich genau.«

Der Geist des Anfängers, mit der Expertise des Nichtwissens, kann alles zulassen, wie es ein Zenmeister so treffend ausdrückt:

»›Anfängergeist‹ ist unser
ursprünglicher Geist, ein wirklich
leerer und vollkommener Geist.
Wenn unser Geist leer ist,
ist er für alles bereit,
ist er für alles offen.
Im Anfängergeist liegen
viele Möglichkeiten,
in dem des Experten wenige.«

Wann war das letzte Mal, dass du etwas zum ersten Mal gemacht hast?

Ähm ...

(Shunryu Suzuki, Zen-Meister)

Spielformen des Entdeckens

Die Organisation N. N. lebt von diesem Geist des Anfängers.

Kreativität ist nicht einfach zu haben
... aber so schön, wenn man sie hat!

»Neue Ideen! Was soll das jetzt schon wieder? Was glaubst du, was wir hier dauernd tun?«

»Ich weiß schon, ich mein nur, der Vertriebsvorstand sagte beim Meeting eindrücklich, wir müssen uns was überlegen. Und es muss etwas ganz Neues, wirklich Neues sein.«

»Hast du ne Ahnung, was in unsrer Abteilung los ist? Die flippen aus, wenn ich mit ›neu‹ komme. Die entwickeln doch eh dauernd neue Abläufe und kommen mit wirklich ungewöhnlichen Vorschlägen für unkonventionelle Vertriebswege. Und dann will es keiner freigeben, der Vorstand weicht auch aus. Was soll das also?«

»Na ja, zu neu oder allzu ungewöhnlich soll es halt auch nicht sein. Da kann doch keiner das Risiko einschätzen. Ihr seid gleich immer so ganz kreativ, wollt wohl mit unseren Creatives konkurrieren!«

»Komm, lass mich in Ruh!«

... haben Sie auch gerade diesen Gesprächsausschnitt aus dem Nebenraum aufgeschnappt? Was denken Sie dazu, Sie kennen doch solche Überlegungen auch? Wenn Sie erlauben, wir haben uns ein paar Gedanken dazu gemacht...

Kreativität ist nicht einfach zu haben – sie ist immer schon da!

Denn Kreativität liegt in *der Natur* von lebenden, d. h. evolutionären Systemen.

Fragt sich doch dann, wie es Organisationen immer wieder gelingt, Kreativität zu verhindern?

Wovon sprechen wir, wenn wir Kreativität meinen?

Gleich vorweg: Kreativität ist kein scharf eingrenzbarer Begriff, Kreativität bzw. Kreativsein ist immer eine Zuschreibung eines Beobachters und kann daher nicht losgelöst von Kontexten verstanden werden.

Als Beobachterinnen treffen wir hier eine Auswahl an Zuschreibungen, die uns mit Blick auf Organisationen und ihr Management hilfreich erscheint:

- Kreativität ist nicht die Ausnahme und ist nicht reduziert auf »Kunst«, sondern ist eine Eigenschaft lebender Systeme, eine Fähigkeit, sich mit neuen Mustern an neue bzw. veränderte Gegebenheiten anzupassen – aus purem Überlebenswillen. Kreativität bedeutet Schöpfungskraft – als Leidenschaft, als Freude am Spiel und Lust am freien Ausdruck. Bei Menschen ebenso wie im Tierreich.
- Die lateinischen Wurzeln *creare* und *crescere* weisen sowohl auf aktives Tun als auch auf passives Geschehen-Lassen hin: »etwas neu schöpfen, etwas erfinden, etwas erzeugen, herstellen«, »geschehen und wachsen« und auch »auswählen«, d. h. eine Wahl bzw. Unterscheidung treffen.
- Im engeren Sinne wurden mit dem Begriff alle Arten schöpferischer Tätigkeit bezeichnet, meist in der Auseinandersetzung oder dem Kampf zwischen Ordnung und Chaos, zwischen Schaffen und Zerstören – und worum sonst geht es letztlich noch immer, auch in Organisationen?

Nicht verwunderlich, dass das (forschende) Interesse am Phänomen »Kreativität« in Organisationen und Arbeitswelten im Wesentlichen im Zusammenhang mit der Hierarchiekrise geweckt war, also etwa in der zweiten Hälfte des 20. Jahrhunderts. Jetzt war Kreativität als Fähigkeit, mit neuen Mustern auf neue Gegebenheiten zu reagieren, gefragt. Vorher nicht.

Die Forschung hat es schwerer damit, Kreativität zu untersuchen, als wir Beobachterinnen. Man kann nur *alltägliche* Kreativität untersuchen, da sich Kreativität nicht auf Kommando herstellen, sondern eigentlich nur verhindern lässt.

Wie wird in Ihrer Organisation verhindert? Auch wenn es z. B. mit den bildgebenden Verfahren entscheidende Impulse auch aus der Hirnforschung gibt, während eines kreativen Tuns Denkprozesse im Gehirn zu lokalisieren und aufzuzeigen, ist im Management von Organisationen letztlich nur von Bedeutung, was an Verhalten, Handlungen und Kommunikation beobachtbar ist und dem Begriff, oder auch dem Phänomen »Kreativität« zugeschrieben wird.

Bestimmte Ereignisse dem Phänomen »Kreativität« zuzuschreiben ist letztlich ein Versuch, das Unbeherrschbare beherrschbar zu machen.

Ja, jetzt *weiß* man, was es ist, was da gerade passiert.

Dem Gesprächsfetzen von vorhin können wir den Wunsch oder die Notwendigkeit entnehmen, dass Organisationen die Bedingungen und Möglichkeiten schaffen müssen, unter denen die Mitarbeiterinnen vielfältig, abwechslungsreich, verantwortungsvoll, herausfordernd, entwicklungsreich ... sprich: *kreativ* tätig sein können. In Zeiten von Max Weber galten andere Prioritäten: Der Unberechenbarkeit der Willkür sollten Berechenbarkeit und Zuverlässigkeit entgegensetzt werden, an die Stelle von Willkür setzte man (v. a. in der Bürokratie) die Stelle und die Stellenbeschreibung – und wies damit das *vom Willen gekürte* in Schranken.

Heute ham wir's echt mit anderen Unberechenbarkeiten zu tun!

Joa, und wir müssen ständig die gesetzten Schranken auf ihre Sinnhaftigkeit überprüfen.

Kein Budget für Spielereien?

Jedes Management muss sich immer wieder klar vor Augen führen, welche Schranken bzw. Einschränkungen hilfreich sind – hinsichtlich eines verfügbaren Budgetrahmens und zur Orientierung der Belegschaft in ethischer und gesellschaftlicher Verantwortung. Sie sind dann entsprechend zu begründen.

Beschränkungen aus Angst, Unkenntnis, mangelnder Weitsicht oder der Annahme, man könne der Führungsriege oder den Mitarbeitenden kein Budget für *Spielereien* zur Verfügung stellen, sind hingegen meist kontraproduktiv.

Die Organisation braucht die kreative Schaffenskraft ihrer Mitarbeiterinnen, und dies nicht nur zur Steigerung ihrer Wirtschaftlichkeit, Qualität oder Innovationskraft. Sie ist wesentlich darauf angewiesen, damit sie die komplexen Herausforderungen überhaupt bewältigen kann.

Die Mitarbeiterinnen *wollen* sich ihren Potenzialen, Talenten und

Da kommt mir grad son Gedanke – wenn's hier gar nicht um das menschliche Individuum geht, sondern um die Personen ...

Ja, ja, ja, du meinst die persona!

Unterbrich mich nicht immer. Also, ja, nimm den Begriff wörtlich, und du siehst, dass das Individuum hinter der Rolle oder Funktion, der »Maske«, geschützt ist.

... sehr beruhigend ...

ihrem Wesen gemäß entfalten und entwickeln. Sie wollen ihre Fähigkeiten und Kompetenzen zum Ausdrucken bringen, wollen sie ausbauen, und sie wollen sie verkaufen – sie wollen für diese Leistung eine Gegenleistung.

Sich das mal so vor Augen zu führen ist doch schon ein Musterwechsel!

Die Arbeitswelt bietet die größte Entfaltungsmöglichkeit, indem sie Betätigung, Entwicklung, Zugehörigkeit, Verantwortlichkeit, Sinn und Unterhaltserwerb ermöglicht.

Das klingt doch nach einer perfekten Tauschmöglichkeit, nicht nur ökonomisch betrachtet, sondern auch unter dem Aspekt der wechselseitigen Bedingtheit.

Mit anderen Worten: Sowohl die Organisation als auch die Personen tun gut daran, sich – neben der Freude – auch den Gewinn kreativen Tuns und Seins zunutze zu machen.

Wo Sie kreativ und spielerisch werden

Was es dafür braucht, kreativ sein zu können, wissen wir alle: eine entspannte, heitere Grundstimmung ohne Zeit- und Leistungsdruck, konkurrenzfreies Denken, Anregung...

Wo findet man das am leichtesten? In außergewöhnlichen Situationen – außerhalb der Gewohnheit. Urlaub, ein herrlicher Sonntag im Freien, ein anregender Abend mit Kolleginnen oder Freunden, einige Mußestunden auf dem Sofa, ein Bad, guter Sex, Job-Rotation in einen bisher unbekannten Bereich, eine halbe Stunde im gut frequentierten Lift des Unternehmens rauf und runterfahren... setzen Sie die Reihe fort. (Wir werden auch kreativ, wenn es ums Überleben geht; dies ist jedoch ein anderer Aspekt.)

Jenseits der gewohnten Abläufe, Verhaltensweisen und Möglichkeiten sind wir darauf zurückgeworfen, uns neu zu orientieren. Das Gehirn springt an, Sie erinnern sich.

Ein weiteres Experiment:

Führen Sie Ihren wöchentlichen Jour-fixe einmal im Dunkeln durch, in absoluter Finsternis.

Die Technische Universität Dortmund hatte 2012 die Ergebnisse ihrer kleinen Studie zur Frage, wie sich Lichtlosigkeit auf Kreativität auswirkt, veröffentlicht (vgl. Schmidt 2012). Ungeachtet der knappen Darstellung und der kleinen Personenanzahl lassen sich die Ergebnisse dennoch zu weiteren Überlegungen nutzen. Die Versuchsgruppe, die ihre Antworten zu vorgegebenen Fragen in absoluter Finsternis gab, war deutlich kreativer in der Ideenentwicklung als die Gruppe im Licht, sie hat 30 % mehr Ideen entwickelt.

Was leiten die Forscherinnen aus den für sie überraschenden Ergebnissen ab?

Das Denken ist freier, Ideen werden enthemmter geäußert, mit der Situation wird spielerischer umgegangen, wir sind konzentrierter ohne die Ablenkungen durch das Sehen. Warum? Zunächst ganz banal: Wir sehen die Reaktionen der anderen nicht, und wir werden selbst nicht gesehen.

Da steckt jedoch viel mehr drin. Die Vorstellung der sozialen Kontrolle fällt weg. Damit treten die angenommenen Erwartungen an bestimmte Rollen in den Hintergrund. Und ganz wesentlich: Die Bewertungen der Art der Ausführung einer Handlung und die von einzelnen Reaktionen fallen (beinahe) vollständig aus.

Dem leichten Verziehen des Mundes beim Gesprächspartner, wenn man einen Gedanken eingebracht hat, wird fast immer eine Bedeutung beigemessen – einem freudigen Lächeln ebenso. Körperhaltungen wecken Assoziationen und lösen Bewertungen aus. Sitzordnungen sind mit Vorstellungen verknüpft.

Die Liste all dieser Aspekte, von der man sich im freien, kreativen, *absichtslosen* Ausdruck von Ideen oder Gedanken beeinträchtigen lässt, kann fortgesetzt werden.

> Interessant ist also, sich der eigenen Einschränkungen bewusst zu sein, um gleichzeitig die Fülle an Möglichkeiten zu erkennen.

Hinzu kommt auch, dass Sehende ihre anderen Sinnesorgane viel weniger berücksichtigen und nutzen.

Wie hört sich eine Stimmung an? Wie *schmeckt* eine Idee?

Die Fähigkeit der Beobachtung lässt sich vortrefflich auch mal ohne Augen nutzen.

Machen Sie einen Selbstversuch

Nehmen Sie eine Augenbinde, und halten sich in einem verdunkelten Raum auf – oder besuchen Sie ein Dunkelrestaurant. Achten Sie auf alle Ihre Sinneswahrnehmungen: Was hören, riechen, fühlen Sie? Und welche inneren Bilder und Geschichten nehmen Sie wahr? Verknüpft sich plötzlich das Straßengeräusch mit Bildern von Meereswellen, führt das vielleicht zu einem bestimmten Blau, was Sie wiederum an eine Szene in der Stadt XY vor sechs Jahren erinnert? ... das könnten Sie nun fortsetzen. Gehen Sie in Ihre eigene Dunkelsituation.

Komplexitätskompatibel

Wozu dauernd Kreativität? Es ging doch auch ohne.

Eine Antwort: Projektarbeit und Kooperationen mit ihren hierarchie-, abteilungs- und unternehmensübergreifenden oder auch heterarchischen Arbeitsformen fordern für ihre multidimensionalen Aufgaben geradezu ein höheres Maß an Kreativität. Es lässt sich nicht auf Routinen *zurück*greifen, sondern nur auf das Neue, das Schöpferische *zugreifen*. Und dieses *Neue* ist (zunächst) inhaltsleer – sonst wäre es nicht neu, es ist *eine* Möglichkeit.

Dieses kreative Einlassen ist daher bestens kompatibel mit Situationen hoher Komplexität: Ideen, Handlungen, Maßnahmen passen sich nicht an oder ein, vielleicht knüpfen sie an, idealerweise ent*springen* sie – und das scheinbar zusammenhanglos.

»Wie kommst du jetzt darauf? Das hat doch gar nichts mit unserem Thema zu tun!« Freuen Sie sich über solche Momente, in Umwegen liegen oft die schnellsten Abkürzungen zur springenden Idee!

In solchen iterativen Gestaltungsprozessen in Organisationen und ihrem Management liegt eine enorme Lernchance, eine Art Kontrolle 2. Ordnung. Kontrolle 1. Ordnung wäre die direkte Beeinflussbarkeit: »So wird es gemacht! So wird es nicht noch einmal gemacht!«

Tja, und hier bist du als Manager gefragt: Der strategisch kreativ improvisierende Manager geht nicht von der Situation aus, die er sich vorher vorgestellt hat, sondern von der Situation, in der er sich gerade befindet (vgl. Tötschinger 2013).

In einem iterativen Prozess lernt – und *kontrolliert* – die Organisation aus dem, was passiert. Sie beobachtet die Wirkungen jeder Veränderung oder *Erneuerung* und entscheidet je und je, Verhalten zu ändern oder beizubehalten. Dies geht nur im Nachhinein – frei nach Søren Kierkegaard: Die Organisation wird vorwärts gelebt und rückwärts verstanden.

Was hat wie genutzt oder geschadet, unterstützt oder behindert? Was heißt das für unsere nächsten Schritte? Sind wir auf dem Weg, den wir uns vorgestellt haben – oder sind wir gar auf einem besseren? (Vgl. Ehmer 2009.)

Krisen nutzen – ganz praktisch

Einige bewährte *Rezepte* aus den letzten Jahren, auch geeignet für die kommenden.

Krisen sind auch nichts Neues – sind sie dann noch Krisen?
In dieser Überschrift steckt sowohl eine gute als auch eine schlechte Nachricht. Wir fügen eine weitere gute Nachricht hinzu: Die Krisen der letzten Jahre haben viele stabilisierende, ordnende und Sicherheit gebende Führungsbilder, Steuerungsmethoden und -prinzipien – zumindest teilweise – außer Kraft gesetzt.

Es mussten rasch andere Formen und Strukturen entwickelt und genutzt, neue Vorstellungen von Sicherheit gefunden werden. Viele Organisationen und Topmanagerinnen sind nun besser mit dem Unvorhersehbaren vertraut.

Hier fassen wir Erfahrungen und Tipps zusammen, an die sich zu erinnern und die zu nutzen auch in Zukunft hilfreich sein wird.

Weil Krisen ihre Besonderheit verloren haben, irgendwie schon zum Alltag gehören, also gar keine Krisen mehr sind – hier eine kurze Erinnerung daran, was Krisen einmal waren und sicher wieder sein werden:

Schlicht gesagt, könnte man Situationen dann als Krisen charakterisieren, wenn man (eine Person, Gruppen, Gesellschaften) sich trotz vieler Erfahrungen einfach nicht mehr auskennt.

Oder, etwas wissenschaftlicher: Eine Krise liegt vor, wenn Akteure mit einer Vielzahl unvorhergesehener Ereignisse konfrontiert werden und wenn die Ereignisse Entscheidungen mit hohem Risiko erfordern, die wesentliche und tiefgreifende Auswirkungen auf die Identität von Personen (betreffend Grundannahmen, Überzeugungen, Haltungen, Verhaltensweisen) und von Organisationen (betreffend Strategien, Prozesse, Werte, Produkte, Koppelung mit den Umwelten) haben. Eine Krise liegt auch vor, wenn zugleich die Entscheidungen die Unsicherheit nicht auflösen können, ob die aus diesen Entscheidungen abgeleiteten Handlungen den gewünschten Erfolg bringen.

Hinter jeder Ecke lauern ein paar Richtungen. Sagt Stanisław Jerzy Lec.

Was auch immer man tut, das *Unvorhersehbare* lauert immer und überall. Das ist etwas, woran sich schon viele in den sogenannten agilen Organisationen gewöhnt haben. Handeln unter Bedingungen hoher Komplexität zwingt nahezu, mit dem Unvorhersehbaren zu rechnen, und jeder Versuch, dem zu entgehen, birgt meist mehr Gefahren in sich, als sich darauf einzulassen. (Wer einmal mit einem Kanu durch ein Wildwasser gepaddelt ist, weiß, wovon wir sprechen, und die anderen können sich das sicher gut vorstellen.)

Andererseits kann das Unerwartete (vgl. Weick u. Sutcliff 2003) auch als Entlastung gehandelt werden. Markant ins Spiel gebracht, soll es von der Verantwortung des Blindseins und Sichtaubstellens gegenüber Wahrnehmungen unterschiedlicher Signale und Einschätzungen exkulpieren.

Es liefert der Verleugnung von mehr oder minder deutlich erkennbaren Entwicklungen eine rationale Begründung: *Das Unerwartete ist nicht erwartbar.*

Organisations- und Psychodynamik sind Verbündete darin, einmal gewonnene Vorstellungen und Annahmen über den richtigen Weg aufrechtzuerhalten. Sie lassen sich – klugerweise, wenn man sich in einem stabilen Umfeld eingerichtet hat – nicht zu schnell von Ereignissen irritieren und sind daher wirklich überrascht, wenn das *bislang nicht zu Sehende* nur zu deutlich in die Augen fällt. Aus ihren bisherigen Seh- und Verarbeitungsgewohnheiten heraus sind sie nun sehr erstaunt, weil Bewährtes sich auflöst, Gewohntes zu Fehlleistungen führt. Plötzlich stehen nicht nur Methoden zur Disposition (weil damit das Ziel nicht mehr erreicht werden kann), sondern das Ziel selbst. *Echte Krisen sind immer Sinn- und Identitätskrisen.*

Diese radikale Infragestellung, bei der es wirklich an die Wurzeln geht, macht verständlich, dass man jedes – auch noch so schwache – Signal, das zur Beruhigung geeignet erscheint, benutzt, um in alten Mustern weitermachen zu können (vgl. Hüther 1999).

Auch ein geordnetes Leben in einem relativ stabilen Umfeld erfordert immer wieder Richtungsentscheidungen. Aber der entscheidende und emotional höchst wirksame Unterschied entsteht durch die Veränderung des Terrains, in dem man sich bewegt. Muss man in einer weitgehend bekannten Landschaft neue Wege finden, wo man sich mit gültigen Landkarten, einem Kompass oder Erkundigungen (bei Experten des Gebietes) orientieren kann, oder ist man plötzlich, unerwartet (wie in einem Albtraum) in eine völlig fremde Landschaft geworfen, die noch unerforscht, unerklärt ist, und in der jeder Schritt auch Gefahr bedeutet?

Der Rückgriff auf bekannte Instrumente – noch genauere Landkarten, die Befragung von *Experten* – steigert dann nur die Verwirrung. Die einen geben eine sehr klare Auskunft über das erfragte Wohin und Wie, die anderen schicken einen, ebenso klar, genau in die entgegengesetzte Richtung. Nur wer ehrlich oder genügend selbstbewusst ist, outet sich selbst als Wegsuchender, der sich verloren hat – und sagt schlicht: Ich weiß es nicht. Jeder weitere Versuch, mit bekannten Hilfen weiterzukommen (wohin überhaupt?), steigert die Ohnmacht und führt zu Erschöpfung.

Dagegen kann man nur schlecht *andenken*. Die Gefühle von Angst und Unsicherheit – auch wenn Führungskräfte meinen, so tun zu müssen, als hätten sie sie nicht – bestimmen die Wahrnehmungen und Entscheidungen. Akzeptiert man diese Gefühlslagen als besondere Navigationshilfen, statt sie zu überspielen, verwandeln sie sich – fast magisch – von irritierenden Beherrschern zu aufmerksamen Begleitern. Damit öffnet man sich für das Denken in Alternativen (vgl. Schober-Ehmer u. Ehmer 2010).

Jetzt keine Wiederholungen mehr, klar, Alternativen ja, aber sie sind per se unsichere Gesellen, woher ein wenig Sicherheit gewinnen? Was hat sich schon bewährt? Je bewährter, umso besser.

Etwas paradox, Bewährtes für die Bewältigung neuer Situationen zu suchen!
Eine Erwartung, die nicht so leicht zu erfüllen ist.

Krisen nutzen – acht Erfahrungen

Acht Erfahrungen

Acht Erfahrungen, die wir in den letzten Jahren in der Zusammenarbeit mit Topführungskräften sammeln konnten: Welche Haltungen, Einstellungen, Fähigkeiten haben Ihnen geholfen, Krisen der oben beschriebenen Charakteristik erfolgreich zu bewältigen, und welche konnten Sie darüber hinaus für sich und die Zukunftsfähigkeit der Organisation zu nutzen?

Für Freunde von Checklisten, Short Cuts und Tools

Ein nützliches Allerlei, zusammengestellt aus den vorherigen Kapiteln.

Wenn es um Entscheidungen geht ...

Art der Entscheidung checken

Handelt es sich um eine ableitbare Entscheidung oder um

eine zu entscheidende Entscheidung?

Woran erkennen wir den Unterschied?

Was ist bereits vorentschieden?

Welche strategischen Prämissen, Prinzipien, Regeln, Algorithmen und kausalen Verknüpfungen müssen wir berücksichtigen, wenn wir uns im Feld der ableitbaren Entscheidungen bewegen?

Welche Wahlmöglichkeiten bestehen?

Wer sind die Experten für diese Themen, die uns sachliche Begründungen entwickeln können?

Wie weit entsprechen die gezogenen Schlüsse der Sachlogik und nicht einer politischen Interessenlage?

Wie weit bewegen sich unsere »entschiedenen Entscheidungen« im Rahmen von Gesetz und Compliance?

Von welchen Überzeugungen sind die »entschiedenen Entscheidungen« getragen, und wie weit kann tatsächlich eine persönliche Verantwortung für Folgewirkungen und Risiken übernommen werden?

Nachvollziehbarkeit und Transparenz sicherstellen

Inwieweit habe ich meine Entscheidungsüberlegungen und Kriterien dargelegt? Sind sie verstanden worden? Woran kann ich das erkennen?

Sind die Entscheidungsgrundlagen (Rahmenbedingungen, Anlass, Erfordernis, Ziel, Verantwortlichkeiten, Konsequenzen) den Beteiligten bekannt/transparent?

Ist die Entscheidungsfindung ausreichend nachvollziehbar und transparent, damit sie den Mitarbeitern Orientierung geben kann?

Hat die Entscheidung ein nüchternes Okay, Begeisterung oder verhaltenen Widerstand ausgelöst?

Was müsste man noch tun, um sicherzustellen, dass die Mitarbeiter die Entscheidung mittragen und umsetzen?

Wie schätze ich das Verhältnis/Spannungsfeld zwischen »Informationen weitergeben« und »mit Informationen überfluten« ein? Was gibt es daher zu tun?

Sind mir die Entscheidungskriterien meiner Vorgesetzten ausreichend nachvollziehbar und transparent? Wenn nicht, wie fordere ich dies ein?

Entscheidungsspielräume und -grenzen ausloten

Sind mir meine Entscheidungsspielräume und -grenzen tatsächlich klar? Kenne ich die jeweiligen Verantwortlichkeiten und die Konsequenzen? Wenn nicht, wie stelle ich Klarheit her?

Sind meinen Mitarbeitern ihre Entscheidungsspielräume und -grenzen klar? Kennen sie die jeweiligen Verantwortlichkeiten und die Konsequenzen? Wenn nicht, wie stelle ich Klarheit her?

Wie stelle ich sicher, dass der jeweilige Entscheidungsspielraum hergestellt und benannt, aufrechterhalten und eingefordert wird?

Wie gehe ich mit Änderungen und mit flexiblen Spielräumen um? Besteht hier Klarheit?

Ein Jour fixe der anderen Art – als Anregung empfohlen

Montag, 10:00 Uhr, im kleinen Konferenzraum.

Zwölf Agendapunkte, davon vier Themen zur Entscheidung,

neun diskussionsfreudige Abteilungsleiter sind heute sogar pünktlich.

Zeitrahmen: zwei Stunden.

Und: Bei einem Training hat dieses Führungsteam neue Spielregeln und neue Prozessschritte auf der Basis der Konzepte der Holacracy und des systemischen Konsensierens entwickelt. Diese Konzepte sollen nun angewandt werden. Zur Erinnerung an die sechs Prozessschritte hat der Assistent ein schönes Plakat angepinnt:

Vorstellung des Entscheidungsvorschlags: kurz und prägnant mit allen im Moment relevanten Informationen, inklusive einer persönlichen Stellungnahme (hier keine Zwischenfragen und Zwischenbemerkungen).

Nur *Verständnisfragen* sind erlaubt – keine (!!) Einwände und Diskussionen.

Resonanzrunde: Jeder nimmt kurz persönlich Stellung und gibt an, aus welcher Rolle/vor welchem Erfahrungshintergrund diese Einschätzungen, Hinweise, Anregungen formuliert werden. – *Keine* Diskussion, keine unmittelbaren Antworten, nur aufnehmen.

Aufnehmen – Einarbeiten: Die Vorschlagenden besprechen kurz und prägnant – direkt vor den Teilnehmenden –, wozu die Reaktionen angeregt haben und was sie gegebenenfalls damit zu tun gedenken, z. B. Vorschläge einarbeiten, nach neuen Lösungen suchen, Formulierungen ausarbeiten etc.

Einwandsrunde: Wer schwergewichtige Einwände hat, stellt sie kurz dar. Zuhören und verstehen und nicht sofort »wegdiskutieren«. Ein *gewichtiger Einwand* bezieht sich auf vermutete Risiken und Gefahren, auf Überschreitung von Prämissen (sachlich, zeitlich, sozial), auf Aussagen der Vision oder auf wichtige Aspekte von Stakeholdern. Hier geht es *nicht um persönliche Bedenken der Individuen.*

Integration: Die Vorschlagenden werden beauftragt, die Einwände und Hinweise in einen neuen Vorschlag zu verarbeiten; gab es keine gewichtigen Einwände, ist es in ihrer Verantwortung, die Entscheidung in den Arbeitsprozess zu integrieren. Hierzu muss die Entscheidung noch einmal konkret formuliert und schriftlich festgehalten werden.

Die ersten beiden Themen laufen ab, als wären Verfahren und Spielregeln bereits Routine. Die beiden wichtigsten Aspekte waren der eindeutige und präzise Entscheidungsvorschlag (zugegeben, das Thema war auch nicht sehr komplex, aber durchaus emotional aufgeladen: Ort und Verlauf der nächsten gemeinsamen Sommerwanderung und eines Festes) und die erstaunliche Disziplin bei den Fragen und wenigen Einwänden, die zu einer qualitativen Verbesserung des Ablaufes führten.

Das dritte Thema lief aus dem Ruder (was später als wichtiger Lernprozess gesehen wurde), es ging um die Zusammenlegung von zwei Abteilungen. Man vermutete, dass die Antragsteller ihre Hidden Agenda nicht deutlich gemacht hatten, und so *kippte* man in die üblichen Kreuz-und-Quer-Diskussionen. Da die Moderation mit etwaigen Auswirkungen selbst betroffen war, *vergaß* sie, den Prozess zu steuern. In der nachträglichen Reflexion erinnerte man sich an die *Aspekte unserer Achtsamkeit*, deren Einhaltung geholfen hätte, selbst dieses schwierige Thema konzentriert einer Entscheidung zuzuführen.

Auf den Bildschirmen konnte man nachlesen: Wir wollen darauf achten, dass ...

... wir Entscheidungen auch revidieren können, sobald wirklich neue Informationen zur Verfügung stehen, daher wollen wir in Bezug auf das vereinbarte Ziel und die verfügbaren Fakten *schnelle Entscheidungen* treffen.

... wir uns nicht in vorausgesagten Ängsten festfahren und glauben, wir müssen alles sofort auf die Reihe bekommen.

... wir uns in nicht Spekulationen über alle »Könnte es nicht auch...«, verlieren.

... wir manchmal auch etwas ausprobieren und schauen können, was passiert – wohl wissend, dass man den Kurs jederzeit verändern kann.

... wir eine Entscheidung zum Weiterarbeiten finden, statt sofort die »beste« Entscheidung treffen zu müssen.

... die beste Entscheidung im Verlaufe der Zeit entsteht.

...Ungeduld und gegenwärtige Spannungen nicht den Prozess bestimmen und wir daher Entscheidungen bis zum letztmöglich verantwortbaren Zeitpunkt verschieben dürfen.

... wir unsere Entscheidungsprozesse kontinuierlich reflektieren, überprüfen und auch neue Spielregeln finden.

Und bald war allen klar, dass der herausforderndste Musterwechsel im Denken, in den Annahmen über Entscheidungsprozesse und im Miteinander sich auf das Vertrauen auf den Prozess und auf die Wirksamkeit eines offenen – aber durchaus strukturierten – Dialogs bezog. So ergänzte das Team seine Achtsamkeitsregeln um den Satz: *Wir vertrauen darauf, dass Entscheidungen entstehen werden.*

Muster brauchen auch mal Musterwechsel

Perspektivwechsel – Musterwechsel

Das wöchentliche Meeting beginnt, alle sitzen am gewohnten Platz.

Bitten Sie die Runde, aufzustehen und ihre Sachen in die Hand zu nehmen – zunächst noch ohne weitere Erklärung.

Wenn alle stehen: »So, jetzt sucht sich bitte jede/r einen anderen Platz! Danke. – Lassen Sie uns beginnen ...«

Andere Perspektive, andere Sitznachbarn, andere »Ordnung«!

Lernlust

Praxischeck

Wo wird in Ihrem Unternehmen mit viel Freude der *Tanz der Organisation getanzt*, und wo zeigt er eine vorgegebene oder eine lernfreudige improvisierte Schrittfolge?

Es lässt sich leicht erkennen. Beobachten Sie:

- worüber außerhalb der offiziellen Kommunikationsräume und -zeiten gesprochen wird
- mit welcher Intensität an Zielen, Aufgaben und Lösungen gearbeitet wird
- worüber sich Mitarbeiterinnen und Führungskräfte Gedanken machen
- ob diese Gedanken (und ob Handlungsenergien) den Organisationszielen zufließen
- oder ob sie vielmehr der Bewältigung von Ärger, Enttäuschungen, Unsicherheiten, ungeklärten Fragen oder Entwürdigungserfahrungen dienen (vgl. Ehmer u. Schober-Ehmer 2008).

Lustvolle Auseinandersetzungen machen Organisationen lernfähig:

- Neugierig fragen, frech hinterfragen und interessiert zuhören.
- Wissen ist längst nicht so wichtig wie gemeinsame Entdeckungen und pragmatische Lösungen.
- Wenn Führung darauf vertraut, dass Ideen entstehen, dass Engagement durch Selbstorganisation und Vernetzung des Know-

- how beflügelt wird, dann gelingt auch das Unmögliche oder schwer Vorstellbare.
- Dann ist die Organisation, als eine Organisation N. N., ein inspirierender Lernort, in dem motivierte Menschen ihr Bedürfnis nach Wandlung und Wachstum, ihren Musterwechsel im Wahrnehmen, Denken und Fühlen aktiv gestalten.
- Etablierte Routinen finden sich nur noch dort, wo sie wirklich sinnvoll sind.
- Feiern Sie Ihre Erfolge – auch die scheinbar kleinen!

Fit für Leistung – ein kleiner Tipp

Nehmen Sie sich auf dem Weg zur leistungsfähigen (oder fitten) Organisation nicht große, schwere *Brocken* vor, die dann nie umgesetzt werden. Ärgern Sie sich z. B. über eigene Meetings, bei denen alle Teilnehmer hinter ihren Laptops »versinken« und es eine allgemeine, aber unausgesprochene Unsicherheit gibt, was genau da so eifrig von jedem geklopft wird? Dann vereinbaren Sie eine kleine, leichte Veränderung, wie z. B.: »Wir nehmen die Laptops zum nächsten Meeting nicht mit. Und wir schaffen eine Ausnahme: Der Protokollschreiber ist davon ausgenommen.«

Dann machen Sie im Team vielleicht die Erfahrung, dass *dieses* Meeting ohne Laptops sehr effektiv und effizient war. Und dann entscheiden Sie weiter ...

Ein weiteres Experiment

Führen Sie Ihren wöchentlichen Jour fixe einmal im Dunkeln durch, in absoluter Finsternis.

Und jetzt mal ganz simpel: Warum – Wie – Was?

Die Fragen nach dem *Warum:*

- *Warum* ist diese Veränderung notwendig?
- *Warum* haben wir uns *jetzt* dazu entschlossen, diesen Prozess zu starten?
- *Warum* kann es verhängnisvoll sein, wenn wir nichts ändern?
- *Warum* wurde das Vorgehen so gewählt, wie wir es jetzt tun?

Die Fragen nach dem *Wie:*

- *Wie* werden wir das konkret machen?
- *Wie* wird das mich/meine Arbeit beeinflussen?
- *Wie* werden wir uns (nicht) daran beteiligen?
- *Wie* kann ich mehr Sicherheit mit dieser Situation erlangen?

Die Fragen nach dem *Was:*

- *Was* wird sich auf jeden Fall verändern?
- *Was* wollen wir auf jeden Fall erhalten?
- *Was* sollen wir auf dem Weg beachten?
- *Was* kann uns dabei helfen?

Systematischer Sicherheits-/Unsicherheitscheck mit Skalen

Suchen Sie sich einen Fokus, also z. B. Ihren Markt, ihre Produkte, Mitarbeiter, Strategien etc., und zeichnen Sie eine Sicherheitsskala von 1 bis 10, wobei 10 für supersicher und 1 für das Gegenteil (also superunsicher) steht: Wo positionieren Sie Ihre Organisation derzeit z. B. betreffend Sicherheit Ihres Marktes? Markieren Sie diesen Punkt mit X.

I_____I_____I_____I_____I_____I_____I_____I_____I_____I

1 2 3 4 5 6 7 8 9 10

Nun ein paar Fragen:

- Was trägt dazu bei, dass Sie auf X sein können? Z. B. welche Anzeichen für Sicherheit gibt es?
- Wie würden andere Abteilungen das beurteilen? Welche Anzeichen der Sicherheit würden sie nennen?
- Was können Sie/Ihre Mitarbeiterinnen/der Vorstand/etc. bei X beobachten, welche Gedanken gehen durch den Kopf, welche Gefühle tauchen auf?
- Was können Sie tun, um auf X + 1 zu kommen (ein Gespräch führen, Berichte anfordern...)?
- Wer kann Ihnen dabei helfen?

Leadership nach den Odysseus-Prinzipien

- Eine klare, emotional mächtige und tragende Vision:
- »auf Ithaka den Fürstenthron wieder besteigen, die geliebte Ehefrau Penelope und seinen Sohn Telemachos in die Arme schließen...«
- Kraftvolle, kluge Führung – entscheiden, was an Irritationen kommunikativ zugelassen wird, was nicht; (so erfährt die Schiffsmannschaft nichts von der Wirkung des Gesangs der Sirenen, sind ihnen doch die Ohren mit Wachs verstopft worden).
- Die Fähigkeit, dramatische Probleme zu reframen, statt zu verzweifeln.

- Chancen, die auch in der unmöglichsten Situation verborgen sind, erkennen.
- Lösungsprozesse mit Witz und Frechheit initiieren, wodurch die Überlegenheit des Gegners sich gegen ihn selbst wendet. (Gestrandet auf der Insel der Zyklopen, gelingt es Odysseus, dem menschenfressenden einäugigen Riesen Polyphem weiszumachen, er heiße, in Abwandlung seines Namens, »Oudeis« – was schlicht »Niemand« bedeutet. Statt sich gegen das Begehren den nächstbesten Matrosen zu fressen, zu stellen, bietet er ihm seinen schweren Wein an, von dem er vermuten kann, er würde den Riesen betrunken und wehrlos machen. Der Trick gelingt und Odysseus kann Polyphem sein Auge ausstechen. Und als dieser schmerzerfüllt nach seinen Brüdern schreit: »Oudeis (Niemand) hat mir das Auge ausgestochen!«, meinen sie, er sei verrückt geworden, und ziehen sich in die Berge zurück. Wir erzählen diese Szene deshalb so ausführlich, weil sie das wichtigste *Rezept* sichtbar macht:
- die jeweilige aktuelle Situation so zu betrachten und zu interpretierten, dass man sie kreativ für sich nützen kann; oder, anders gesagt: das Handeln nicht an einem Soll-Zustand ausrichten, sondern die aktuelle Situation für sein Ziel wirksam *werden lassen*.

Zur Erinnerung, worauf man sich einlässt, wenn Mitarbeiter unternehmerisch handeln sollen

Ein Unternehmer handelt eigenständig. Situationen bewertet er nach Chancen und Risiken. Mit kalkuliertem Mut setzt er Maßnahmen – im Wissen, dass ihre Konsequenzen nicht wirklich vorhersehbar sind. Er glaubt der eigenen Intuition (seinem Bauchgefühl) und vertraut (im Unterschied zum berechnenden Controller, Verwalter, Manager) darauf, dass mit seinen Ideen, gepaart mit etwas Kühnheit und Glück, neues Terrain gewonnen, neue Märkte erobert, neue Produkte geschaffen, neue Lösungen kreiert werden können. Und dabei zögert er nicht, auch Grenzen zu überschreiten, manche Rahmenbedingungen im Sinne seiner Zielerreichung auszulegen oder »naiv« zu übersehen.

Teil 2

In diesem zweiten Teil wollen wir Ihnen ein Praxisbeispiel für das Überleben in der Gleichzeitigkeit geben. Wir haben dazu eine Königsdisziplin des Führens und Steuerns ausgewählt: *Mergers & Acquisitions.*

Wer das Wachstum des eigenen Unternehmens durch Akquisitionen unterstützen will, wird unweigerlich mit inhärenten Widersprüchen konfrontiert:

- »Wachsen oder sterben?«
- »Jetzt oder später?«
- »Schnell oder langsam?«
- »Zahlen oder Menschen?«
- »So oder anders?«

Im Bereich *Mergers & Acquisitions* versuchen die führenden Köpfe jeder Branche, ehrgeizige Visionen zu verwirklichen – und verfehlen dabei erstaunlich oft ihre Ziele. Im heutigen wirtschaftlichen Umfeld sind die Chancen, dass eine Merger-Operation die in sie gesetzten Erwartungen erfüllt, schlechter als 50:50. Deutlich schlechter. Wenn man den diversen Statistiken glaubt, ist 20:80 der internationale Durchschnitt.

In einem solchen unternehmerischen Minenfeld können neue Ansätze am besten zeigen, was sie taugen. Als wir beschlossen haben, dies an einem konkreten Praxisbeispiel zu demonstrieren, war deshalb M&A das Thema der Wahl. In vielen Bereichen haben wir hier eng mit der Sazun GmbH in Salzburg, einem international aufgestellten M&A-Beratungshaus, zusammengearbeitet.

Facettenreiche Problemstellungen verlangen ebensolche Antworten. Dies spiegelt sich in der mitunter kaleidoskopartigen Wissensvermittlung auf den folgenden Seiten. Bewusst offen soll sie Leser einladen, sich zu öffnen – für den Gedanken, dass M&A ein Prozess ist, in dem alle Beteiligten gewinnen können, sollen und müssen. Obwohl sie es viel zu selten tun. Lesen Sie auf den folgenden Seiten, warum das überhaupt nicht überrascht. Und welche Zugänge Sie wählen können, um Ihre Konkurrenz zu überraschen.

m&a PLUS
Merger
lustvoll
erfolgreich
gestalten

9 Merger lustvoll und erfolgreich gestalten

Gier ist gut, hat uns Ivan Boesky 1986 mitgeteilt, in einer Rede vor Wirtschaftsstudenten in Berkeley. Kurz darauf klickten dann die Handschellen, und seine Börsenmanöver brachten ihn für Jahre hinter Gitter.

Es ist heilsam, sich an Ivan Boesky zu erinnern, weil sich durch jede, wirklich jede Karriere eine dünne, rote Linie zieht. Man sieht sie nicht. Aber im Blickfeld sollte man sie trotzdem stets haben. Denn sie trennt gesunden Ehrgeiz, intelligent dosierte Risikobereitschaft und die Integrität des guten Kaufmannes von ihrem ungesunden Gegenteil.

Und das ist für unser Thema relevant, weil …?

Nun, zum Beispiel, weil im langjährigen Durchschnitt sechs bis acht von zehn Unternehmensakquisitionen die angepeilten Ziele mehr oder weniger spektakulär verfehlen.

Das ist nicht nur teuer, schädlich und frustrierend. Es wirft auch die Frage auf, was in Chefetagen falsch läuft.

Antworten wir nicht zu rasch: Die Hybris, aus den Zahlen, Daten und Fakten von gestern und heute zweifelsfrei die Erfolge von morgen und übermorgen herauslesen zu wollen, hat sich viel zu oft als verhängnisvoll erwiesen.

Die folgenden Seiten stellen deshalb ganz bewusst offene Fragen in den Raum und verbinden eine Palette unterschiedlicher Perspektiven mit der Einladung zur individuellen Kreativität. Die besten, frechsten, innovativsten Antworten sind in Ihrem Kopf, geschätzte Leserin, verehrter Leser, und sind sie nicht in Ihrem Kopf, dann sind sie nirgendwo (… meinte ja schon André Heller in einem Lied).

Speziell im M&A-Bereich gibt es gute Gründe für die Annahme, dass traditionell unflexible Strategiezugänge mit wechselnd ausgeprägten Mischungen aus kaufmännischem Rechnen und quasimilitärischem Eroberungsdrang zum Scheitern verurteilt sind: Begrenztes Denken kann bestenfalls begrenzte Erfolge produzieren. Eine frische, auf Konsens, Wertschätzung und Lustgewinn ausgerichtete Managementmentalität hat erheblich bessere Erfolgsaussichten. Dafür sprechen Erkenntnisse aus Neurowissenschaft, Systemtheorie, Gesundheitsforschung und Design Thinking.

Mit anderen Worten: Eine andere Welt ist nicht nur möglich, es ist höchste Zeit, dass wir sie bauen. Folgen Sie uns in die Zukunft.

Was heißt hier M&A?

Wie so viele Begriffe des Business-Denglisch ist »M&A« schick, schnell – und unscharf. Wenn wir auf den folgenden Seiten Merger beschreiben, ist eigentlich Akquisition gemeint. In der knallharten M&A-Welt sind nämlich echte Merger (»… the voluntary amalgamation of two firms on roughly equal terms …«/»… der freiwillige Zusammenschluss von zwei Unternehmen zu gleichen Bedingungen …«, Christiansen 2014, p. 123) äußerst rar geworden. Üblicherweise hat heutzutage eine Partei das Geld und damit auch das Sagen. Typischerweise wird zuerst ein Unternehmen akquiriert und dann mit dem kaufenden Unternehmen »verschmolzen«.

Betrachten wir die Anatomie von M&A-Prozessen, so sind typischerweise drei Phasen zu unterscheiden: Pre-Merger, Merger und Post-Merger. Die Pre-Merger-Phase umfasst alle Vorbereitungsmaßnahmen, vor allem die Suche und Auswahl eines passenden Partners. In der Merger-Phase findet der eigentliche Unternehmenskauf statt; sie beginnt mit der Due Diligence (der intensiven Risikoprüfung) bei einem Zielunternehmen und endet mit dem Signing und Closing der Transaktion. In der Post-Merger-Phase geht es um die Integration.

Warum kann M&A so tückisch sein?

»Du musst herrschen und gewinnen
Oder dienen und verlieren,
Leiden oder triumphieren,
Amboss oder Hammer sein.«

Johann Wolfgang von Goethe, Koptische Lieder

»Damals schien es eine gute Idee zu sein …«: M&A, die Falle der Erfolgsverwöhnten

Hätten Sie doch damals das Telefon läuten lassen. Fast hätten Sie ja, auf dem Weg zur Tür, die Rede zur Feier der wieder einmal exzellenten Unternehmenszahlen fertig in der Tasche. Rückblickend betrachtet, war genau dieser Augenblick der Höhepunkt Ihrer Jahre als CEO. Nach langem organischen vorausschauend gemanagten Wachstum war das Unternehmen zwar nicht Marktleader nach Umsatz, aber dafür der profitabelste Player im Spitzenfeld.

Zugegeben, die Wettbewerber hatten auch nicht geschlafen. Im Gegenteil: Eine Serie von Akquisitionen hatte das Marktumfeld zuletzt kräftig aufgemischt, und ob sich Ihre komfortable Position halten lassen würde?

Trotzdem – hätten sie an jenem Tag nur das Telefon läuten lassen.

Aber Sie haben abgehoben. Und da war dieser M&A-Berater in der Leitung, der schon seit Tagen dringend mit Ihnen über eine Jahrhundertgelegenheit ... Trotzdem – hätten sie an jenem Tag nur das Telefon läuten lassen.

Kein Zweifel, der Mann verstand sein Geschäft. Rückblickend betrachtet, wäre die Frage legitim gewesen, ob er auch Ihr Geschäft verstand, aber seien wir fair: Auch bei ganz nahem Hinsehen schien der Deal echtes Win-win-Spiel zu sein, und der ganze Akquisitionsprozess war von der Verkäuferseite untadelig professionell aufgesetzt. Binnen sechs Monaten war die Akquisition dann über die Bühne.

Dass der Preis letztlich 30 % über Ihren initialen Erwartungen lag, hätte alles noch im letzten Moment ... – aber nach einer schlaflosen Nacht haben Sie trotzdem zugestimmt.

Bei einem geplanten Return von 20 % über die nächsten zehn Jahre würde sich die Investition exzellent rechnen, vom begehrten Zugang zu wichtigen Technologien gar nicht zu reden und vom Wachstumsschub, der mittelfristig die Marktposition konsolidieren würde ... Das entsprechende Strategiepapier aus der Feder eines renommierten Beraters haben Sie bis heute aufgehoben. Jetzt betrachten Sie es noch einmal kopfschüttelnd. Dann räumen Sie Ihren Schreibtisch.

Wie es so weit kommen konnte, dass sich ein steinsolides Unternehmen mit einer überhasteten Akquisition derart verhoben hat, darüber wird in der Branche noch lange kopfschüttelnd gesprochen werden. Aber Sie sind dann längst nicht mehr dabei.

Ein Albtraum, oder? Natürlich, Ihnen könnte so etwas nie passieren. Wie oft haben Ihr Augenmaß, Ihre Nüchternheit in der Situationsbeurteilung und Ihr selbstkritischer Umgang mit dem eigenen Enthusiasmus Sie schon vor folgenschweren Fehlern bewahrt!

Andererseits ... – wenn Sie ein wenig nachdenken, so selten kommt es in Ihrem Businessumfeld ja wohl doch nicht vor, dass eine Akquisition – meist aus einer Opportunität heraus – mehr oder weniger spontan getätigt wird und dann mit Blut und Tränen endet. Und wenn Sie die Opfer solcher Betriebsunfälle Revue passieren lassen ... – erheblich dümmer, als Sie es sind, waren die anderen Akteure ja wohl auch nicht, oder?

Wachsen oder sterben – ist das hier die Frage?

»Mein Vater wird noch die ganze Welt erobern und mir nichts zu tun übrig lassen.«

Alexander der Große

Im Herbst 2014 legte das Pharmaunternehmen Merck die astronomische Summe von 17 Mrd. $ für den Biochemie- und Chemieproduzenten Sigma-Aldrich auf den Tisch. 17 Mrd., das entsprach zum Zeitpunkt der Transaktion in etwa dem BIP von Bosnien-Herzegowina.

Und was exakt war der Gegenwert, für den man solche Unsummen auslegte? Ein, verglichen mit dem Riesen Merck, eher kleines, feines Unternehmen mit einem Umsatz von 2,8 Mrd. $ und einem Ebitda (Ergebnis vor Steuern und Abschreibungen) von 852 Mio.; Umsatz-Multiple: knapp 6. Ebitda-Multiple: 20 (Multiple ist der Unternehmenswert dividiert durch den Umsatz bzw. das Ebitda). Und nein, Merck ist nicht völlig übergeschnappt. Zumindest nicht übergeschnappter als der Rest des zeitgenössischen Corporate-Universums.

Denn der globale Konsens lautet: Groß ist gut, größer ist besser, wahnsinnig groß ist wahnsinnig gut, und wenn weiteres Wachstum nicht auf organischem Wege zu erreichen ist, wird es eben gekauft. Irrational überhöhte Bewertungs-Multiples belohnen hemmungslos aufgeblähte Unternehmensgrößen und provozieren damit ein immer aggressiveres Rattenrennen, koste das Wachstum, was es wolle.

Die Definition von »Rattenrennen« als endlose, selbstzerstörende und sinnlose Zielverfolgung sollten wir übrigens mit der angemessenen Besorgnis beim Wort nehmen ...

Fragen nach:

- der Berechtigung solcher Bewertungen
- der Sinnhaftigkeit durch sie angestoßener Wachstumsstrategien
- der Klugheit daran orientierter Entscheidungen

- der Schicksalhaftigkeit pfadabhängiger wirtschaftlicher Prozessverläufe
- der Nachhaltigkeit daraus resultierender Entwicklungen sind legitim.

Zur Erkenntnis, dass größer nicht zwangsläufig besser ist, braucht es keine akademische Ausbildung in Betriebswirtschaft. Gesunder Hausverstand genügt völlig dafür, zu Fragen zu gelangen wie etwa »Wozu überhaupt weiterwachsen?« oder »Gibt es wirklich keine Alternativen zu M&A?«. Aber so etwas im Kontext von Unternehmensstrategiediskussionen zu thematisieren grenzt fast schon an Ketzerei. Die Größe lockt, und wer wollte sich da selbst als Kleingeist outen?

Aus der Perspektive der Portfoliostrategien institutioneller Shareholder stellt sich die Frage ohnehin nicht, denn sie interessiert weniger das Schicksal des einzelnen Unternehmens, sondern das einer gesamten Branche beziehungsweise ihres Portfolios.

Aber wir betrachten hier M&A aus Unternehmer- und Managementsicht und damit aus der Perspektive von Stakeholdern, deren oberste Priorität Gesundheit, Sicherheit und Fortbestand des Unternehmens sein sollte. Für sie misst sich jede Entscheidung an der Fähigkeit des Unternehmens, sich aus seinen Stärken heraus immer wieder zu erneuern, um nachhaltig zukunftsfähig zu bleiben.

Mit einer entsprechend gesunden Dosis Skepsis prüfen gerade die klügsten Unternehmenslenker eigene, periodisch auftretende Wachstumsgelüste. Echte Profis kennen die Notwendigkeit, zunächst die eigene Motivation kritisch zu hinterfragen, bevor man sich mit möglichen strategischen Schritten zu ehrgeizig gesteckten Wachstumszielen befasst.

Umso mehr, als angesichts einer mittlerweile vollständigen globalen wirtschaftlichen Vernetzung der Fantasie beim Aufbau innovativer Zusammenarbeits-Modelle kaum mehr Grenzen gesetzt sind. Andere Unternehmen »anzugreifen«, zu »übernehmen« und zu »beherrschen«, um Zugriff auf benötigte Technologien, Kapazitätsreserven oder Märkte zu erlangen, ist eigentlich schrecklich fantasielos militaristische, unkreative und vor allem gefährlich unflexible Erobererdenke aus dem industriellen Paläolithikum.

In unseren Zeiten wachsender Unsicherheit und Unplanbarkeit sind agile, flexible, situativ aufgebaute und auch bei Bedarf im Handumdrehen um- oder abgebaute Netzwerkstrukturen und Kooperationen ohnehin häufig die überlegenen eleganten Lösungen.

Denn wo die Struktur von heute mit einiger Wahrscheinlichkeit schon morgen von vorgestern ist, wird Besitz endgültig zur Belastung.

»Make or buy?« (»Selbst machen oder kaufen?«) ist deshalb in den heutigen globalen Szenarien nicht mehr die zentrale Frage, sondern nur mehr der erste Schritt in einen kreativen Prozess des Nachdenkens über eine Welt von Wachstumsmöglichkeiten.

Konzentration bei den »Big Four« der Wirtschaftsprüfer

Im Oktober 2013 hat PricewaterhouseCoopers, einer der »Big Four« der Wirtschaftsprüfungsgiganten, einen weiteren Akquisitionsschritt gesetzt.

C. M. Christensen, ein Professor an der Harvard Business School und intimer Kenner dieser Beraterszene, prophezeit eine bevorstehende Disruption in der Consulting- Branche:

So, wie sich einst die über Generationen etablierten und durch Fusionen zusammengeschweißten Stahlgiganten in den großen Industrienationen unversehens von lokalen Ministahlwerken rechts und links überholt fanden, sieht er demnächst in der Beratungsindustrie neue Anbieter und Strukturen die schwerfällig gewordenen Riesen mit überlegener Kreativität und frischen Zugängen herausfordern.

Sollte sich diese Prognose bewahrheiten, dann sind Akquisitionen, wie wir sie derzeit beobachten, das finale *More of the same* eines megalomanen Managements, das nichts ahnend auf die große Disruption zutaumelt wie die sprichwörtlich gewordene Pinguin-Kolonie auf dem schmelzenden Eisberg in John Kotters *Pinguin-Prinzip*.

»Make or Buy« – Der Weisheit letzter Schluss?

Nehmen wir an, auch nach ausführlicher, ehrlicher, durchaus selbstkritischer Introspektion bleibt es dabei: Sie wollen, sollen, müssen wachsen.

Hinein und hinauf in neue Märkte, Technologien, Kompetenzen, Größenordnungen und Storys.

Beginnen wir mit der schlechten Nachricht: Von Jahr zu Jahr wächst der Anteil der gescheiterten Projekte in diesem Feld. Besonders häufig scheitern diejenigen, die sich ihr Wachstum kaufen wollen.

Und die gute Nachricht?

In globalisierten Märkten, im EU-weiten freien Verkehr für Arbeit und Güter, in einer digital lückenlos vernetzten Welt verfügen Sie über eine neue und noch nie da gewesene Breite von Optionen, die Sie einzeln oder in smarten Kombinationen implementieren können, um Ihr Wachstumsziel sicher und ohne unerwünschte Nebenwirkungen zu erreichen (siehe Tab. 1).

Make	Sie besinnen sich auf die bestehenden Kompetenzen, Stärken und Ressourcen Ihres Unternehmens und meinen, Ihr Ziel aus eigener Kraft erreichen zu können, ohne Ihre Organisation dem Burn-out zu überantworten.
Buy	Sie haben die entsprechenden Ressourcen nicht im eigenen Hause zu Verfügung und kaufen Sie per M&A auf, so wie es Generationen von Managern vor Ihnen getan haben. Um den Preis der Flexibilität, mit der Last der Integrationsarbeit und dem nicht unbeträchtlichen Risiko des Scheiterns.
Shared Buy	Sie nehmen Abschied vom Egoismus des alleinigen Besitzens und genießen dafür den Vorteil, Risiken und Lasten des M&A-Prozesses nicht alleine schultern zu müssen. In Konsortien, Syndikaten und ähnlichen Sharing-Modellen teilen Sie Zugriff, Kosten, Risiken und natürlich auch Gewinne.
Rent	Sie organisieren die erforderlichen Ressourcen temporär und mit höchster Flexibilität über Netzwerkarbeit auf dem freien Markt. Hier haben Sie eine enorme Bandbreite von Optionen: Lizensierung, Interimszukauf, Leasing, temporäre Spezialressourcen ... – alles geht. Und nichts ist im Bedarfsfall unumkehrbar.
Cooperate	Sie steigen in Joint Ventures oder ähnliche längerfristig projektierte Allianzen mit anderen Marktplayern ein, um sich den Zugriff auf Ressourcen zu sichern, die nicht umstandslos frei auf dem Markt verfügbar sind.

Tab. 1: Optionen

»[...] das Prinzip des Teilhabens, Mitmachens und Mitgestaltens wird zu einem Strukturprinzip, in dem die entstehende Gesellschaft gedacht wird« (Fehrmann u. Kretschmer 2011).

Die vierte M&A-Dimension: Sich entlang der Wertschöpfungskette neu erfinden

Bis in die jüngste Vergangenheit fand das Nachdenken über M&A in drei Dimensionen statt: Zugang zu neuen Märkten, Zugang zu neuen Technologien oder Zugriff auf zusätzliche Kapazitäten – das waren die drei legitimen Gründe für ein brav auf seine

Kernkompetenzen fokussiertes Unternehmen, über M&A nachzudenken.

»Schuster, bleib bei deinem Leisten!« genießt als Managementleitlinie bis heute einen hohen Stellenwert.

Neuerdings finden sich disziplinierte Kernkompetenz-denker allerdings links und rechts überholt: Aggressiv aufstrebende Unternehmen denken immer öfter über ihren bisherige »Stufe« in der Wertschöpfungskette hinaus, erfinden sich neu und erdenken innovative Geschäftsmodelle, in denen sie Wertschöpfungsstufen ziemlich keck einfach zusammenlegen oder sogar einfach auslassen.

Diese Möglichkeit hat man umso mehr, je mehr man seine Wertschöpfungskette bis zum Endkunden versteht und auch verändern kann. Und was bietet sich mehr an, als durch M&A hier Zugang zu erlangen?

Willkommen in der vierten M&A-Dimension: Wir kaufen uns den Zugang zu neuen Wertschöpfungsstufen!

Macher und Macht: Die dunkle Seite von M&A

Glaubt man den Behauptungen erfolgreicher Player im M&A-Feld, so funktioniert jeder Unternehmenskauf logisch und als kristallklar transparentes Rechenbeispiel, welches nach übereinstimmendem Urteil der befassten Fachleute und Entscheidungsträger einfach aufgehen muss.

Betrachtet man allerdings die Anatomie solcher Transaktionen und die abenteuerlich hohen Flopraten in diesem Bereich, so beginnt man rasch, das Gegenteil anzunehmen: So gut wie jeder Unternehmenskauf, ob legendär erfolgreich oder spektakulär entgleist, scheint zunächst einmal nicht logisch, sondern psychologisch zu funktionieren, und so manches Zahlenwerk ist offenbar im Vorfeld einer Transaktion entschlossen massiert worden, bis es sich den Wunschvorstellungen der befassten Entscheidungsträger gefügt hat.

Denn ab einer gewissen Machtfülle lässt sich ein CEO nur noch ungern von der Realität vorschreiben, was er – oder immer öfter auch sie – wahrzunehmen hat.

Wer Unternehmenskäufe aus der psychologischen Warte betrachtet, öffnet zwangsläufig die Büchse der Pandora und sollte sich darauf einstellen, auch weniger hehren Motiven zu begegnen, hier vor allem:

- *Machtgier*, denn je größer das Unternehmen, desto mehr Ansehen, Bewunderung und Einfluss ernten die Player
- *Geldgier*, denn wachsender Shareholder-Value und fette Dividenden produzieren die entsprechenden Bonuszahlungen
- *Angst* vor dem zusehends wachsenden Wettbewerb, der Unzufriedenheit von Eigentümern/Aufsichtsräten und einer unsicheren Zukunft
- *Ungeduld* und Misstrauen bezüglich der organischen Entwicklungsfähigkeit des eigenen Unternehmens
- *Risikobereitschaft* (oder Risikosucht?), denn wenn es gut geht, regnet es fette Boni, und wenn nicht, wartet notfalls schon der nächste Managementsessel, also los – no risk, no fun!
- *Begehrlichkeiten* bezüglich hoher Bargeldreserven, die sonst am Ende an Aktionäre/Eigentümer zurück – und in andere Investitionen einfließen könnten
- *List* und *Machiavellismus*, denn die gemeinsame neue Herausforderung durch den M&A-Prozess schweißt zusammen und lenkt von hauseigenen Problemen ab
- *Geltungssucht*, denn während alle anderen zukaufen, kann man doch unmöglich auf der Zuschauerbank bleiben.

Aus rein wirtschaftlicher Sicht kommen noch einige zusätzliche Faktoren ins Spiel (siehe Tab. 2).

Hebel 1	Wird die Akquisition nicht mit 100 % Eigenkapital, sondern teilweise mit Fremdmitteln finanziert, kann im positiven Fall ein überproportionaler ROI (= Kapitalrentabilität) erwirtschaftet werden.
Hebel 2	Die Marktbewertung durch ein Vielfaches des Ebits (= Ergebnis vor Steuer) steigt ebenfalls überproportional, da größere Unternehmen typischerweise ein höheres Multiple erzielen.
Hebel 3	Economies of Scale (= Kosteneinsparungen bei steigender Größe) können (zumindest theoretisch) Kosteneinsparungen ermöglichen.

Tab. 2: Wirtschaftliche Motive

Inversionstransaktionen

Bei Inversionstransaktionen übernehmen große Konzerne gezielt ausländische Unternehmen und verlegen dann ihren steuerlichen Sitz in ein Land mit einer niedrigeren Körperschaftssteuer.

Dieser Praktik hat der US-Senat den Kampf angesagt, was wiederum den amerikanischen Pharmakonzern AbbVie im Oktober 2014 dazu veranlasst hat, seine angekündigte 54-Milliarden-Übernahme von Shire zu überdenken. Hier geht es um ganz große Zahlen: AbbVie hätte bei einer Verlegung auf die britische Insel statt 22 nur mehr 13 % Steuern zahlen müssen.

Steuerliche Überlegungen spielen ja bei M&A-Transaktionen immer eine große Rolle; bedenklich wird es nur, wenn sie plötzlich die einzige Rolle spielen ...

Nichts von alledem ist böse. Sogar Gier kann gut sein.

Aber umso mehr sind die Entscheidungsträger gefordert, sich im Vorfeld ihre Motive samt möglichen Risiken und Nebenwirkungen in schonungsloser Ehrlichkeit bewusst zu machen.

Wer sich nicht selbst klar macht, was die wahren Triebfedern seines Handelns sind, wird mit erhöhter Wahrscheinlichkeit Schiffbruch erleiden.

Preparation is everything

Die nachhaltige Entwicklung und Konsolidierung eines Business-Portfolios ist ein delikater Balanceakt zwischen Neustrukturierung, Akquisition und Verkauf von Unternehmensteilen.

Es gilt, die inhärenten Chancen und Risiken jeder Handlungsoption zu verstehen und gegeneinander abzuwägen, um den idealen Mix für eine erfolgreiche Wachstumsstrategie zu erzielen.

Tabelle 3 zeigt die Zutaten des Erfolgs in der Vorbereitungsphase.

Intellektuelle Ehrlichkeit	Ohne völlige Klarheit über Gründe und Motive des Wunsches nach Wachstum ist keine seriöse Abwägung von Kosten, Nutzen und Risiken möglich.
Kluge Balance	Die Entscheidung über eine passende Mischung aus internem und externem Wachstum verlangt Fingerspitzengefühl und realistische Selbsteinschätzung.
Strategische Bandbreite	Die Entscheidung zwischen Unternehmenskauf, Allianz, Joint Venture, Lizensierung und anderen Optionen ist mehr als nur ein Rechenbeispiel.
Planerische Kompetenz	Zur Erarbeitung einer maßgeschneiderten M&A-Strategie ist planerische Kompetenz erforderlich.
Realistische Zugänge	Es bedarf angemessener Entscheidungskriterien für die Auswahl eines Zielunternehmens.
Kluges Timing	Bei der Vorbereitung und Sicherstellung der geeigneten Ressourcen (Personal und Qualifizierung) für einen Akquisitionsschritt spielt das Timing eine wichtige Rolle.

Tab. 3: Preparation is everything

Ich weiß ja nicht, was noch kommt ...

Angenommen, Sie suchen eine Wohnung, und der Makler Ihres Vertrauens führt Ihnen jede Woche eine vor. In zehn Wochen müssen Sie eine gefunden haben, da Sie aus Ihrer alten rausmüssen. Wie werden Sie sich entscheiden: Nehmen Sie die erstbeste, oder warten Sie mal ab ...?

Wenn Unternehmen nach einer geeigneten Akquisition suchen, geht es ihnen oft sehr ähnlich. Die »eierlegende Wollmilchsau« gibt es meistens nicht; wann soll man daher – wenn überhaupt – Kompromisse eingehen?

Nun, in der Statistik, der Spieltheorie und der Entscheidungstheorie sind solche Aufgaben gut bekannt und eingehend untersucht. Eine daraus entwickelte Lösungsstrategie nennt sich Optimal-stopping-Strategie, die es ermöglichen soll, mit großer Wahrscheinlichkeit eine optimale »Gelegenheit« aus einer Folge von – voneinander unabhängigen – Ereignissen auszuwählen. Sie besagt, dass man sich die ersten 37 % der Möglichkeiten einmal ansieht und erst danach die erste Gelegenheit akzeptiert, die besser als alle bisherigen (also das bisher gefundene Optimum) ist. Als starre Regel ist diese Strategie wahrscheinlich für unser Akquisitionsdilemma nicht zu gebrauchen, dafür versagt sie viel zu leicht; aber sie regt zum Denken an. Man sollte sich zuerst ein realistisches Bild vom »Markt« machen und es mit den eigenen Anforderungen abgleichen. Sind die Bilder zu weit voneinander entfernt, dann ist eine Akquisition möglicherweise im Moment nicht die richtige Antwort, aber vielleicht ist die Differenz ja doch nicht so groß? Letztlich ist das Ganze eine Frage der Dringlichkeit und des Risikos, aber manchmal braucht es auch den Mut zu einem Kompromiss.

Gehen Sie in keinen Merger-Prozess, ohne sich in rückhaltloser Offenheit folgende Fragen beantwortet zu haben (bitte für sich ankreuzen, welche Sie für Ihr Unternehmen schon beantworten könnten):

- Warum will ich eigentlich wachsen? Was will ich wirklich?
- Ist ein Unternehmenskauf die richtige Antwort auf meine Anliegen?
- Bin ich bereit – und richtig aufgestellt – für den Einstieg in einen Targeting-Prozess (= Prozess des Suchens nach einem passenden Unternehmen)?

- Wie muss das ideale Zielunternehmen beschaffen sein? Ähnlich genug, damit der Prozess erleichtert wird? Verschieden genug, damit Lernprozesse angestoßen werden? Beides? Und in welchem Mix?

Die wesentlichen Schritte eines erfolgreichen Pre-Merger-Prozesses sind in Abbildung 24 dargestellt.

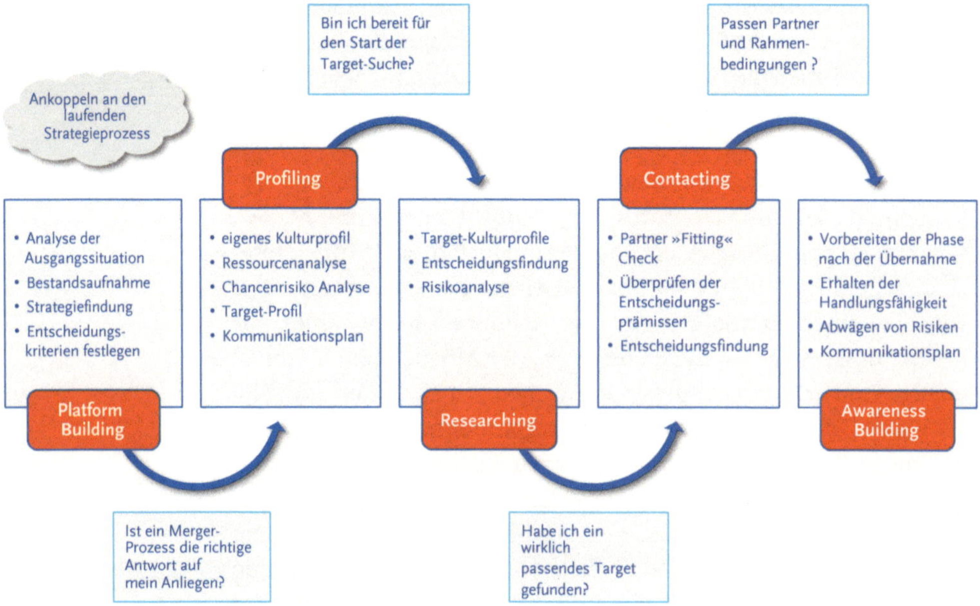

Abb. 24: Pre-Merger

Es ist hilfreich, die Summe der hier dargestellten Vorbereitungsschritte als einen kontinuierlichen Lernprozess zu verstehen, der es durch laufende Überprüfung und Anpassung der ursprünglichen Annahmen und Überlegungen ermöglicht, aktiv den Prozess zu steuern bzw. auch bei Bedarf abzubrechen.

Speziell in den Phasen des »Platform Building« und »Profiling« geht es dabei um höchst erfolgskritische Faktoren:

- Ankopplung an die bestehende Unternehmensstrategie
- Klarheit über die Gründe und Motive des angestrebten Wachstums
- Entscheidung über eine passende Mischung aus internem und externem Wachstum
- Ausloten der verschiedenen Möglichkeiten (Unternehmenskauf, Allianz, Joint Venture, Lizensierung u. a.)

- Erarbeitung einer maßgeschneiderten M&A-Strategie
- Findung passender Entscheidungskriterien für die Auswahl eines Zielunternehmens
- rechtzeitige Vorbereitung und Sicherstellung der geeigneten Ressourcen (Personal und Qualifizierung) für einen Akquisitionsschritt.

Was wir wirklich wollen: Entscheidungshilfe Future Perfect

»Zwar hab i ka Ahnung, wo i hinfahr, aber dafür bin i g'schwinder dort.«
Bronner und Qualtinger (Lied »Der Wilde auf seiner Maschin«, 1956)

Wo Unternehmen in Merger-Abenteuer hineinstolpern, fallen immer wieder Geschwindigkeitsrekorde, aber wohin die Reise eigentlich wirklich gehen soll, ist selten bis in die letzte Konsequenz durchdacht.

Es soll nicht verhehlt werden, dass Planungssicherheit bis ins letzte Detail in den seltensten Fällen wirklich zu erzielen ist: Durch die ständig steigende Komplexität und Volatilität von Geschäft und Umfeld wird eingehende Planung immer schwieriger und situatives Vorgehen immer wichtiger.

Aber völlig ohne Planung kann kein Geschäft gelingen. Ein hilfreicher Ansatz zur Bewältigung des Minimums an planerischen Hausaufgaben ist die Methode der Projektion: Beginnen wir bei der möglichst klaren Antwort auf die simple Frage, was eigentlich anders sein soll, wenn die Akquisition erfolgreich »überstanden« ist: Welche Veränderung wollen wir dann beobachten können? Woran könnten andere die Auswirkung beobachten – woran unsere Kunden, Lieferanten, Dienstleister, Eigentümer, Banken, andere Stakeholder?

Die Antwort auf die Frage nach konkret zu beobachtenden Veränderungen ist das, was als unsere Vision auch im komplexesten Umfeld Bestand haben kann, ohne gleich von den ersten Turbulenzen fortgeblasen zu werden.

Beispiele für beobachtbare Veränderungen nach einem Akquisitionsprozess sind – völlig ohne jeden Anspruch auf Vollständigkeit:

- »Wir werden von unseren Lieferanten ernster genommen.«
- »Unsere Innovationrate ist gestiegen.«
- »Wir können preislich endlich wieder mit der Konkurrenz mithalten.«

- »Wir reagieren sensibler auf kulturelle Unterschiede.«
- »Wir sind flexibler in der Produktionsplanung.«
- »Unsere Markenbekanntheit steigt.«
- »Es sprechen uns proaktiv neue Kunden an.«
- »Unser Ertrag ist gestiegen – und damit die mögliche Ausschüttung an Mitarbeiter.«

So ein Future Perfect kann helfen, während des Prozesses das Ziel im Auge zu behalten, und damit Grundlagen für eine konsistente Entscheidungsfindung liefern.

Je stärker die Vision bei allen Entscheidungsträgern – und idealerweise auch bei allen Mitarbeitern – verankert ist, desto sicherer werden alle Beteiligten unterwegs immer wieder intuitiv die richtigen Ruderkorrekturen wählen, ohne dass dabei alle Entscheidungen zentralisiert werden müssen.

Auf dem Weg zu einem Future Perfect bleibt die Organisation auch viel agiler als bei verunglückten Akquisitionsprozessen, in denen aus Unsicherheit und Mangel an klaren Zielen alle Entscheidungen in eigenen Merger Offices zentralisiert werden – mit der Folge, dass Entscheidungen meist zu spät, häufig gar nicht, und jedenfalls nie durch die Instanz mit der höchsten Entscheidungskompetenz getroffen werden.

Je früher das Unternehmen ein klares Future Perfect bildet und damit zu arbeiten beginnt, desto hilfreicher wirkt es sich aus. Mehr als einmal hat dieser Zugang ein Managementteam zur Erkenntnis geführt, dass M&A gar nicht die geeignetste Lösung ist, sondern dass die imaginierte Zielsetzung durch kleine organische Schritte aus eigener Kraft und sogar mit vertretbarerem Aufwand erreicht werden kann.

Sparen, Sparen, Sparen!?

2012 ging nach längerer Pause wieder ein großer Merger zweier Milliardenunternehmen in der europäischen Verpackungsindustrie über die Bühne. Die englische DS-Smith-Verpackungsgruppe kaufte den Verpackungsbereich der schwedischen SCA, eine Unit, die mindestens so groß ist wie DS Smith selbst.

Die bald danach einberufene Pressekonferenz zum Fortschritt der Integration war ein Lehrstück für den weitverbreiteten Mangel an strategischer Kreativität und geschäftlicher Fantasie: Unter der stolz verkündeten Leitlinie »Built up from the complementary footprints of the two businesses« wurden nicht Möglichkeiten,

Chancen und Ideen diskutiert, sondern wesentliche Einsparungen, ergänzende Einsparungen und zusätzliche Einsparungen abgehandelt.

Das vollmundig proklamierte Ziel wurde nicht als kultureller Auftrag und strategische Chance begriffen, sondern ausschließlich durch die Kostensynergiebrille betrachtet. Wir vermuten, dass den Architekten dieses Mergers ein bisschen mehr eingefallen wäre. Aber wenn man mit Investoren und Analysten spricht, kann man sich offenbar so gut wie alle Visionen sparen. Außer der einen – der Vision »Jetzt noch ein bisschen billiger!«.

Know how – know how much: Die Merger-Kompetenz

Doch, doch, es gibt sie: Unternehmen, die uhrwerksgleich eine M&A-Operation nach der anderen durchziehen, ohne Unfälle, ohne Ausfälle, ohne merkbare Verluste an Finanzkraft oder Substanz.

Solche Merger-Routiniers haben die erfolgswichtigen Kompetenzen und auch die erforderliche Kultur im Umgang mit Planung und Abwicklung von Unternehmensakquisitionen über Jahre und Jahrzehnte aufgebaut. Sie tun nicht nur, was sie können. Sie können auch, was sie tun.

Es ist allerdings heilsam, sich daran zu erinnern, dass auch die professionellsten M&A-Artisten irgendwann zum ersten Mal vor einer solchen Akquisition gestanden haben. An diesem Punkt wird sehr rasch echte Professionalität sichtbar – oder das Gegenteil davon: Wirklich professionell geführte Unternehmen auf dem Weg zur ersten Akquisition wissen, wie wenig sie wissen, und kaufen die erforderlichen Ressourcen und Kompetenzen auf dem Markt ein.

Das Gegenteil davon sind Chefetagen, die sich ihre Selbstwahrnehmung durch keinerlei praktische M&A-Erfahrung haben trüben lassen und im felsenfesten Glauben, über jegliche nötige Kompetenz zu verfügen – soweit für ein solches Geschäft denn überhaupt besondere Kompetenz notwendig wäre –, ihr Unternehmen in ein existenzielles Abenteuer führen.

Erfahrene Merger-Berater unterscheiden nach »tatsächlicher« bzw. »selbst vermuteter« Kompetenz vier Archetypen (siehe Abb. 25):

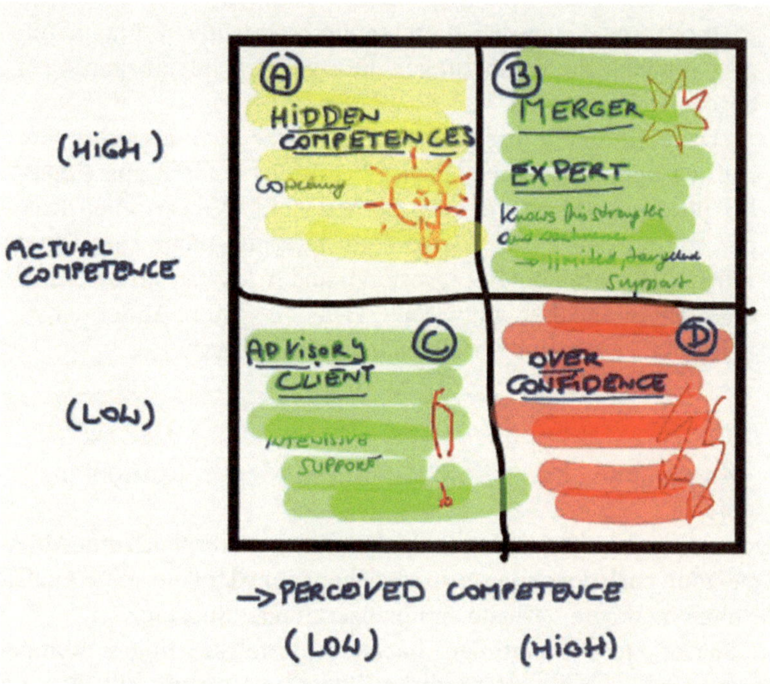

Abb. 25: Kompetenz

a) *Vorsichtige:* Solche Unternehmen realisieren nicht, wie viele der erforderlichen Kompetenzen sie schon selbst im Hause haben. Coaching kann ihnen helfen, das nötige Selbstbewusstsein für erfolgreiche M&A-Prozesse zu entwickeln.
b) *Experten:* Sie haben wenig echten Beratungsbedarf, abgesehen von u. U. gezielter Supervision des Prozesses oder partieller Unterstützung in exotischen Spezialbereichen.
c) *Partner:* Aus Überzeugung offen für eine ganzheitlich und nachhaltig orientierte Beratungspartnerschaft über den gesamten Prozess hinweg.
d) *Beratungsresistente:* Selbst schuld. Kein Mitleid.

Lernen lernen – Geht das?

Haben jene recht, welche verkünden, nur stetiges und ständiges Wachstum sichert nachhaltig die Unternehmenszukunft, und die einzige Alternative dazu sei Untergang und Tod? Nein. Und ja. Nein, wenn von »Wachstum um jeden Preis« die Rede ist. Ja, wenn man von einem inneren Wachstum durch Lernen und permanente Weiterentwicklung spricht.

Doch, doch – so viel Radikalität ist angebracht. Verstehen Sie Lernprozesse als die Anpassung des Unternehmens an die Umwelt im darwinschen Sinn. Und überlegen Sie, wie fundiert, systematisiert und abgesichert dieses Lernen in Ihrem eigenen Unternehmen stattfindet. Sie könnten zu beunruhigenden Erkenntnissen kommen.

Aus dem Blickwinkel des Lernens betrachtet, sind Akquisitionen potenzielle Meilensteine: Kaum ein anderes Ereignis in der Entwicklungsgeschichte eines Unternehmens schafft ähnlich grenzenlose Chancen, zu lernen. Plötzlich konfrontiert mit einer Fülle von Unterschieden, geschieht Lernen beinah automatisch: »Seit Jahrzehnten machen wir das immer auf die gleiche Weise … – Wer hätte gedacht, dass es auch anders gehen kann …« – Wer die Lernfähigkeit der Organisation rechtzeitig kultiviert, wird in solchen Lagen unschätzbare Synergien haben. Wer nicht, der nicht.

Organisationen können durch drei verschiedene Arten von Lernprozessen gehen:

- Lernen 1. Ordnung ist die laufende Anpassung dessen, was bekannt und geübt ist.
- Lernen 2. Ordnung ist das sogenannte reflexive Lernen.
- Lernen 3. Ordnung ist das Lernen über den Lernprozess selbst.

Abb. 26: Lernen

Lernen 3. Ordnung stellt Fragen wie:

»Wie kann ich mich auf den Akquisitionsprozess vorbereiten, sodass die Organisation daraus am meisten lernen kann?« – »Wie unterscheiden sich die Lernprozesse in beiden Unternehmen, und was kann ich daraus lernen?« – »Wie kann ich während des Akquisitionsprozesses sicherstellen, dass das Lernen laufend beobachtet und bei Bedarf in den Lernprozess eingegriffen wird?«

Die Antworten sind wahrscheinlich die wertvollste Amortisation eines Akquisitionsinvestments.

Bevor jemand fragt: Dieses Lernen 3. Ordnung ist kein Luxus! Den Erwerb, die Verbreitung und die Verarbeitung von Wissen in Ihrer Organisation zu durchdenken, zu systematisieren und laufend an die Umwelt anzupassen sollte eigentlich ein Eckpfeiler jeder Organisationskultur sein.

Um den Unterschied an einem dramatischen Beispiel zu illustrieren: Nicht geringen Anteil am Erfolg der US-Airforce in Auseinandersetzungen mit an sich technisch und personell exzellent aufgestellten Gegnern wie der Deutschen Luftwaffe im Ersten und Zweiten Weltkrieg hatte die schlechte Gewohnheit der Deutschen, erfahrene Piloten zwar mit Orden zu behängen und als Helden zu feiern, aber stupide so lange fliegen zu lassen, bis sie abgeschossen wurden und ihr erworbenes Wissen mir ihnen starb – während die US-Airforce ihre besten Piloten routinemäßig nach einer bestimmten Zahl von überlebten Missionen von der Front abzog und ihr unter Lebensgefahr erworbenes kostbares Praxiswissen in der Ausbildung des Nachwuchses einsetzte. So macht man Geschichte.

Dennoch beobachten wir in Phasen tief greifender Veränderung, wie Akquisitionen es sind, immer wieder: Lernen 1. und 2. Ordnung findet durchaus statt. Prozesse, Strukturen und auch die Unternehmenskultur werden im Verlauf des Akquisitionsprozesses von Grund auf durchdacht und bei Bedarf neu ausgerichtet.

Aber das Lernen über das Lernen, das Lernen 3. Ordnung, wird trotzdem häufig vergessen. Nur sehr wenige Organisationen verfügen über die Bereitschaft und Fähigkeit, ihre eigenen Lernprozesse zu reflektieren und sie durch Auswahl der jeweils passenden Lernform zu steuern und zu optimieren.

Im Abschnitt »Neugier auf Unterschiede« erfahren Sie mehr über die Palette der Lernformen für Organisationen und die Wichtigkeit der nie erlahmenden Neugier als Schlüssel zur erfolgreichen Anpassung an die Umwelt.

The Pleasure of Uncertainty

»Wenn wir die Ungewissheit über zukünftige Ereignisse reduzieren und sie zu gut verstehen, dann entgeht uns das Vergnügen, das sie uns bringen. Etwas Mystisches über Ereignisse verlängert das Vergnügen, das sie uns bringen« (Wilson 2011, p. 59; Übers.: S. E.).

M&A-Prozesse stellen aufgrund ihrer zunehmenden Komplexität immer größere Herausforderungen an das Management. Konfrontiert mit dem per se »Unkontrollierbaren« und dem furchterregend »Unbekannten«, versuchen Entscheidungsträger, scheinbar Kontrolle zu erlangen, indem sie sich auf Finanzzahlen und Vertragsparagrafen zurückziehen, in der Hoffnung, damit den Erfolg der Transaktion steuern zu können.

Ähnlich Erfolg versprechend wäre es, den Verlauf einer Ehe an der Qualität der Hochzeitsfotos und der genauen Arbeit des Standesbeamten festzumachen.

Nicht, dass Sorge gar so fehl am Platze wäre:

Wir erinnern uns ...: 60–80 % aller M&A-Transaktionen enden desaströs oder enttäuschen zumindest die in sie gesetzten Erwartungen massiv.

Interessanterweise belegen nachträgliche Analysen immer wieder, dass in den seltensten Fällen fehlerhafte Zahlen oder falsch aufgesetzte Vertragsparagrafen schuld sind, wenn Deals entgleisen.

An der Wiege des Misserfolges stehen vielmehr meist ein fehlender Fokus auf den Faktor »Mensch« und ein fataler Mangel an Verständnis für Werte, Gefühle und Bedürfnisse der Akteure – im eigenen ebenso wie im akquirierten Unternehmen.

Merke: Eine Unternehmensakquisition durchzuführen, ohne zu rechnen, ist fahrlässig.

Den gesamten Prozess mit einem reinen kaufmännischen Rechenbeispiel zu verwechseln ist grob fahrlässig.

Die folgenden Seiten zeigen auf, womit in einem M&A-Prozess wirklich zu rechnen ist. Wie komplex die Aufgabe tatsächlich sein kann. Und mit welchen erstaunlich einfachen Zugängen man sie letztlich trotzdem Erfolg versprechend managen kann.

Die Welt ist völlig VUCA ...

Wer ins Merger- and-Acquisition-Universum vorstößt, betritt eine Welt, in der eins und eins nicht zwingend zwei ergibt: M&A-Prozesse bearbeiten nicht Maschinen, sondern soziale Systeme und entziehen sich deshalb der simplen Verrechnung von Ursache und Wirkung, Input und Output, Investition und Verzinsung.

Wer es unternimmt, sie zu planen und zu steuern, findet sich in einem »VUCA«-Umfeld wieder.

Der Begriff VUCA entstand in den 1970er-Jahren zur Diskussion militärischer Strategien und fand rasch auch in der Managementtheorie Verbreitung. Auf Deutsch könnte man von den »vier U« sprechen:

- **V** für Volatility: Unbeständigkeit
- **U** für Uncertainty: Ungewissheit
- **C** für Complexity: Unüberschaubarkeit
- **A** für Ambiguity: Uneindeutigkeit.

Für die Verantwortlichen klingt dies alles andere als einladend, speziell, wenn es um M&A-Prozesse geht, an denen nicht selten das Schicksal stolzer Unternehmen, ehrgeiziger Strategien und ambitionierter Unternehmenslenker hängt – von den nach Hunderten oder Tausenden zählenden Belegschaften ganz zu schweigen.

Kann man in einer derart wankenden Welt überhaupt sinnvoll arbeiten, planen, entscheiden, Risiken schultern, im Vertrauen auf ... – was eigentlich?

Ja, man kann! Erfolgreiche M&A-Manager tun es jeden Tag irgendwo auf der Welt. Trennen muss man sich dabei allerdings vom Anspruch, dass immer alles, wirklich alles exakt so läuft, wie man es prognostiziert, geplant und festgeschrieben hat.

Wo unverhofft oft kommt, Prognosen verlässlich versagen und herkömmliche Managementwerkzeuge rasch obsolet werden, greift ein Zugang, den man früher sehr unscharf mit »geschäftlicher Riecher« umschrieben hat.

Mittlerweile ist er Gegenstand eines eigenen Wissenschaftsfaches namens Effectuation-Forschung, mit Professor Saras D. Sarasvathy von der University of Virginia als Pionier.

Effectuation unterscheidet sich von der traditionellen kausalen Logik hinsichtlich ihrer Grundannahme über das Wesen der Zukunft: Behauptet die kausale Logik, dass wir nur das, was wir vorhersagen können, auch steuern können, so meint Effectuation, dass all das, was wir steuernd beeinflussen können, nicht vorhergesagt werden muss.

Dieser sehr agile Ansatz gestattet es, Entscheidungen zu treffen, obwohl belastbare Prognosen angesichts hoher Unsicherheiten nicht möglich sind.

Ein wenig gemahnt dies an die Navigation polynesischer Inselvölker, die ohne Kompass und Sextant, ausgerüstet mit nichts als dem überlieferten Wissen über den Zielstern, welcher die angepeilte Insel repräsentiert, und hoher Aufmerksamkeit für subtile Zeichen wie

Vogelflug, Wolken, Wind und Wasserfarbe Ozeanpassagen über riesige Distanzen bewältigt haben. Und dies schon vor 4000 Jahren, als Europäer noch mindestens einen Stier geopfert haben, wenn sie von Mykonos nach Kreta segeln wollten.

Es gemahnt auch an die oft verblüffende Instinktsicherheit erfolgreicher Wirtschaftskapitäne. Skeptiker seien daran erinnert, dass wir Europäer Amerika nie entdeckt hätten, wäre Kolumbus nicht vermeintlich nach Indien gesegelt.

> »Die Herausforderung liegt nicht darin, herauszubekommen, wie man etwas findet, das man sucht (seien es Informationen, Ressourcen, Personal, Investoren oder Gelegenheiten), sondern sie liegt darin, dass man nicht weiß, wonach man sucht, das Gesuchte aber erkennt, sobald man es gefunden hat« (Stark 2009, p. 15; Übers.: S. E.).

... und wahnsinnig komplex!

»... it's complicated to send a rocket to the moon,
but it's complex to raise a child.«
(»... es ist kompliziert, eine Rakete zum Mond zu senden,
aber es ist komplex, ein Kind zu erziehen.«)
Zimmermann (1999)

Zusammenhänge von Ursache und Wirkung lassen sich als »einfach«, »kompliziert«, »komplex« oder »chaotisch« klassifizieren.

Den höchsten Komfort finden Entscheider in »einfachen« Situationen, wo ein kausaler Zusammenhang zwischen Ursache und Wirkung schon von vornherein klar absehbar ist. Das entsprechende Handlungsschema lautet »Beobachten – einordnen – handeln«, und das Ergebnis steht schon zu Anfang fest. Schade: in modernen Organisationsumfeldern sind solche Settings ausgesprochen rar geworden.

In die »komplizierte« Kategorie fallen Situationen, in denen ein Zusammenhang zwischen Ursache und Wirkung zwar existiert, aber nicht sofort augenfällig ist. Erkannt wird er nur durch sorgfältige Analyse. Auch ein solches Handlungsschema beherrscht der Mensch sehr passabel: »Beobachten – analysieren – handeln.«

Buchstäblich »komplex« wird die Lage, wenn sich ein Ursache-Wirkungs-Zusammenhang auch der eingehendsten Analyse entzieht und erst im Nachhinein erkannt werden kann.

Und endgültig alle Hoffnung auf kausale Zusammenhänge muss man fahren lassen, betritt man die Zone der »chaotischen« Kategorie.

Sowohl komplexen als auch chaotischen Situationen begegnet man in der M&A-Welt verlässlich, denn wo Planer und Manager es mit sozialen Systemen zu tun haben, ist nichts mehr im Vorhinein berechenbar, und so manches entzieht sich auch in der rückblickenden Analyse der Erklärung – im Guten wie im Bösen. Zum rationalen Denken erzogene Manager fühlen sich in solchen Situationen natürlich nicht wohl, denn wie soll man ohne Grundlagen agieren, wie ohne Referenzen steuern?

Die Antwort ist nicht komplex, aber einfach ist sie auch nicht. Das Handlungsschema lautet »Handeln – beobachten – handeln«. Planer brauchen angesichts von Komplexität und Chaos nicht zu resignieren, aber Abweichungen vom Plan sollten nicht überraschen, und souveräne Planer wissen exakt, wie sie beobachten, was sie beobachten und wie ihre Beobachtungen in ihre nächsten Handlungen einfließen müssen.

Marshmallow Merger

Die Spaghetti-Marshmallow-Übung (oder auch Spaghetti-Tower) ist eine Teambuilding-Übung, bei der es darum geht, in einer vorgegebenen Zeit einen möglichst hohen Turm aus Spaghetti (ungekocht!) und Marshmallows zu bauen.

Interessanterweise haben dabei regelmäßig diejenigen Teams den besten Erfolg, welche sich nicht zu stark in Planung verzetteln, sondern nach dem Prinzip Trial and Error vorgehen, immer wieder Prototypen entwerfend, daraus lernend, und so ihr Ergebnis laufend weiter verbessernd kommen sie zum Erfolg.

Unsicherheitsbewältigung? Aber sicher!

»Life is what happens while you are busy making plans.«
(»Leben ist das, was passiert, während man mit dem Planen beschäftigt ist.«)
John Lennon

Wer Unsicherheit zu bewältigen hat, findet verlässliche Hilfe in der Selbstbeobachtung: Man arbeitet sich von Reflexionsschleife zu Reflexionsschleife vorwärts, immer wieder überprüfend, ob die ursprünglichen Annahmen nach wie vor zutreffen und der verfolgte Weg zielführend ist.

Der Mathematiker und Systemiker Peter Addor baut in einen Blog zum Thema Komplexitätsmanagement und Umgang mit Unerwartetem eine sehr elegante Brücke zur Merger-Thematik:

> »… trifft man während der Projektabwicklung auf Widerwärtigkeiten, wird man die Hypothese nicht gleich verwerfen, weil ja sonst alles, was bisher geleistet wurde, obsolet würde und ein neuer Plan erstellt werden müsste, der Kosten und Termine infrage stellt.«

Hypothesen werden wegen ihrer unsicherheitsreduzierenden Funktion ungern aufgegeben. Also wird man versuchen, eine Hypothese zu retten, indem man Ausnahmen beschreibt, unter der sie in modifizierter oder ergänzter Form immer noch zutrifft. Man erfindet z. B. eine zweite Hypothese, die die erste unterstützt. Dieser Prozess kann ad infinitum verlängert werden (»verlängerte Hypothesenbildungen«).

Gerade in M&A-Projekten trifft man laufend auf derartige Widerwärtigkeiten, also ungeplante Geschehnisse oder Beobachtungen, welche den Projekterfolg bedrohen.

Es wäre natürlich klug, diese Warnsignale ernst zu nehmen und ursprüngliche Risikoabschätzungen im Bedarfsfall zu korrigieren, selbst auf die Gefahr hin, dass unter dem Summenstrich der Risikoabschätzung die Erkenntnis steht, dass ein Projektabbruch die sicherste Entscheidung wäre.

Der Konjunktiv ist hier absichtlich gewählt, denn meistens setzt in solchen Phasen die oben beschriebene »verlängerte Hypothesenbildung« verlässlich ein: »Jetzt haben wir schon so viel Arbeit und Geld hineingesteckt, da fangen wir doch sicherlich nicht wieder ganz von vorne an!?«

Der Hamburger Betriebswirtschaftsprofessor und Organisationstheoretiker Günther Ortmann beschreibt solche Situationen als »Pfadabhängigkeit«:

> »Man nennt einen Prozess pfadabhängig, wenn seine Richtung und sein Ergebnis nicht determiniert sind, sondern von Zufällen – ›small events‹ – und Selbstverstärkungskräften in seinem Verlauf abhängen« (Ortmann 2009).

Ein klassisches Beispiel für Prozesse, die ein folgenreiches Eigenleben entwickeln, ist die Karriere der QWERTZ-Tastatur. Sie war einmal ein Geniestreich, der auf mechanischen Schreibmaschinen spürbare Vorteile brachte, da sich die Buchstabenarme seltener miteinander verhedderten. Auf den ersten Computertastaturen landete sie dann aus Gewohnheit. Und aus Gewohnheit ist sie vier Jahrzehnte nach der Einführung des Personal Computers noch immer allgegenwärtig. Als ob es nicht viel klügere, sinnvollere und userfreundlichere Lösungen gäbe.

Gefordert, jetzt einfach das zu tun, was auf der Hand liegt, befällt Organisationen nämlich ein eigenartiges Zögern: »Idealerweise würden wir jetzt dies oder jenes tun; das geht aber nicht, weil ...«

Und anstelle eines produktiven Erkenntnisgewinns findet an den Kreuzungspunkten von Akquisitionsprozessen typischerweise eine Selbststabilisierung statt:

- »Wir haben den Weg nun mal begonnen, jetzt führen wir ihn auch zu Ende ...«
- »Wir haben nun schon so viel Geld und Zeit hineingesteckt ...«
- »Da müsste ja jemand einen Fehler eingestehen ...«
- »Den Unternehmenswert bekommen wir nicht wieder ...«
- »Das muss doch gehen ...«

Keine gesicherte Autorenschaft existiert zur wichtigsten managementtheoretischen Regel für solche Lagen. Sie heißt »The First Law of Holes« und lautet: »To get out of a hole, stop digging.« (»Um aus einem Loch herauszukommen, hör auf zu graben.«)

Jede zweite der 60–80 % »nicht erfolgreichen« M&A-Transaktionen wäre wohl besser unter Anwendung des »Law of Holes« an irgendeinem Erkenntnispunkt gestoppt und beerdigt worden, statt dass sie weiteren Schaden hätte anrichten können.

Aus dieser Perspektive der selbstbefreienden Ehrlichkeit verlieren die in M&A-Prozessen verlässlich auftretenden Friktionen ihren Schrecken: Sie hören auf, »unerwünscht« und »Abweichungen« zu sein, etwas, das es »zu bekämpfen« gilt. Wir beginnen, chinesische Philosophen zu verstehen, die auch im Ungeplanten das »Potenzial« sehen, in der Widrigkeit den Wert und in allem, was schiefgeht, eine wichtige Information – und sei es die Information, dass es Zeit ist, abzubrechen, bevor Schaden eintritt.

Horses for Courses

Jede Organisation wäre gerne flexibel, schnell, agil und ständig auf der Überholspur. »Wir müssen sein wie ein ...« rufen die Führungskräfte. Und dann folgt unweigerlich ein Begriff, der die folgenden Assoziationen abruft: schnell. Aggressiv. Teuer. Riskant. Und anstrengend.

»Wir müssen sein wie ein Kampfjet! Ein Rennpferd! Ein Torpedoboot!«

Als hätten Linienflugzeuge, Ackergäule und Kreuzfahrtschiffe nicht echten Nutzwert samt entsprechenden Sympathiewerten.

Abb. 27: Pferde

Trotzdem: Wo immer Unternehmen ihr Selbstbild konstruieren, finden Symbolbilder von Geschwindigkeit, Wendigkeit, Schlankheit und Aggressivität Verwendung, während Bilder von Beständigkeit, Stabilität, berechenbarer Verlässlichkeit und durchschlagskräftiger Trägheit absolute No-nos zu sein scheinen. Ist das wirklich klug?

Oder, anders gefragt: Ist Kunden, Shareholdern, Belegschaft und Management wirklich damit gedient, wenn sich ein Unternehmen als hypernervöses, kaum zu bändigendes Rennpferd, als Kampfjet in grenzwertigen Fluglagen, als zickzackfahrendes Schnellboot versteht und gebärdet?

Schick sind solche Objekte ja, aber alltagstauglich? Oder auch nur für Normalverbraucher steuer- und beherrschbar? »Horses for courses!« sagen die Briten (»Pferde gehören auf die Rennbahn!«), und wir können sie sehr gut verstehen.

Denkt man extreme Agilität als These und extreme Stabilität als Antithese, so drängt sich die Synthese auf, Unternehmen so zu konstruieren, dass sie zwar extreme Beweglichkeit simulieren können, dabei aber über eingebaute Stabilisatoren verfügen.

In solchen Systemen gibt der steuernde Mensch einen Input über seine Intentionen bezüglich Richtung und Geschwindigkeit, allerdings ohne direkten Einfluss auf die Steuerungsgröße. Er teilt lediglich einer Blackbox mit, in welche Richtung er lenken will.

Solche smarten Systeme sind jetzt zum Beispiel als KFZ- Fahrassistenzsysteme auf dem Vormarsch. Die Blackbox misst laufend diverse physikalische Größen und berechnet in Abhängigkeit von den erhobenen Messparametern den optimalen Steuerbefehl. Sekundenbruchteile später »beobachtet« die Blackbox das Ergebnis des Steuerausschlags und korrigiert bei Bedarf.

Abb. 28: Fernsteuerung

Das Fly-by-Wire-Unternehmen der Zukunft wäre natürlich ein gewaltiges Faszinosum. Umso mehr, als die unter dem Stichwort »Big Data« laufende Datenerhebung und Bewirtschaftung einer Steuerblackbox reiches Sensorenfutter liefert. Die Frage ist nur: Welche Algorithmen regieren die Steuerung? Und wo ist die Blackbox angesiedelt? In der Chefetage? Auf Abteilungsebene? In den Schnittstellen zu allen Mitarbeitern und auch zu den Kunden? Bitte nachdenken. Die richtige Antwort könnte Milliarden wert sein.

Zahlen? Daten? Fakten? Werte! Am Anfang steht der Mensch ...

Wer im M&A-Geschäft ausschließlich mit Umsätzen, Abschreibungen, Synergieeffekten und ROIs rechnet, macht die Rechnung ohne den Menschen:

Ein Merger muss keine Liebesheirat sein, und selbst eine wahre Liebesheirat zwischen zwei von Sinn und Wert des Geschäfts zutiefst überzeugten Managements ist noch keine Versicherung gegen Abstoßungsreaktionen zwischen den unterschiedlichen Kulturen und Herangehensweisen der betroffenen Unternehmen.

Sie können massiv sein. So massiv, dass sie das Projekt gefährden. Oder zumindest den Projekterfolg nachhaltig beeinträchtigen.

Von unerwarteten Widerständen irritierte CEOs, die an den wachsenden Problemen mit nicht übertragbaren Konzepten und Interventionen aus den Toolkits von Organisationstheorie, BWL und Change-Management zu schrauben versuchen, tragen viel zur entmutigenden Statistik gescheiterter Transaktionen bei.

Aber so wenig sich erfolgreiche Merger-Bewältigung verordnen oder gar erzwingen lässt: Erreichen kann man sie trotzdem, allerdings setzt dies einen intelligenten und gefühlvollen Umgang mit Identität, Kulturen und Grenzziehungen voraus. Lassen Sie uns dazu ein paar Thesen in den Raum stellen und in der Folge auf ihre Plausibilität hin überprüfen:

- *These 1:* Über Erfolg und Misserfolg entscheidet nicht, wie groß der Kulturunterschied zwischen mergenden Unternehnehmen ist. Viel erfolgswichtiger ist, wie im Verlauf des Merge-Prozesses mit den Kulturunterschieden umgegangen wird, also die Metakultur.
- *These 2:* Wertschätzender Umgang mit der fremden Kultur ist der Schlüssel zum Erfolg.
- *These 3:* Integration kann nicht per Erlass verordnet werden. Sie wächst als Frucht eines klugen Managements der oft höchst dynamischen Prozesse an der Grenze zwischen den beiden Organisationen.
- *These 4:* Je heftiger man »zentralistisch« auf Integration drängt, desto massiver werden die Abstoßungsreaktionen

... und dann kommt die Kultur

... und das vom ersten Gedanken an, betreffend den Merger, durch den ganzen Prozess hindurch bis ans Ende der Aufarbeitungsphase – wenn es denn so ein Ende jemals geben kann.

Individuelle Motive und Projektionen regieren in der Vorphase, und dies hoffentlich mit der erforderlichen Ehrlichkeit, die ein verantwortungsbewusster CEO sich selbst und dem Unternehmen gegenüber an den Tag legt, was Motive und erwartbaren Nutzen eines Mergers betrifft.

In der heißen Verhandlungsphase bis zum Closing hat der Rechenstift das Primat, aber hoffentlich nicht das alleinige Primat, denn es gilt abzuschätzen, wie Unternehmenskulturen und Persönlichkeiten in den Schlüsselpositionen beider Unternehmen zueinander passen.

Einige der wichtigsten (beileibe nicht alle) Kulturparameter, welche dabei ins Kalkül zu ziehen sind:

- eigentümer- vs. managementgeführtes Unternehmen
- Größe/Größenunterschiede der Unternehmen
- Erfahrung mit Zusammenschlüssen
- Autonomiebedarf
- Umgang mit Vielfalt
- stark vs. schwach verankertes Wertesystem
- Sprache und Landeskultur.

Schließlich folgt die Integrationsphase, in der sich mehr oder weniger rasch erweist, ob die gewünschten Effekte eintreten oder ob dieser Merger zu den 60 bis 80 % zählt, die ihre Initiatoren enttäuschen.

Auch und speziell jetzt machen Menschen und Unternehmenskulturen den Unterschied. Wie und in welchem Ausmaß, darüber gehen die Einschätzungen auseinander: In einer empirischen Studie an mehr als 50 Cross-Border-Unternehmensakquisitionen hat der italienische Managementexperte Piero Morosini bereits 1998 (Morosini, Shane a. Singh) festgestellt, dass massive Kulturunterschiede nicht nur keinen negativen Einfluss auf den Erfolg der Akquisitionen hatten, sondern – ganz im Gegenteil – eine positive Korrelation beobachtet werden konnte. Es scheint, dass gerade die Unterschiedlichkeiten in der Kultur sich positiv auf den Erfolg der Transaktionen ausgewirkt hatten.

Nicht die eigentlichen Kulturunterschiede sind die größten Integrationshürden, sondern die Unterschiede im Umgang mit den Unterschieden. Entscheidend ist die Metakultur, die Haltung, mit der man in mergenden Unternehmen mit Andersartigkeit umgeht, und ob man sie als Bedrohung sieht oder als Potenzial begreift.

Kultur ermöglicht es doch, über die einzelnen Personen hinweg, die einem gegenüberstehen, zu beobachten, zu verstehen und sich selbst zu orientieren, ohne ihnen persönliche Eigenschaften, Charakteristika und Etiketten zuschreiben zu müssen.

Kultur bildet also nicht nur eine Grundlage unseres gesellschaftlichen, wirtschaftlichen, religiösen oder sozialen Lebens, sie liefert uns auch eine Interpretationsperspektive für die Welt, indem sie sich auf gemeinsam erworbene Orientierungen bezieht. Sie wird in einem Sozialisationsprozess erlernt und entwickelt und ist damit Ergebnis einer Interaktionsgeschichte.

> »This is how we do things around here« (Bright a. Parkin 1997, p. 13).
>
> »Kultur merkt man erst dann, wenn man dagegen verstößt« (Groth 2013, pers. Mitteilung).

Kultur verweist stets auf Widerspruchsfelder und Spannungsbogen:

- Was will eine Organisation stabil halten – und was soll stets hinterfragbar und veränderbar sein?
- Worin wollen wir autark sein – worin wollen wir bewusst auf Vernetzung und Abhängigkeit setzen?
- Was wollen wir strikt regeln – worin erwarten wir Eigeninitiative und Selbstorganisation?
- Welche Tradition tragen wir in die Zukunft – wo setzen wir auf Innovationen?
- Welches sind zentrale Funktionen – was ist in der Verantwortung dezentraler Einheiten?

Dabei dokumentiert sie sich auf mehreren Ebenen (Schein 2003).

Die physische Ebene ist die Summe der Ereignisse, Handlungen und Äußerungen einer Organisation, materialisiert z. B. als Produkte, Briefe, Raumausstattung, Bekleidung etc. Die Handlungsebene verknüpft Handlungen durch Muster, Regeln, Rituale und Normen.

Die Ebene der Grundannahmen definiert Identität, Werte, reale Strukturen, Mythen und Bilder.

Die Kooperation von Unternehmen ist eine Koppelung von Systemen. Diese Koppelung sollte möglichst ohne Reibungen auf den genannten Ebenen stattfinden, da Reibungen immer den Verlust von Ressourcen bedeuten. Die Gleichschaltung der Symbole in beiden

Unternehmen ist nicht ausreichend. Es sind notwendige, aber nicht hinreichende Bedingung für erfolgreiche Kooperationen. Vielmehr muss es gelingen, mittels (Selbst-)Beschreibungen, Eigenerfahrung etc. die Akteure zu sensibilisieren und für kulturelle Annäherungsprozesse zu öffnen.

Gedankensplitter über »das Neue Sehen«

2013 wurden erstmals Bilder des russischen Fotopioniers Alexander Rodtschenko in Wien ausgestellt. In den 1929er-Jahren hat er »das neue Sehen« geprägt, einen dynamischen Fotostil, der die bis dahin vorherrschende »Bauchnabelperspektive« radikal infrage stellte.

»Wir verstehen es nicht, die Natur zu finden, und vermögen sie nicht einmal zu sehen, um sie anderen zu zeigen. Im Grunde genommen sind wir einfach blind und sehen nur das, was uns über Generationen überliefert worden ist. Jede neue Sicht löst eine Revolution aus« (A. Rodschenko 1920, Zitat in der Ausstellung »Revolution der Fotografie«, Westliche Galerie Wien 2013).

Kulturunterschiede als Hürde bei Fusionen

Kaum jemals verlaufen M&A-Prozesse völlig schmerzlos. Stets bringen sie einen radikalen Wandel der Handlungsprämissen mit sich und insofern für die Betroffenen eine mehr oder weniger starke Irritation der eigenen Identität.

Je stärker dabei Zwang zur Integration fühlbar wird, desto höher ist das Risiko von »Immunreaktionen« der Betroffenen. Es kann verhängnisvoll sein, das Beharrungsvermögen und subversive Potenzial von Organisationen zu unterschätzen. Teams, die starrköpfig an identitätsstiftenden Symbolen und Ritualen festhalten und Veränderungen hintertreiben, um sich vor dem drohenden Verlust ihrer Identität zu schützen, können Integrationsprozesse stark verkomplizieren, unangenehm in die Länge ziehen oder gar auf Dauer hintertreiben.

Je stärker im Gegenzug versucht wird, eine vollständige Zusammenlegung der Organisationen von oben durchzusetzen, desto höher ist die Wahrscheinlichkeit einer (eskalierenden) Differenzierung.

Eine hohe Ähnlichkeit der beiden Kulturen ist nicht unbedingt die beste Versicherung gegen Immunreaktionen – im Gegenteil. Auch übertriebene Abgrenzung kann die Folge sein.

Solche Konflikte zwischen unterschiedlichen Identitäten heißen Schismogenese und folgen einer paradoxen Logik. Zu ihrer Bewältigung sollte nicht ein lineares »1 + 1 = 2« angestrebt werden, sondern ein paradoxes, aber wirksames »1 + 1 = grün«. Und dies in einer rücksichtsvollen Politik der kleinen Schritte:

Es geht nicht um die Zerstörung des Alten, sondern im Gegenteil um eine Symbiose im Sinne einer wechselseitigen Nutzung der Fähigkeiten von Partnern. Wer schneller nachhaltigere Integration ernten möchte, sollte deshalb von »gewaltsamen« Grenzauflösungen und damit verbundenen identitätsgefährdenden Praktiken Abstand nehmen und stattdessen Integration durch das ständige Spiel mit den Differenzen anstreben.

Man halte sich stets vor Augen, dass Identität nicht für die Ewigkeit in Marmor gemeißelt ist. Sie wird im Prozess des Organisierens laufend neu hergestellt und kann durch einen stets auf den Moment hin gedachten intelligenten Umgang mit Unterschieden am besten gemanagt werden. Die Voraussetzungen sind:

- *Aktives Grenzmanagement:* Die Herstellung temporäre Vernetzungen und Verflechtungen unter kontinuierlicher Betrachtung der klar markierten Grenzverläufe.
- *Liquide Kooperation:* Freiraum, Flexibilität, temporäre Übereinkünfte, Anpassungs- und Lernfähigkeit sowie Responsivität statt starrer Integration ... also:
- *Dynamisches Gleichgewicht* (bzw. stabiles Ungleichgewicht), in dem beide Gruppen fortbestehen.
- *Fließender Abgleich:* Die Organisation bleibt sich selbst treu und wird doch mit jedem erfolgreich prozessierten Abgleich der Differenz des Innen und Außen eine andere.

Die Empfehlung aus langjähriger Beratungspraxis: Grübeln über die Kultur ist wenig produktiv. Aber Begeisterung versetzt Berge. Denken Sie nach, wie Sie die Begeisterung Ihrer bisherigen Mitarbeiter erhalten und der neuen gewinnen können – durch ein gemeinsames attraktives Zukunftsbild, Transparenz in den Maßnahmen, die Möglichkeit, mitzugestalten, viel Sicherheit, Verbundenheit und Wertschätzung.

Bei dem Thema »Kultur« stellt sich immer wieder die Frage: »Hat man eine Kultur« oder »Ist man eine Kultur«? Wenn man von Zweiterem ausgeht, wird rasch klar, dass es dabei nicht nur um die Art der Bekleidung oder der Raumausstattung geht, sondern viel tief greifender um unsere Identität, Werte und Rituale. Und wir wissen von uns selbst, dass sie sich nur ganz langsam – wenn überhaupt – ändern. Daher geht es auch nicht darum, Kulturen sofort anzugleichen, sondern die Unterschiede willkommen zu heißen, aus Ihnen zu lernen und auch zu lernen, mit ihnen zu leben.

Spinnefeind

Was macht man mit zwei Mannschaften, die sich »spinnefeind« sind, also so gar nicht mögen? Es kommt bei Mergern immer wieder vor und kann ganze Units im Extremfall über Jahre lähmen. Zur Lösung muss man tief in die Trickkiste greifen und Anlässe schaffen, durch die sich feindselige Abgrenzungen auflösen und ein erstes übergreifendes Wir-Gefühl entstehen kann.

Das wären z. B. ein gemeinsamer Gegner, eine gemeinsame Notsituation, ein gemeinsamer Vorteil oder gemeinsame Freude:

Ein gemeinsamer Gegner ist mit dem neuen Management in Mergern schnell gegeben, aber das hat normalerweise unerwünschte Nebenwirkungen.

Gemeinsame Not eignet sich erfahrungsgemäß nur bedingt für eine nachhaltige Veränderung, also bleiben nur:

ein neuer Vorteil, an dem der Sinn der Transaktion und der damit verbundene Vorteil für alle Beteiligten erlebbar wird, gemeinsame Freude über eine gemeinsame positive Erfahrung.

Es ist eine der wichtigsten, oft schwierigsten, manchmal aber auch erfreulich einfachen Aufgaben von Führung, Sinn zu stiften und positive Erfahrungen zu ermöglichen.

Wer dazu Inspiration finden möchte, sei auf den Film *Invictus* hingewiesen, der die legendäre Rugby-WM 1995 in Südafrika porträtiert, aus der Nelson Mandela mit hohem Geschick einen Nationbuilding-Event zur Überbrückung der tiefen Kluft zwischen Schwarz und Weiß formte.

Kultur zum Mitnehmen

(1) Kulturen lassen sich nicht integrieren

Unternehmenskulturen sind nicht irgendwelche »Dinge«, die man gezielt zu einem Cocktail »mischen« kann. Treffen sie aufeinander, so entsteht zwangsläufig eine dritte, neue Kultur. Dabei sind weder der Prozessverlauf noch das Resultat verlässlich planbar. Idealerweise achten die Verantwortlichen geschickt darauf, dass sie dem Entstehen einer neuen, gemeinsamen Kultur zumindest nicht im Wege stehen.

Denn je heftiger versucht wird, eine Integration zu erzwingen, desto massiver fallen die »Abstoßungsreaktionen« der unterschiedlichen Kulturen aus.

Speziell die individuellen Entparadoxierungsmechanismen in den beiden zusammenkommenden Systemen/Organisationen bieten interessante Reibungsflächen: Das eine Team ist gewohnt, Faktor A »auszublenden«, um operieren zu können, das andere Team blendet Faktor B aus. Beide Unternehmen werden wahrscheinlich erhebliche Anstrengungen unternehmen, um »Ihren« Entparadoxierungsmechanismus aufrechtzuerhalten.

> »... die Fusion von zwei Organisationen kann dazu führen, dass die bisherig erfolgreich eingesetzten Entparadoxierungsmechanismen nicht mehr funktionieren [...], die Asphaltdecke ist plötzlich weg, welche die Schlaglöcher bisher erfolgreich abgedeckt hat« (Groth 2013, persönliche Gesprächsnotiz).

> »... daran, was nach dem Merger nicht mehr reibungslos funktioniert, lässt sich hervorragend lernen, was es vorher brauchte, dass alles reibungslos (also unbeobachtbar) funktionieren konnte ...« (ebd.).

(2) »Cultural Fit« ist ein wesentlicher Faktor

»Cultural Fit [das Zusammenpassen aus kultureller Sicht] ist kein Erfolgskriterium«, behauptet der deutsche Wirtschaftswissenschaftler Stephan A. Jansen. Wir antworten mit einem dezidierten Jein.

Einerseits bestätigen Studien wie die von Morosini eine positive Korrelation zwischen Diversität und Erfolg.

Andererseits gibt es in jedem Prozess einen Tipping Point (Kipppunkt), an dem zu hohe Diversität Komplexitäten erzeugt, welche mit den zur Verfügung stehenden Ressourcen im gegebenen Zeitrahmen nicht bewältigbar sind.

(3) Kultur wird überschätzt, Begeisterung wird unterschätzt

Wie kommt es, dass sich viele Organisationen außerstande finden, kaum wahrnehmbare Kulturunterschiede auszugleichen, während in anderen Fällen massivste Kulturbrüche ohne jede sichtbare Beeinträchtigung verdaut werden? Den Unterschied macht in so gut wie allen Fällen der Level der Begeisterung für das jeweilige Projekt, erzeugt über so einfache, aber wichtige Faktoren wie Sinn, Zusammenhang, Partizipation, Sicherheit, Verbundenheit und Wertschätzung.

»Töte den Verlierer!« – Kulturbereinigung durch Auslöschung

Acht Jahrzehnte Tradition, ein langjährig erfolgreiches Kundenbindungsprogramm und eine solide Position auf dem österreichischen Markt brachte die familiengeführte Sporthandelskette Eybl mit, als sie zur Lösung ihrer Liquiditätsprobleme die britische Diskontkette Sports Direct als strategischen Partner ins Boot holte. Dazu die Aussage der österreichischen Eigentümern Catrin Aschenwald-Eybl in einem Zeitungsinterview im Herbst 2013: »Da treffen schon zwei unterschiedliche Kulturen aufeinander: Die Österreicher sind halt blumiger in ihrer Art, die Briten ziemlich straight. Sie entscheiden schnell und setzen das dann auch rasch um.«

(Catrin Aschenwald-Eybl)

Völlig »straight« machten die Briten wenige Monate später von ihrem Optionsrecht Gebrauch und kauften die Eigentümerfamilie aus dem Unternehmen. Seiher häufen sich die Frontberichte von den Outlets, in denen Sports Direct bis hin zum Kundenkartenprogramm zügig alle Zeichen und Spuren der Eybl-Kultur ausradiert.

Dieses Vorgehen mag rechtlich gedeckt und angesichts der Eybl-Verluste auch kaufmännisch legitim sein. Aber ist es auch intelligent, mit der Planierraupe über gewachsene Werte und einen prominenten Marktplayer drüberzufahren? Und vor allem: Ist es wirklich alternativlos?

Die Nötigung der Möglichkeiten

Im weiten Land der Seele wartet eine zutiefst menschliche Regung, die im Verlauf eines Mergers verlässlich befriedigend bedient wird: der Beuteinstinkt der Unternehmensführung.

»Warum erbeuten wir jetzt dieses feine, kleine Unternehmen und verleiben es uns ein? Weil wir es können und Lust darauf haben.«

Ansonsten gilt: Der Erwerb und die mehr oder weniger tiefe Integration eines Unternehmens durch ein anderes mag durch Marktsituationen angezeigt, durch die wirtschaftliche Logik zwingend geboten und als Rechenbeispiel so gut wie alternativlos sein – trotzdem läuft dieser Vorgang zunächst einmal quer zu so gut wie allen menschlichen Instinkten so gut wie aller Betroffenen. Veränderung produziert Stress in Individuen und Organisationen. Ob dies vorwiegend zu schädlichen Abwehrreflexen führt oder ob sich daraus produktive gemeinschaftliche Anstrengungen und neue Motivation schöpfen lassen, ist weitgehend vom Geschick der Führung abhängig – verlässlich flächendeckend funktionierende Rezepte gibt es dafür keine. Trotzdem möchten wir auf den folgenden Seiten die Erfolg versprechendsten Denkansätze oder Optionen ausbreiten. Als Werkzeugkoffer der Veränderung sozusagen.

Mit Sicherheit neugierig: Merger als Lernprozess

»Das typisch Menschliche: sich aus Angst vor einer unbekannten Zukunft an die bekannte Vergangenheit klammern.«

John Naisbitt

Für die Initiatoren sind M&A-Transaktionen ein Grund, Champagner zu öffnen. Für Führungskräfte und Mitarbeiter in den betroffenen Unternehmen sind solche Prozesse eher furchterregend: »Wie geht es jetzt weiter ...

Was bedeutet das für mich ...

Werde ich meinen Job behalten ... und meine mühsam erkämpften Rechte ...

Was wird aus der produktiven Beziehung zu meinem Team und meinem Chef ...

Wann ergibt endlich wieder alles einen Sinn ...

Wie ehrlich ist Kommunikation ...

Soll ich allen Gerüchten glauben ...?«

Werden zwei Unternehmen zusammengeführt, so stoßen alle Beteiligten auf eine Welt von Verschiedenheiten und Unterschieden und erleben vor allem einmal Spannungen, Unsicherheit, Angst und Stress – Gefühle, die blockieren und eine produktive Auseinandersetzung mit der Situation verhindern.

Schade, denn in der Begegnung mit dem Neuen liegt außer den beträchtlichen Stressoren auch ein sehr wertvolles Innovations- und Kreativitätspotenzial.

Größer, schneller, besser, kostengünstiger: ... das kann man doch nicht vergleichen!

Nichts ist für Unternehmen lehrreicher als Unterschiede. Und niemals ist die Fülle der Unterschiede reicher als nach einer Akquisition: Je mehr Unterschiede zum akquirierten Unternehmen bestehen, desto wertvoller ist das Lernpotenzial. – Vorausgesetzt, man ist bereit, Unterschiede als Chance zum Lernen wahrzunehmen und sich auf die Begegnung mit ihnen einzulassen. Denn egal, ob »größer«, »schneller«, »produktiver«, »genauer«, »kompetenter«, »effizienter« oder »kostengünstiger« – Unterschiede können auch Angst machen und die eigene Selbstgewissheit unangenehm erschüttern – vor allem, wenn ungewiss ist, wie damit umgegangen wird.

Erwarten Sie Abwehrhaltungen wie: »Das kann man ja nicht vergleichen ...« Die beste, weil entwaffnendste Antwort darauf wird dem Historiker Wolfgang Schivelbusch zugeschrieben:

»Natürlich kann man, denn vergleichen heißt nicht gleichsetzen, sondern Unterschiede erkennen.«

Wie schafften Sie ein Umfeld, in dem sich die Betroffenen nicht mehr als Betroffene, sondern Erlebende verstehen? Indem sich Menschen im Angesicht des Risikos freudig auf die Verschiedenheit und damit auf eine unbekannte Zukunft einlassen? Indem Unterschiede willkommen geheißen und produktiv genutzt werden können?

Es ist ganz einfach – und zugleich unendlich schwierig: Um sich neugierig und engagiert auf Veränderungen einzulassen, brauchen Menschen eine sichere Basis. In Unternehmen und Organisationen besteht eine solche Basis aus einem hohen Maß an Verbundenheit im Team – und einem für alle transparenten, nachvollziehbaren Sinn der Entwicklung. Damit liegen die wichtigsten Managementaufgaben in Merger-Prozessen auf der Hand: Stiften Sie Sinn, und pflegen Sie Verbundenheit, dann passiert das Positive fast von selbst.

»Das Bessere ist der Feind des Guten«, sagte Voltaire. Aber für das Handling von Veränderungsprozessen ist der Ausspruch erstens etwas abgedroschen und zweitens ausgesprochen gefühllos.

Mehr Feingefühl und die nötige Wertschätzung demonstriert da der Psychotherapeut und Coach Gunther Schmidt: »Das Neue ist immer nur der dankbare kleine Bruder des bisherigen guten Alten«. In diesem Ausspruch steckt neben der unverzichtbaren menschlichen Komponente auch das im Change-Management ausgesprochen hilfreiche Bewusstsein der Gleichzeitigkeit von Alt und Neu. Das ist wichtig. So wichtig, dass man sich vor Augen halten sollte, wie sehr die Gestaltung von Neuem in Veränderungsprozessen überhaupt erst in der Gleichzeitigkeit mit der Bewahrung des Bewährten möglich wird.

Wie geht man aber praktisch daran, in einer Organisation das beschädigte Gefühl von Sicherheit und Sinn wieder zu reparieren? Patentrezepte gibt es keine, aber die Zutaten für jedes Rezept lauten: Sinn herstellen – dies nicht so sehr im Verständnis einer Sinnstiftung, vielmehr als ein Erlebbarmachen des neuen Sinnes bzw. auch als eine Kombination beider Maßnahmen, durch die neue, gemeinsame »sinnstiftende« Aufgaben gestellt werden:

- offen und unmissverständlich Wertschätzung für das Alte und das Neue ausdrücken
- wichtige Personalentscheidungen so rasch wie möglich treffen
- die erwünschte Zukunft als ein attraktives neues Zukunftsbild erschaffen und kommunizieren
- durch Story Telling unterstützen, damit gelernt wird, »das andere« zu verstehen lernen
- neue Möglichkeiten und Potenziale aufzeigen (z. B. das Freispielen von Ressourcen für neue Märkte/Technologien/Produkte)
- gemeinsame neue Ziele schaffen und in den KPIs (Key Performance Indicators = Leistungskennzahlen) verankern (weniger quantitative, sondern mehr qualitative)
- neue Verbundenheit ermöglichen, durch z. B. Einführung eines »Buddy-Systems«, welches – entweder auf jeweils derselben Ebene oder aber auch quer durch die Ebenen – zwei Repräsentanten der beiden Kulturen zu gemeinsamer Leistung zusammenspannt
- allen Führungskräften und Mitarbeitern wieder neue individuelle Entwicklungsmöglichkeiten aufzeigen.
- möglichst rasch eine Atmosphäre schaffen, in der Führungskräfte und Mitarbeiter wieder mental »loslassen« können.

Was haben, Liebe, Schnaps und rote Clownnasen, Merger und Akquisition miteinander zu tun?

Sowohl tiefe Verliebtheit als auch würdige Räusche und ausdauernde Lachstürme haben das Potenzial, psychotische Zustände auszulösen, sprich, einen zeitweiligen Verlust des Realitätsbezugs: Plötzlich wird alles leicht, frei und schwebend. Was gestern noch ein unüberwindliches Hindernis war, ist auf einmal kein Problem mehr.

Ein frisch verliebtes Paar hat keine wie immer geartete Mühe, Unterschiede auszuhalten, ja, sogar mit dem Nichtverstehen des anderen kommt man exzellent zurande.

Diese Art von rauschhaft positiver Seelenverfassung wäre bei Mergern ideal, denn sie könnte es unter weitgehender Ausschaltung des rationalen Denkens ermöglichen, sich auf Unterschiede einzulassen und abzuwarten, was dann gemeinsames Neues daraus entstehen kann.

Wir möchten nicht dem Schnapsgelage das Wort reden, aber sollte man darüber sprechen, wie sich ein bisschen Verliebtheit auswirken könnte – und wie man einen solchen Zustand herstellt.

Das Gegenteil von Vielfalt ist Vielfalt

Diversity ist in aller Munde. Organisationsexperten, Soziologen, Gehirnforscher ... – alle predigen Vielfalt als das neue Allheilmittel: Lernen, so heißt es, ist nur über Unterschiede möglich, und Unterschieden begegnen wir nur über gelebte Vielfalt. Wo es um Organisationen geht, transzendiert der Diversity-Begriff die herkömmlichen Inhalte wie ethnische Herkunft, Geschlecht, Alter oder körperliche Konstitution. Vielfalt im organisatorischen Kontext meint vielmehr eine ungeheure und oft verwirrende Fülle von Eigenschaften, Haltungen, Werten und Kulturen verschiedenster Art, Form und Herkunft.

Umso legitimer ist die Frage, ob Vielfalt wirklich immer hilfreich ist. Wie viel Vielfalt braucht und verträgt ein Unternehmen wirklich? Und speziell bei Akquisitionen – wie viel Vielfalt handeln wir uns durch die Akquisition ein? Und wollen wir das wirklich?

»So viel Vielfalt wie nur irgend möglich!« ist die Empfehlung des österreichischen Genetikers Markus Hengstschläger. Er beschreibt Vielfalt als die beste Vorbereitung auf eine unbekannte, komplexe Zukunft. Angesichts unvorhersagbarer und unplanbarer Veränderung sei es gesünder, vielfältig aufgestellt zu sein, um auf zukünftige Herausforderungen, Bedrohungen oder Chancen – die ich heute noch gar nicht kenne – rascher reagieren zu können. Die Evolution lehrt: Vielfalt stärkt die Fähigkeit einer Art, sich rechtzeitig zu verändern und anzupassen.

Aber was ist dann Homogenität? Das Gegenteil von Vielfalt? Und deshalb ein Zukunftshindernis? Nicht unbedingt: In den Führungsebenen vieler Erfolgsunternehmen ist eine hohe Ähnlichkeit von Erfahrungen, Einstellungen und Herangehensweisen zu beobachten.

Dies muss nicht verwundern, wenn man bedenkt, dass Homogenität das tägliche Miteinander, die Kommunikation, die Entscheidungsfindung etc. auch unheimlich erleichtern kann. Und letztlich: Wahre Vielfalt muss alles inkludieren – auch die Homogenität. Sonst wäre es keine echte Vielfalt. Und von dieser echten Vielfalt brauchen die meisten Unternehmen, all ihren ambitionierten Diversifizierungsprogrammen zum Trotz, noch viel, viel mehr.

Neugier auf Unterschiede

Wer M&A managt, managt Lernprozesse. Will man dies erfolgreich tun, so heißt es zunächst, die eigenen Vorstellungen und Erfahrungen in Sachen Lernen zu entsorgen. Was und wie man als Student der Technik oder der Wirtschaftswissenschaften gelernt hat – und auch die berufsbegleitende Fortbildung – haben mit dem, was jetzt zu bewältigen ist, nicht einmal am Rande zu tun: Organisationen lernen möglicherweise anders als die Individuen, die diese Organisationen managen.

Beginnen wir also bei null. Die wichtigsten Ansätze aus der Palette der Lernstrategien für Organisationen sind:

- *Trial and Error* ist die klassische Methode der Fortentwicklung in kleinen Schritten unter unaufhörlicher Beobachtung und Beurteilung, ob sich etwas in die intendierte Richtung entwickelt.
- *Introspektion* ist ebenfalls ein legitimer Ansatz: Durch intensives Analysieren und Nachdenken zu neuen Einsichten zu kommen erfordert zwar ein außerordentliches Maß an intellektueller Ehrlichkeit, aber wenn eine Gruppe oder Hierarchie sie aufbringt, hat sie ein überlegenes Lernwerkzeug in der Hand.

Ein weiterer Ansatz nähert sich der Komplexität auf einem komplexen Weg und erweist sich gerade deshalb als oft erstaunlich erfolgreich:

Die Betrachtung von Unterschieden

Unterschiede aufspüren, entdeckte Unterschiede verstehen und darüber nachdenken, ob diese Unterschiede auch für die eigene Arbeit einen Unterschied machen würden, ist für Organisationen im wahrsten Sinne des Wortes lehrreich.

Die Schwierigkeit dabei ist der ambivalente Charakter von Unterschieden: Einerseits sind sie eine unschätzbar wertvolle Informationsquelle und Lernhilfe. Andererseits verunsichert die Begegnung mit Unterschieden zutiefst: Was sagen sie über uns und unsere Organisation aus? Wird sich das Neue, andere, Fremde als kritische Instanz erweisen, die gewohnte, geliebte, erprobte und bewährte Muster infrage stellt und zum Umdenken zwingt?

Wer einer Organisation das kostbare Innovations- und Kreativitätspotenzial von Unterschieden erschließen möchte, wird rasch feststellen: Erfolgreiche Lernprozesse benötigen erstens einen Unterschied, den man auch als solchen wahrnimmt. Zweitens erfordern sie ein Umfeld, das wirklich bereit ist, sich auf diesen Unterschied einzulassen.

Meint jemand, diese Offenheit sei eigentlich selbstverständlich? Das Gegenteil ist der Fall, denn die Art und Weise, wie Unternehmen wachsen, und die Themen, mit denen sie sich auseinandersetzen, sind alles, nur nicht förderlich für einen souveränen Umgang mit Vielfalt und Individualität. Je volatiler das Umfeld ist, desto mehr tendieren Unternehmen dazu, »mehr desselben« anzuhäufen, um Unsicherheit und Komplexität zu reduzieren: Der Einkauf arbeitet am liebsten mit Lieferanten, »die wir kennen«, die Produktion setzt auf »bewährte« Verfahren, die Entwicklungsabteilung bedient die bekannten Marktpräferenzen und die Personalabteilung bevorzugt Kandidaten, »die zum Unternehmen passen«.

Andererseits: Organisationen, welche ihre Fähigkeit kultivieren, Vielfalt und Individualität zuzulassen, werden Herausforderungen souveräner bewältigen als starre, unbewegliche Horte kultureller und intellektueller Inzucht.

Frauen sorgen für Vielfalt

»Je mehr Frauen im Board vertreten sind, umso weniger bezahlt das Unternehmen für seine Akquisitionen«, hat vor Kurzem eine Studie von Forschern der Sauder School of Business an der University of British Columbia im kanadischen Vancouver gezeigt (vgl. Kai Li 2013).

Bei so komplexen Projekten wie Akquisitionen kann eine Mischung von verschiedenen Perspektiven ein besseres Resultat erzielen, wenn man denn diese Perspektiven auch zulässt. Frauen im Board sorgen für eine solche Perspektivenvielfalt; das deckt sich auch mit unserer Praxiserfahrung. – Fragt sich nur, ob diese Vielfalt gesehen werden will!

Aber wie kultiviert man überhaupt die Fähigkeit, Vielfalt und Individualität zuzulassen? Wie schafft man ein Umfeld, in dem man sich unter Verzicht auf ohnehin trügerische Sicherheit auf das Unvertraute einlässt, Unterschiede willkommen heißt und sie zum Motor des Lernens und der Weiterentwicklung macht?

Die Antwort der Neurobiologie heißt: »Neugier«. Sie hat die Menschheit über ihren ganzen langen Weg angeleitet, von den ersten Primaten an, die von den Bäumen hinabstiegen und Steine in die Hand nahmen, bis zum Forscher, der in der Internationalen Raumstation experimentiert und dabei auf den Blauen Planeten herunterschaut. Das angeborene Verlangen, Neues zu erfahren und Verborgenes kennenzulernen, dient eigentlich unserem Sicherheitsbedürfnis: Erst, wenn wir aus dem Unbekannten das Vertraute gemacht haben, können wir der Welt vertrauen. Der Mensch ist auf Neugier programmiert, und wenn die Rahmenbedingungen stimmen, wenn die nötige Selbstsicherheit gegeben ist, wird sie uns rufen. Es gibt keinen Grund, ihr nicht zu folgen.

Wozu Integration? – Nach dem Closing kommt der Alltag

Was wären die ganzen M&A-Perspektiven in den vorhergegangenen Kapiteln, wenn wir nicht auch einen Blick auf das Thema Integration werfen würden. Dabei wurde über dieses Thema ja schon so viel geschrieben und gesprochen.

Und trotzdem ist es einer jener Bereiche, der sicherlich noch am meisten unterschätzt wird. Laufen wir doch Gefahr, genau dort Fehler zu machen, wo wir glauben, die Risiken gut genug abschätzen zu können. Genau dort werden wir leichtsinnig. Und das Wort »leichtsinnig« sagt ja schon alles: Der Deal ist vorbei; das große Geld ist ausgegeben; der Stress der letzten Verhandlungen sinkt langsam ab. Wir fühlen uns wieder leicht und unbekümmert, da wir uns ja wieder in bekanntem Terrain bewegen, dem Terrain des

»Führens und Managens«; und dafür werden wir schließlich bezahlt.

Dabei ist hier – im Sinne eines komplexen Change-Prozesses – der Weg noch lange nicht vorbei. Ganz im Gegenteil: Nach dem Closing des Deals ist genau der Punkt, an dem alle Mitarbeiter und Führungskräfte über die erfolgte Akquisition informiert werden. Und dieser Punkt ist der Start für die Entstehung vieler verschiedener Emotionen, wie Ängsten, Sorgen, Freuden, Interessen, Trauer oder auch Aggression. Und nun gilt es für die Führungskräfte dieser Welt, die verschiedenen Integrationsthemen gleichzeitig auf zwei verschiedenen Ebenen zu jonglieren: der Ebene der Zahlen, Daten und Fakten und der Ebene der Beziehungen, Kulturen und Werte.

Ein guter Manager würde natürlich sofort herangehen und für komplexe Fragen eine komplexe Lösung suchen. Er würde ein mehrdimensionales Spreadsheet entwerfen, wo der gesamte Integrationsprozess über die nächsten sechs Monate bis aufs kleinste Detail durchgeplant wurde. Leider haben wir in den letzten Abschnitten und Kapiteln erfahren, dass die Zukunft nicht so ganz planbar ist – und ein auf Emotionen basierender Integrationsprozess schon gar nicht.

Speed kills. Survive!

»In the end, you need to be fast to be good … and good to be fast!«
(Am Ende muss man schnell sein, um gut zu sein,
und gut, um schnell zu sein!)

Nein, dieses Zitat stammt nicht von einem Sporttrainer, Spitzenathleten oder Formel-I-Piloten, sondern aus einem Spezialbulletin über Post-Merger-Integrationsprozesse aus der Feder eines der weltweit tonangebenden Big-Four-Wirtschaftsprüfungskonzerne.

Und ja, die Rede ist davon, dass der Schlüssel zum Integrationserfolg rasches Handeln, mutige Führung und entschlossenes Entscheiden ist.

Ja. Klar. Ist ja nichts Neues, sondern Alltag in jedem Unternehmen: Egal wie, rasch muss es gehen!

Speziell nach einem Merger, wo letztlich EBIT-Kennzahlen auf dem Spiel stehen und ein Vorstand, der Einsparungen angekündigt hat, rasche Umsetzungserfolge erwartet. Der Wettbewerb schläft ja auch nicht, also: Einfach nur schnell ist zu wenig. Schneller als die Konkurrenz, und das 24/7, das ist … – überlebenswichtig? Oder einfach nur eine viel zu selten hinterfragte Gewohnheit?

Nehmen wir uns doch gegen alle Gewohnheit fünf Minuten, um über Wert und Unwert von Geschwindigkeit um jeden Preis zu reflektieren. Das Thema »Integration nach einem Merger« bietet sich als ideales Modell für die Betrachtung der Risiken und Chancen an:

Die Chancen des hohen Tempos liegen auf der Hand: beschleunigtes Erreichen der Synergieziele, Vermeidung von langen Diskussionen, abgekürzte Beschäftigung mit sich selbst und rasche Rückkehr zur Normalität des Tagesgeschäfts. Auch die Gerüchteküche bleibt kalt, denn über Nacht wird Klarheit geschaffen … – ist doch ideal, oder?

Nun ja. Ignorieren wir wirklich die unleugbaren Risiken und Nebenwirkungen? Sie sind nämlich durchaus drastisch:

- Massiver Integrationsdruck provoziert Widerstände und kann zu stiller Kündigung und langfristiger Obstruktion führen.
- Überhasteter Personalabbau könnte wesentliche Wissensressourcen vernichten und Synergien beeinträchtigen.
- Eine Überhitzung in der ohnehin kritischen Merger-Phase hat das Potenzial, eine ganze Organisation ins Burn-out zu stürzen.

Der Druck der Analysten

Wenn kaum sechs Monate nach der Milliardenübernahme von Metco durch Oerlikon im Jahr 2014 Analysten schreiben, die Integration von Metco sei abgeschlossen, dann haben Sie Ihre Hausaufgaben nicht gemacht.

Ein Unternehmen mit 700 Millionen Umsatz und Tausenden Leuten lässt sich nicht im Vorübergehen integrieren, außer allenfalls mit brutaler Gewalt, und selbst dann sind noch monatelang massive Nachbeben in Gestalt von Abstoßungsreaktionen zu erwarten.

Und nimmt man sich nicht die Zeit, die Betroffenen durch eine glaubwürdig positive Vision in eine produktivere, schönere Zukunft mitzunehmen, so verschenkt man den wichtigsten Treibstoff jedes Erfolges – die Begeisterung.

Mutige Führung nimmt dies zur Kenntnis und weiß, dass Speed weder ein Allheilmittel noch ein Selbstzweck ist. Wieder einmal geht es nicht um ein Entweder-oder, sondern um ein Sowohl-als-auch, und bei allem Druck von oben, außen oder sonst wo ist Speed mehr und nicht weniger als eine weitere Stellgröße, die es zu managen gilt. Mutige streben nicht nach »Geschwindigkeit um jeden Preis«, sondern pflegen einen ausgesprochen achtsamen Umgang mit dem Tempo der Entwicklung. Wissend, dass es keine »richtige« oder »ideale« Geschwindigkeit für Integrationsprojekte gibt, bedient sie Gaspedal und Bremse oft synchron, denn die eine »richtige« oder »ideale« Geschwindigkeit existiert nicht, benötigt werden gleichzeitig mehrere »ideale« Geschwindigkeiten.

Beispiel Zusammenschluss VW mit Scania im Jahr 2014

»... durch die engere Zusammenarbeit der Lkw-Töchter MAN und Scania ist erst nach 2016 mit deutlich sichtbaren zusätzlichen Synergien zu rechnen« (VW-Nutzfahrzeugchef Leif Östling).

Bravo für Mut zu Seriosität, Geduld zum Erfolg und die Klugheit, zu erkennen, dass gut Ding eben manchmal Weile braucht.

Eine Welt, in der mehrere Geschwindigkeiten synchronisiert laufen, organisiert man am besten folgendermaßen:

Am Beginn steht die Liste der Themen, die zu bewältigen sind, samt einem Chancen- und Risikoassessment und einer Kategorisierung nach mehreren Faktoren:

- Dringlichkeit: Gibt es eine durch externe Faktoren beeinflusste Terminabhängigkeit?
- Wichtigkeit: Wie hoch ist eine mögliche Auswirkung von Erfolg/Misserfolg auf das Unternehmensergebnis?
- Vorentscheidung: Wie viel der Umsetzung ist bereits beschlossene Sache?
- Mitgestaltung: Wie frühzeitig und wie weit sollen wir die betroffenen Personen in den Prozess involvieren?
- Emotionalität: Wie emotional ist das Thema bei den Mitarbeitern verankert?

In kritischen Bereichen wird man sich langes Zögern nicht leisten können. Das betrifft gewisse Schlüsselpersonalentscheidungen, Finanz- und Sicherheitsstandards, Reporting und ähnliche Themen. In anderen Bereichen wird man bewusst Geschwindigkeit herausnehmen müssen. Und wo auch bei genauer Analyse nicht feststellbar ist, wohin die Reise gehen soll, ist der Mut zum Loslassen gefragt. Manchen Dingen muss man einfach Zeit geben, damit man möglicherweise etwas Neues entstehen lässt.

Synthese statt Integration

»Integration kann nur gelingen, wenn sie aus sich selbst heraus wachsen darf.«
Krusche (2010, S. 129 f.)

In vielen bekannten Unternehmen gibt es bereits die Position eines »Chief Diversity Officer« (Siemens, KPMG etc.), allerdings beschränkt sich seine Aufgabe bisher meistens auf die Überwachung einer multiethnischen Einstellungspolitik.

Die Aufgabe dieser Position in der Post-Merger-Phase wäre es, darauf zu achten, dass die bestehende Kultur dem zugekauften Unternehmen nicht einfach »aufgezwungen« wird, sondern dass etwas gemeinsames Neues entsteht, in dem möglichst viele Unterschiedlichkeiten ihren Platz finden.

»Die Chemie, die stimmt«: Synthese statt Integration

These – Antithese – Synthese? Oder chemische Synthese? Zweiteres war wohl gemeint, als der Dalai-Lama die besten Köpfe der Welt zu einer Konferenz nach Dharamsala lud. Eine wahrhaft interdisziplinär besetzte Versammlung brillanter Denker dachte darüber nach, wie die Welt ein wenig besser werden könnte. Sie tat es unter dem Titel »Synthese«.

Gemeint war wohl die Intention, das Beste aus unterschiedlichsten Ideen, Erfahrungen und Meinungen aller Beteiligten zu etwas Neuem zusammenzufügen.

Eigentlich ist dies ein Idealbild für eine gelungene M&A- Operation:

Mehrere Substanzen, sprich: Teams, kommen in einem Reaktionsgefäß, dem M&A-Prozess zusammen, dazu kommt die Energiezufuhr der Investition und ein Katalysator, sprich: das Management, an dessen Oberfläche die Reaktion abläuft – vorausgesetzt, die Ausgangssubstanzen sind rein, sprich: sie haben eine offene Kultur und Haltung gegenüber dem Projekt, sonst kommt es zu allen möglichen Nebenreaktionen.

Das Resultat: Nicht *mehr* von dem einen oder *weniger* von dem anderen, sondern etwas gemeinsames Neues. Und das ist die Zielsetzung jedes erfolgreich aufgesetzten Merger-Prozesses, der es unternimmt, zwei Organisationen mit all ihren unterschiedlichen Bildern, Erfahrungen und Werten zusammenzubringen.

Produzieren wir keine »Post-Merger-Integrationen« – schaffen wir »Unternehmenssynthesen«!

Mit »Triple-E[7]-Prozess« zur Struktursicherheit

»Die Zukunft ist auch nicht mehr das, was sie einmal war!«
Karl Valentin

Die Autoren des vorliegenden Buches sind sich schmerzlich dessen bewusst, dass sich die Auflage mühelos in lichte Bestsellerhöhen katapultieren ließe, hätten wir nur genug Mut zur Übertreibung, Ihnen ein todsicher verlässliches Rezept zur M&A-Bewältigung zu versprechen.

Wir haben stattdessen die professionelle Ehrlichkeit, zu bekennen, dass so ein Rezept nicht existieren kann.

Trotzdem ist es unser Anliegen, Sie durch Lektüre zu bereichern. Also: Wo wir schon nicht das fehlersichere M&A-Rezept präsentieren können, kennen wir doch seine Zutaten, die, nach Wissen und Instinkt situationsadäquat dosiert, das herstellen, was der Prozess zum Gelingen braucht und die Beteiligten zum Funktionieren benötigen: strukturelle Sicherheit.

Wie sollen nun Manager mit dem Haufen an Unsicherheit umgehen, wenn sie doch Sicherheit benötigen, um gute Entscheidungen treffen zu können? Um hier weiterzukommen, müssen wir das Gefühl der Sicherheit weiter differenzieren. Hilfreich ist es, zwischen inhaltlicher Sicherheit und struktureller Sicherheit zu unterscheiden. Und wenn es schon auf inhaltlicher Ebene – wie bereits ausgeführt – keine Sicherheit mehr gibt, benötigt es zumindest Sicherheit auf struktureller Ebene.

Wie also stellt man eine solche »strukturelle Sicherheit« her? Und zwar so, dass sie:

- orientiert, ohne einzuengen,
- Bezugsrahmen liefert, ohne Handlungsoptionen zu beschränken,
- Strukturen festigt, ohne die Verwertung von Lernprozessen im laufenden Projekt abzuwürgen?

7 »Triple-E« steht für die Kategorisierung der Projektgeschwindigkeit: Explore – Evaluate – Execute (Erkunden – Beurteilen – Ausführen).

Die folgenden drei Schlüsselzutaten bilden zusammen den *Triple-E-Prozess*, benannt nach der Schlüsselzutat Nummer drei, welche als Haltungsansatz für den gesamten M&A-Prozess dienen soll.

(1) Schlüsselzutat »attraktiver Rahmen«

Einen guten ersten Hinweis für das Gelingen von M&A-Prozessen liefert die Salutogenese nach Aaron Antonovsky (1923–1994; vgl. Franke u. Antonovsky 1997) – sein Werk beantwortet die Frage nach der Entstehung und der Erhaltung unserer Gesundheit.

Dabei spielen folgende drei Faktoren eine Schlüsselrolle:

- der Glaube, dass das Leben einen Sinn hat
- die Fähigkeit, die Zusammenhänge des Lebens zu verstehen
- die Überzeugung, dass man das eigene Leben gestalten kann.

Ersetzt man nun das Wort »Leben« in unserem Fall durch »Akquisition«, erhält man die ersten wichtigen Rahmenbedingungen für erfolgreiche M&A-Prozesse. Wenn man dann noch jene ergänzt, wodurch Neugierde entstehen kann, dann erhält man daraus sechs Erfolgsfaktoren (siehe Abb. 29).

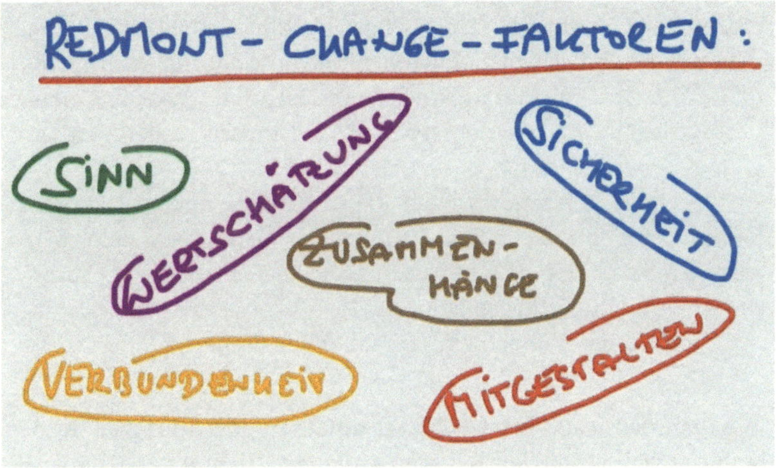

Abb. 29: Notwendige Rahmenbedingungen für M&A-Prozesse

1) *Laufende Kommunikation des Sinns:* Warum machen wir diese Akquisition; wie passt das mit unserer Strategie zusammen; was bedeutet das für das größere Ganze ...?
2) *Ermöglichen von Mitgestalten:* rasche Kommunikation der Non-Negotiables (was wurde bereits entschieden); Einladung zum

aktiven Mitgestalten für alle jene Bereiche, die noch nicht entschieden sind ...

3) *Schaffung höchstmöglicher Transparenz und Klarheit (Zusammenhänge):* Was wird sich auf jeden Fall verändern; was wollen wir auf jeden Fall erhalten; worauf wollen wir aufpassen ...?
4) *Sicherheit geben, so viel wie möglich:* rasches Treffen der notwendigen Personalentscheidungen, damit rasch wieder Sicherheit für die Zukunft der einzelnen Mitarbeiter hergestellt ist ...
5) *Investitionen in die Verbundenheit:* Fördern und unterstützen aller Aktivitäten, welche die Verbundenheit untereinander stärken ...
6) *Wertschätzung, Wertschätzung, Wertschätzung:* Hier braucht es nicht nur den aktiven Einsatz des Führungsteams, sondern auch aller Beteiligten der beiden zusammenkommenden Firmen ...

Fehlende Sinnstiftung...

Eine smarte Stellenbereinigung nach Akquisitionen ist wichtig und sinnvoll. Aber selbst Flaggschiffunternehmen sind nicht davor gefeit, ins Kreuzfeuer der Kritik zu geraten: Wenn etwa Microsoft 2014 ankündigt, fast 15 % des Personals abzubauen, ohne dies mit einer nachvollziehbaren Strategieänderung zu begründen, dann lautet die Ferndiagnose zwangsläufig: »massive Orientierungslosigkeit, verhängnisvolle Versäumnisse in der Vergangenheit – oder beides.«

Oder gibt es irgendwo noch Raum für eine andere Interpretation, wenn ohne neue, gemeinsame Vorwärtsstrategie plötzlich jeder Zweite in der Nokia-Sparte und jeder Siebente im Gesamtunternehmen überflüssig ist?

Wenn einem nichts mehr einfällt, fallen Stellen.

Sie haben damit die erste Schlüsselzutat des M&A-Erfolges in der Hand – einen attraktiven Rahmen gestalten. Nicht die einzige – benötigt wird weiters:

(2) Schlüsselzutat »Projektsteuerung«

Themen-Ownership	Dies meint die Steuerung durch Formulierung klarer, erfolgsrelevanter Fragestellungen (»Themen«) und Benennung der jeweils dafür zuständigen Personen.
Mitgestaltung	Möglichst viele Führungskräfte und Mitarbeiter werden eingeladen, in diesen Thementeams mitzuarbeiten.
Iterative Prozess-gestaltung	Laufende Überprüfung und flexible Anpassung der Ausgangsprämissen, damit an jeder Station des Prozesses innerhalb des vorgegebenen Rahmens frische Potenziale genutzt werden können.
Visualisierung	Hohe Transparenz, die den Fortschritt und die Erfolge des Projektes regelmäßig und für alle sicht- und spürbar macht.

Tab. 4: Projektsteuerung

(3) Schlüsselzutat »Tempomanagement«

Timing ist essenziell für den Erfolg. In M&A-Prozessen betrifft dies eine intelligente Synchronisation aller Teile des Prozesses in unterschiedlichen Geschwindigkeiten. Unser bewährter Zugang zu diesem Thema heißt »Triple E« und schafft durch Themenkategorisierung eine sehr handliche Entscheidungsgrundlage und Steuerungsmatrix. Allen Themen und Vorhaben im Rahmen des Gesamtprojektes wird eine von drei möglichen Statuskategorien zugeteilt (siehe Tab. 5).

Status »Explore«	Hier wird ergebnisoffen einer grundsätzlichen Frage nachgegangen und ohne vorherige Bildung einer These geforscht: »Gibt es Verbesserungspotenziale in diesem Bereich? Wenn ja, welche?« »Welche Möglichkeiten gibt es für uns, in diesem Land gemeinsam aufzutreten?« »Könnte eine Standortbereinigung Sinn haben?« »Brauchen wir einen gemeinsamen Markenauftritt?«
Status »Evaluate«	Hier wird von einer These ausgegangen, die zu verifizieren und mit Handlungsoptionen zu versehen ist – wenn möglich, samt Bewertung und Empfehlungen für das weitere Vorgehen: »Folgende Verbesserungspotenziale haben wir gefunden und empfehlen wir umzusetzen.« »Wir glauben nicht, dass es Sinn hat, in diesem Land gemeinsam aufzutreten.« »Die beiden Standorte in den USA sollten zusammengelegt werden.« »Wir benötigen dringend einen gemeinsamen Markenauftritt; folgende Herangehensweise wäre sinnvoll ...«
Status »Execute«	Konkrete Umsetzung von vorgegebenen Projekten: »Folgende Verbesserungspotentiale sollen umgesetzt werden: Zusammenlegung der beiden Standorte in den USA Ausarbeitung eines gemeinsamen Markenauftritts.«

Tab. 5: Tempomanagement

Die Kunst besteht darin, jedem Themenfeld sein optimales Tempo zuzuordnen – mit Rücksicht auf Ziele, Umfeld und Personalressourcen.

In kritischen Bereichen, etwa in Sachen Schlüsselpersonalentscheidungen, Finanz- und Sicherheitsstandards, Reporting etc. ist Zögern keine Option. Hier startet man gleich mit einer »Execute«-Gruppe.

In anderen Bereichen kann es klug sein, bewusst Geschwindigkeit herauszunehmen und mit einer »Explore«- oder »Evaluate«-Gruppe zu starten.

Im Sinne einer agilen Projektsteuerung muss in regelmäßigen Reviews der Status der einzelnen Themen überprüft und gegebenenfalls neu festgesetzt werden. Solche Neufestsetzungen können z. B. wie folgt aussehen:

- Wir bleiben noch im Status »Explore« und wollen noch mehr Informationen zu ...
- Wir springen sofort in die Umsetzung, da wir genügend Sicherheit haben, und setzen den Status auf »Execute« ...
- Wir sind in der Umsetzung auf neue Erkenntnisse gestoßen und stufen daher den Status zurück auf »Evaluate« ...
- Wir haben nun in »Evaluate« gelernt, dass es keinen Sinn hat, dieses Projekt weiterzuverfolgen ...

Diese drei dargestellten Schlüsselzutaten – attraktiver Rahmen, Projektsteuerung und Tempomanagement – bieten zusammen eine hilfreiche Struktursicherheit, die es erlaubt, einen M&A-Prozess – im Sinne eines professionellen Projektmanagements – gleichzeitig offen und dennoch gut strukturiert zu gestalten.

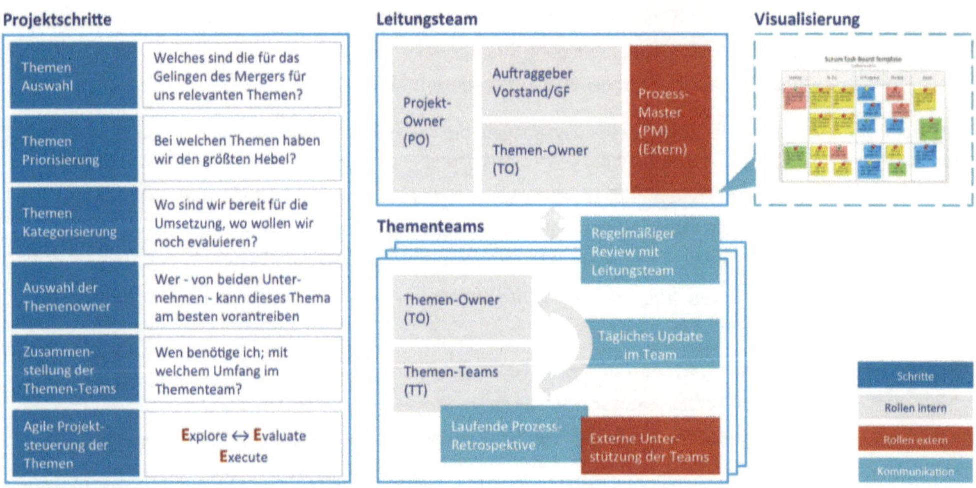

Abb. 30: Gesamtübersicht Triple-E-Prozess

In Abbildung 28 haben wir die wesentlichen Punkte dieses Triple-E-Prozesses grafisch dargestellt.

Nachbemerkung

Es ist nicht unwahrscheinlich, dass spätere Generationen auf unsere Epoche als das Zeitalter der Gleichzeitigkeit zurückblicken werden.

Gleichzeitig steuern und navigieren, gleichzeitig schreiben und telefonieren, gleichzeitig mit Montreal, Bangalore und Paris konferieren, gleichzeitig konzipieren und präsentieren, gleichzeitig abgeschottet und ständig erreichbar, gleichzeitig daheim und weltweit präsent – wir sind die erste Generation, die all das gleichzeitig kann und ist.

Für Unternehmen und die Menschen, die sie steuern, bedeutet das die Herausforderung, gleichzeitig konservativ und innovativ zu denken, gleichzeitig kompetitiv und ertragsorientiert zu kalkulieren, gleichzeitig fördern und fordernd zu führen, gleichzeitig aggressiv und sympathisch aufzutreten ... – die Liste lässt sich beliebig fortsetzen.

Kein Wunder, dass sich viele Entscheidungsträger gleichzeitig überinformiert und unterorientiert fühlen, total vernetzt und beklemmend isoliert, hoch motiviert und burn-out-gefährdet.

Mit dem M&A-Teil haben wir versucht, aus der Perspektive eines ganz konkreten Spezialgebietes neue Ansätze aufzuzeigen, um mit dieser Gleichzeitigkeit umzugehen.

Wir möchten Sie nun einladen, nochmals zu einem anderen Teil des Buches zurückzublicken. Vielleicht entdecken Sie dann wieder neue Perspektiven in die Welt der Gleichzeitigkeit, die Ihnen helfen, für sich und Ihre Umwelt auf die zunehmend paradoxen Herausforderungen der Zeit konkrete Antworten zu finden.

Verzeichnis der Internetlinks/QR-Links

Literatur

Arnold, M. (2006): Brain-based Learning and Teaching – Prinzipien und Elemente. In: U. Herrmann (Hrsg.): Neurodidaktik. Weinheim/Basel (Beltz), S. 145–158.

Baecker, D. (1994): Postheroisches Management. Berlin (Merve).

Baecker, D. (2007): Studien zur nächsten Gesellschaft. Frankfurt a. M. (Suhrkamp).

Baecker, D. (2009): Krisenkultur. *Revue für Postheroisches Management* 5: 108–111.

Baecker, D. (2012): Organisation und Störung. Aufsätze. Frankfurt a. M. (Suhrkamp).

Baecker, D. (2013): Communities sind das Problem und nicht die Lösung. *Revue – Magazine for the Next Society* 12: 78–84.

Bateson, G. (1985): Ökologie des Geistes. Frankfurt a, M. (Suhrkamp).

Bateson, G. (1987): Geist und Natur. Frankfurt a. M. (Suhrkamp).

Bateson, G. u. M. C. Bateson (1993): Wo Engel zögern. Frankfurt a. M. (Suhrkamp).

Bauer, J. (2013): Arbeit. Warum unser Glück von ihr abhängt und wie sie uns krank macht. München (Blessing).

Bohm, D. (1998). Der Dialog. Stuttgart (Klett-Cotta).

Bright, D. a. B. Parkin (1997): Human resource management – Concepts and practices. Houghton-le-Spring (Business Education).

Bruch, H. u. J. I. Menges (2010): The acceleration trap. *Harvard Business Review* 88 (4): 80–86.

Bruch, H. u. S. Kowalevski (2013): Gesunde Führung. Wie Unternehmen eine gesunde Performancekultur entwickeln. Verfügbar unter: http//www.topjob.de/upload/presse/hintergrund/TJ_13_Studie_GesundeFuehrung.pdf [29.9.2015].

Canetti, E. (2005): Die Fackel im Ohr. Frankfurt a. M. (Fischer), 23. Aufl.

Caroll, L. (1978): Alice im Wunderland. Leipzig (Insel).

Christiansen, B. (Hrsg.) (2014): Handbook of research on economic growth and technological change in Latin America. Hershey (IGI Global).

Ciompi, L. (1997): Die emotionalen Grundlagen des Denkens. Göttingen(Vandenhoek & Ruprecht).

Clausewitz, C. von (1832/2006): Vom Kriege. Erftstadt (Area).

Collins, J. (2011): Der Weg zu den Besten. Die sieben Management-Prinzipien für dauerhaften Unternehmenserfolg. Frankfurt a. M. (Campus).

Csíkszentmihályi, M. (2008): Flow. Stuttgart (Klett-Cotta).

Damasio, A. (1994): Descartes‹ Irrtum. Fühlen, Denken und das menschliche Gehirn. München (List).

Damasio, A. (2001): Ich fühle, also bin ich. Die Entschlüsselung des Bewusstseins. München (List).

Deller, J. u. R. Klendauer (2008): M&A – Der Erfolgsfaktor Mensch: Strategische Personalauswahl und -entwicklung im Kontext von Mergers & Acquisitions. Mering (Rainer Hampp).

Dispenza, J. (2012): Ein neues Ich. Burgrain (KOHA).

Dispenza, J. (2014): You are the placebo. London (Hay House).
Donaldson, O. F. (2008): Von Herzen spielen. Freiburg im. Br. (Arbor).
Dröse, A. (2012): Integrationsmanagement bei M&A. Kulturelle Aspekte bei Unternehmenszusammenschlüssen. Saarbrücken (AV Akademikerverlag).
Duhigg, C. (2013): Die Macht der Gewohnheit. Warum wir tun, was wir tun. München (Berlin Verlag).
Ehmer, S. (2004): Dialog in Organisationen. Praxis und Nutzen des Dialogs in der Organisationsentwicklung. Kassel (Uni Press).
Ehmer, S. (2008): Dialog als kreativer Denkraum in modernen Organisationen. *Aufsichtsrat aktuell* 1: 24–26.
Ehmer, S. (2009): Lustvolles Lernen – Wirksames Irritieren. *Supervision. Mensch – Arbeit – Organisation* 1: 17–22.
Ehmer, S. (2015): Plädoyer für eine wechselseitige bewusste Irritation – Beraterin irritiert Kunden irritiert Berater. *Supervision. Mensch – Arbeit – Organisation* 1: 30–34.
Ehmer, S. u. H. Schober-Ehmer (2008): Leadership – Mind – Spirit. (Unveröffentl. Vortrag auf dem 1. Redmont-Dialog-Symposium, Wien.)
Ehmer, S. und Schober-Ehmer, H. (2010): Das Redmont Leadership Modell. Verfügbar unter: http://www.redmont.biz/wordpress/wp-content/uploads/2015/10/A_Redmont-Leadership-Modell_Artikel_01-2011.pdf [6.12.2015].
Ehmer, S. u. H. Schober-Ehmer (2012): Ist systemische Führung bereits in der Praxis angekommen? *Hernsteiner* 2: 3–5.
Esposito, E. (2010): Die Zukunft der Futures. Die Zeit des Geldes in Finanzwelt und Gesellschaft. Heidelberg (Carl Auer Systeme)
Esposito, E. (2013): Wie viel Altes braucht das Neue? (Heidelberg, unveröffentl. Manuskript.)
Fehrmann, D. u. W. Kretschmer (2011): Eine Runde Nachdenken. Die Konferenz x mess auf den Spuren der nächsten Gesellschaft. Verfügbar unter: http://www.changex.de/Article/report_xmess_2011_eine_runde_nachdenken/1qOPYPlPczghKlJJiBpFw5PSOTzoT7 [6.12.2015].
Foerster, H. von u. M. Bröcker (2002): Teil der Welt. Fraktale einer Ethik – Ein Drama in drei Akten. Heidelberg (Carl-Auer), 3., unveränd. Aufl. 2014 (mit geändertem Untertitel: Fraktale einer Ethik – oder: Heinz von Foersters Tanz mit der Welt).
Ford, H. u. S. Crowther (1922): My life and work. New York (Garden City).
Franke, A. u. A. Antonovsky (1997): Salutogenese. Zur Entmystifizierung der Gesundheit. Tübingen (DGTV).
Gallup Organization (2014): Engagement Index Deutschland 2014. Verfügbar unter: http://www.gallup.com/de-de/181871/engagement-index-deutschland.aspx [6.12.2015].
Goffman, E. (2003): Wir alle spielen Theater – Die Selbstdarstellung im Alltag. München (Piper).
Görnitz, T. (2008): Quanten sind anders. Heidelberg (Spektrum.
Graybiel, A. M. (1998): The basal Ganglia and chunking of action repertoires. *Neurobiology of Learning and Memory* 70: 119–136.
Groth, T. (2013): Person und Organisation als eine Seite der Medaille – Systemtheoretische Reflexionen. In: T. Schumacher (Hrsg.): Professionalisierung

als Passion. Aktualität und Zukunftsperspektiven der systemischen Organisationsberatung. Heidelberg (Carl-Auer), S. 86–96.

Grundl, B. (2012): Die Zeit der Macher ist vorbei. Warum wir neue Vorbilder brauchen. Berlin (Econ).

Gutenberg, E. (1958): Einführung in die Betriebswirtschaftslehre. Wiesbaden (Gabler).

Heitsch, E. u. G. Häntzschel (2010): Nachwort zu: Homer: Ilias/Odyssee. Ditzingen (Reclam).

Herrmann, U. (2006): Gehirngerechtes Lehren und Lernen. In: U. Herrmann (Hrsg.): Neurodidaktik. Weinheim/Basel (Beltz), S. 8–17.

Huddle, N. (1990): Butterfly: A tiny tale of great transformation. New York (Huddle).

Hufnagl, B. (2014): Besser fix als fertig. Hirngerecht arbeiten in der Welt des Multitasking. Wien (Molden).

Hüther, G. (2008): Wozu brauchen BeraterInnen Wissen über Hirnforschung? Oder: Führen als erfolgreiche Navigation im Dickicht eigener und fremder Synapsen. In: R. Daimler (Hrsg.): Basics der Systemischen Strukturaufstellungen. München (Kösel), S. 63–70.

Hüther, G. (1999): Biologie der Angst. Wie aus Stress Gefühle werden. Göttingen (Vandenhoeck & Ruprecht), 3. Aufl.

Hüther, G. (2006): Die Bedeutung sozialer Erfahrungen für die Strukturentwicklung des menschlichen Gehirns. In: U. Herrmann (Hrsg.): Neurodidaktik. Weinheim/Basel (Beltz), S. 41–48.

Hüther, G. (2007): Die neurobiologischen Grundlagen der Suche des Menschen nach Sinn. In Kernberg O. u.a. Persönlichkeitsstörungen , Theorie und Therapie. Stuttgart (Schattauer).

Hüther, G. (2009): Männer. Das schwache Geschlecht und sein Gehirn. Göttingen (Vandenhoeck & Ruprecht).

Hüther, G. u. B. Schmid (2009): Der Innovationsgeist fällt nicht vom Himmel. Kreativität in Menschen und Organisationen aus neurobiologischer und systemischer Sicht. In: A. Schreyögg u. C. Schmidt-Lellek (Hrsg.): Die Organisation in Supervision und Coaching. Wiesbaden (VS – Verlag für Sozialwissenschaften), S. 126–142.

Hüther, G., W. Roth u. M. von Brück (Hrsg.) (2008): Damit das Denken Sinn bekommt. Freiburg i . Br. (Herder).

Isaacs, W. (2002): Dialog als Kunst, gemeinsam zu denken. Die neue Kommunikationskultur in Organisationen. Bergisch-Gladbach (Humanistische Psychologie).

Jansen, S. (2004): Management von Unternehmenszusammenschlüssen. Theorien, Thesen, Tests und Tools. Stuttgart (Klett-Cotta).

Jansen, S. (2008): Mergers & Acquisitions: Unternehmensakquisitionen und -kooperationen. Eine strategische, organisatorische und kapitalmarkt-theoretische Einführung. Wiesbaden (Gabler), 5. Aufl.

Jullien, F. (1999): Über die Wirksamkeit. Berlin (Merve Verlag).

Jullien, F. (2006): Vortrag vor Managern über Wirksamkeit und Effizienz in China und im Westen. Berlin (Merve).

Kai Li, M. (2013): New Sauder research:Women directors get better deals in mergers and acquisitions. Verfügbar unter: http://www.sauder.ubc.ca/News/2013/Women_directors_get_better_deals_in_mergers_and_acquisitions [6.12.2015].

Kets de Vries, M. F. R. (2012): Get back in the sandbox: Teaching CEOs how to play. Verfügbar unter: http://ssrn.com/abstract=2184916 [29.9.2015].

Krusche, B. (2010): Merger? Merger! Fusionsprozesse verstehen und gestalten. Heidelberg (Carl-Auer).

Lec, S. J. (1994): Alle unfrisierten Gedanken. Hrsg. und übers. von Karl Dedecius. München (Hanser), 7. Aufl.

Lewin, K. (1951): Problems of Research in Social Psychology. In: D. Cartwright (ed.): Field theory in social science. Selected theoretical papers. New York (Harper & Row).

Luhmann, N. (1987): Soziale Systeme: Grundriß einer allgemeinen Theorie. Frankfurt a. M. (Suhrkamp).

Luhmann, N. (1995): Die Kunst der Gesellschaft. Frankfurt a. M. (Suhrkamp).

Luhmann, N. (1997): Die Gesellschaft der Gesellschaft. Frankfurt a. M. (Suhrkamp).

Luhmann, N. (2000): Organisation und Entscheidung. Wiesbaden (VS – Verlag für Sozialwissenschaften).

Lüpke, G. von (2010): Zukunft entsteht aus Krise. Antworten von Joseph Stiglitz, Vandana Shiva, Wolfgang Sachs, Joanna Macy, Bernard Lietaer u. a. [eBook.] München (Rieman).

March, J. G. (1991): Exploration and Exploitation in Organizational Learning. *Organization Science* 2 (1): 71–87.

MacKinnon, D. W. (1962): What makes a person creative? *The Saturday Review*, February 10, pp. 15-17. Auch verfügbar unter: www.unz.org/Pub/Saturday-Rev-1962feb10-00015 [6.12.2015].

Matschnig, G. (2013): Fit für eine Leistungskultur. Hernsteiner (2): 16–17.

Mintzberg, H. et al. (2002): Strategy Safari. Eine Reise durch die Wildnis des strategischen Managements. Frankfurt a. M./Wien (Redline Wirtschaft bei Ueberreuter).

Morosini, P., S. Shane a. H. Singh (1998): National cultural distance and cross-border acquisition performance. *Journal of International Business Studies* 29 (1): 137–158.

Mosebach, M. (2014): Als Reisen noch geholfen hatte – Wer einen Roman schreibt ... München (DTV).

Müntefering, F. u. T. Bruns (2008): *Macht Politik!* Freiburg (Herder).

Nagel, R. R. Wimmer (2002): Systemische Strategieentwicklung – Modelle und Instrumente für Berater und Entscheider. Stuttgart (Klett-Cotta).

Niejahr, E. (u. F. Rohrbeck) (2014): Macht Euch locker! *DIE ZEIT* 41. Auch verfügbar unter: http://www.zeit.de/2014/41/manager-studie-hierarchie/komplettansicht [29.9.2015].

Ortmann, G. (2009): Management in der Hypermoderne. Wiesbaden (VS – Verlag für Sozialwissenschaften).

Ortmann, G. (2011): Die Kunst des Entscheidens. Weilerswist (Velbrück Wissenschaft).

Park, R. E. (1950): Race and culture. Gencoe (The Free Press).

Perlow, L. A. (2010): Weniger arbeiten – mehr leisten. *Harvard Business Manager* 1: 24–35.

Peters, K. (2011): Indirekte Steuerung und interessierte Selbstgefährdung. In: N. Kratzer et al. (Hrsg): Arbeit und Gesundheit im Konflikt. Analyse und Ansätze für ein partizipatives Gesundheitsmanagement. Berlin (Sigma), S. 105–122.

Peters, T. (1994): Kreatives Chaos, Thriving on Chaos. Hamburg (Hofmann und Campe).

Regele, W. (2014): M&A früh genug gedacht – Die Premerger-Phase als Erfolgsschlüssel in M&A Prozessen. *Austrian Management Review* 4: 45–50.

Regele, W. u. D. Regele (2015): Lösungsfokussiert Merger managen. In: S. Burgstaller (Hrsg.): Lösungsfokus in Organisationen. Zukunftsorientiert beraten und führen. Heidelberg (Carl-Auer), S. 201–205.

Riemann, F. (2007): Grundformen der Angst. München (Reinhardt), 38. Aufl.

Robens C., W. Alt, D. Meschede, C. Emary a. A. Alberti (2015): Ideal negativ measurements in quantum walks disprove theories based on classical trajectories. *Physical Review* X (5): 1–8.

Rosa, H. (2015): Vom Wert des Lebens. Auf der Suche nach einer Definition. *DIE ZEIT* 14: 10.

Roth, G. (2006): Warum sind Lehren und Lernen so schwierig? In: U. Herrmann (Hrsg.): Neurodidaktik. Weinheim/Basel (Beltz), S. 49–59.

Rüsen, T. A. (2008): Krisen und Krisenmanagement in Familienunternehmen. Wiesbaden (Gabler).

Santayana, G. (1922): Scribner's. In: E. Goffman (2014): Wir alle spielen Theater. München (Piper), 14. Aufl.

Schein, E. H. (2003): Organisationskultur. Köln (Edition Humanistische Psychologie).

Schmidt, K. (2012): Kreativität. Im Dunkeln ist gut denken. WirtschaftsWoche Online. Verfügbar unter: http://www.wiwo.de/erfolg/trends/kreativitaet-im-dunkeln-ist-gut-denken/7370272.html [6.12.2015].

Schober, H. u. K. Buchinger (2006): Das Odysseusprinzip. Leadership revisited. Stuttgart (Klett-Cotta).

Schober, H. u. M. Schulte-Derne (1996): Freiheit im Kontext strategischer Orientierung. Die Steuerung von Organisationen durch Strategisches Management. In: D. Rothauer u. H. Krämer (Hrsg.): Struktur und Strategie im Kunstbetrieb. Tendenzen der Professionalisierung. Wien (WUV), S. 27–37.

Schober-Ehmer, H. u. S. Ehmer (2008): Verlust durch Kontrolle – Kontrollverlust? *Aufsichtsrat aktuell* 4: 22–24.

Schober-Ehmer, H. u. S. Ehmer (2010): Beraten und Führen in der Krise. *Supervision. Mensch – Arbeit – Organisation* 1: 32–38.

Schober-Ehmer, H. und U.-B. Vogel (2013): N. N.. Die Organisation der Zukunft – Eine Annäherung. ChangeX Online. Verfügbar unter: http://www.changex.de/Article/essay_schober_ehmer_organisation_nn [6.12.2015].

Scholz, C. (2014): Generation Z: Wie sie tickt, was sie verändert und warum sie uns alle ansteckt. Weinheim (Wiley-VCH).

Segal, L. (1986): Das 18. Kamel oder die Welt als Erfindung. Zum Konstruktivismus Heinz von Foersters. München (Piper).

Senge, P. M. (1996): Die fünfte Disziplin. Stuttgart (Klett-Cotta).

Siegel, D. (2007): Das achtsame Gehirn. Freiburg (Arbor).

Simon, F. B. (1988): Unterschiede, die Unterschiede machen. Klinische Epistemologie: Grundlage einer systemischen Psychiatrie und Psychosomatik. Berlin (Springer).

Simon, F. B. u. C/O/N/E/C/T/A (1992): »Radikale« Marktwirtschaft. Grundlagen des systemischen Managements. Heidelberg (Carl-Auer), 6., unveränd. Aufl. 2013.

Simon, F. B. (2004): Gemeinsam sind wir blöd!? Die Intelligenz von Unternehmen, Managern und Märkten. Heidelberg (Carl-Auer), 4., unveränd. Aufl. 2013.
Simon, F. B. (2007): Paradoxiemanagement oder: Genie und Wahnsinn der Organisation. *Revue für postheroisches Management* 1: 68–87.
Simon, F. B. (2009): Einführung in die systemische Wirtschaftstheorie. Heidelberg (Carl-Auer).
Simon, F. B. (2011): Einführung in die Systemtheorie und Konstruktivismus. Heidelberg (Carl-Auer), 5. Aufl.
Stampfl, N. S. (2012): Die verspielte Gesellschaft. Gamification oder Leben im Zeitalter des Computerspiels. Heidelberg (dpunkt).
Stark, D. (2009): The Sense of Dissonance. Accounts of Worth in Economic Life, Princeton and Oxford: Princeton University Press.
Storch, M. (2008): Das Geheimnis kluger Entscheidungen. München (Goldmann).
Storch, M., Cantieni, B., Hüther, G. u. Tschacher, W. (2006): Embodiment. Die Wechselwirkung von Körper und Psyche verstehen und nutzen. Bern (Hans Huber).
Sunzi, Eisenhofer H. (2011): Die Kunst des Krieges. Übersetzung aus dem Chinesischen. Hamburg (Nikol).
Töpper, V. (2014): Zeitverschwendung im Job: E-Mails kosten einen Arbeitstag pro Woche. [Internet]. Spiegel. Verfügbar unter: http://www.spiegel.de/karriere/berufsleben/e-mails-und-meetings-so-viel-arbeitszeit-wird-jedes-jahr-vergeudet-a-985991.html [14.8.2014]
Varga von Kibéd, M. u. I. Sparrer (2000): Ganz im Gegenteil. Tetralemmaarbeit und andere Grundformen Systemischer Strukturaufstellungen – für Querdenker und solche, die es werden wollen. Heidelberg (Carl-Auer), 8. Aufl. 2014.
Tötschinger, R. (2013): Aus dem Konzept gebracht. Improvisation als Irritation im Kontext von Organisationen. Ein Versuch. (Wien, unveröffentl. Manuskript.)
Weber, B. (1996): Die fluide Organisation. Konzeptionelle Überlegungen für die Gestaltung und das Management von Unternehmen in hochdynamischen Umfeldern. Bern (Haupt).
Weber, M. (1904 u. 1904): Die protestantische Ethik und der Geist des Kapitalismus. Teil 1 u. 2. In: M. Weber, E. Jaffé u. W. Sombart (1920) (Hrsg.): Archiv für Sozialwissenschaften und Sozialpolitik. Bd. XX, S. 1–54, Bd. XXI, S. 55–110. Tübingen (Mohr).
Weick, K. (1985): Der Prozeß des Organisierens. Frankfurt a. M. (Suhrkamp).
Weick, K. u. K. Sutcliff (2003): Das Unerwartete managen. Wie Unternehmen aus Extremsituationen lernen. Stuttgart (Klett-Cotta).
Weick, K. u. K. Sutcliff (2010): Das Unerwartete managen. Wie Unternehmen aus Extremsituationen lernen. Stuttgart (Schäffer-Poeschel), 2. Aufl.
Weigand, W. (2006): Paradigmenwechsel: Der Supervisor in der Verantwortung für die Organisation. *Supervision. Mensch – Arbeit – Organisation* 2: 3–4.
Werle, K. (2012): Die Generation Y ändert die Unternehmen. (Audi-Personalvorstand Thomas Sigi im Interview mit *SPIEGEL ONLINE.*) Verfügbar

unter: www.spiegel.de/karriere/berufsstart/generation-y-audi-personalvorstand-thomas-sigi-im-interview-a-848764.html [29.9.2015].

Wilson, T. D. (2011): Redirect. The surprising new science of psychological change. New York (Penguin).

Wirtz, B. (2012): Mergers & Acquisitions. Management: Strategie und Organisation von Unternehmenszusammenschlüssen. Wiesbaden (Gabler).

Zimmerman, B. (1999): Complexity science. A route through hard times and uncertainty. *Health Forum Journal March* (April): 42–46.

Žižek, S. (2008): Klassenkampf in Washington. *DIE ZEIT* 42.

Über die Autorinnen und Autoren

Susanne Ehmer, Dr., Organisationsberaterin, Dipl. Supervisorin, Coach, Trainerin; Member of redmont•consulting•cluster; Geschäftsführende Gesellschafterin Redmont GmbH; Redaktionsmitglied der Zeitschrift *supervision – Mensch Arbeit Organisation.*

»Meine biografischen Wege bereicherten meine nunmehr gut 25-jährige Tätigkeit und Identität als Beraterin und Supervisorin in Organisationen unterschiedlicher Branchen, Größen und Formen mannigfaltig: inmitten von 6 Geschwistern aufgewachsen, in der Jugend die ersten politischen Erfahrungen der Selbstorganisation und -behauptung, frauenbewegt und kreativ durch die 80er, beruflich durch Schreinerei und Bau, Psychiatrie und Kunsttherapie, als Professorin für Supervision durch Lehre, Praxis und Forschung, experimentierend mit Clownerie und Improvisationstheater, Mutter von zwei tollen erwachsenen Kindern, leidenschaftlich den argentinischen Tango tanzend, neugierig und staunend das Quantenfeld und die Kraft unseres Denkens erkundend! Im Gefühl der Fülle und Dankbarkeit all jenen verbunden, die mich begleitet, inspiriert, gelehrt, herausgefordert, irritiert und gestärkt haben.«

Doris Regele, Dr., Organisationsberaterin, Trainerin, Moderatorin, Coach; Member of redmont•consulting•cluster, Geschäftsführende Gesellschafterin Redmont GmbH.

»Die Kommunikationswissenschaft hat die Basis für mehr als 20 Jahre Berufstätigkeit geschaffen. Kommunikationsprozesse für kleine und große Unternehmen und Organisationen beratend zu gestalten hat mich letzt-

lich zur Organisations- und Teamentwicklung, zur Systemtheorie, Neurobiologie und dem lösungsfokussierten Ansatz geführt. Ich schaue gerne »über den Tellerrand«, sei es beim Leben und Arbeiten – auch in Deutschland und den USA – beim Lesen, Reisen und Entdecken neuer (Wander-) Wege. Mein internationales Netzwerk von Freunden und Beraterinnen ist immer wieder eine Quelle von Inspiration. Auch bei meiner derzeitigen Lieblingsfrage: Wie kann es uns gelingen, in Arbeitsprozessen Leistung und Leistungsfähigkeit und Freude zu noch mehr Erfolg zu vereinen? Ein herzliches Danke an alle, die meinen Weg bisher bereichert haben!«

Wolfgang Regele, Dipl.-Ing., MBA; M&A-Berater und Sparring Partner in Führungs- und Steuerungsfragen; Miteigentümer der Beratungsgesellschaften Redmont und Sazun, Member of redmont•consulting•cluster.

»Von ›connecting the dots‹ hat Steve Jobs einmal in einer bekannten Graduierungs-Rede gesprochen. Er meinte, dass man meistens erst rückwirkend versteht, wozu so manches im Werdegang nützlich war. Bei mir waren es die Rolle der Logik in der Naturwissenschaft, der Strategie im Militär, der Führung in Unternehmen, der Beobachtung in der Beratung und der Neugier im Lösungsfokus, wo ich erst jetzt langsam verstehe, wie alles in der M&A-Beratung wieder zusammenkommt und dort gemeinsam neue Kraft entfaltet. Dies ist wahrscheinlich auch der Grund, warum mir dieses Thema so viel Spaß macht. Dank an alle, die mich auf meinem Weg immer wieder inspiriert und gestärkt haben!«

Herbert Schober-Ehmer, Mag.; Organisationsberater, Executive-Coach, Member des redmont•consulting•cluster; Geschäftsführender Gesellschafter Redmont GmbH.

»Mir ist es in diesem Zusammenhang ein großes Bedürfnis und eine Freude, meinen Dank an jene Menschen auszudrücken, denen ich in meinem über 40-jährigen Beraterdasein persönlich als Kollegen, als Lehrer und Gesprächspartner begegnen durfte und die mein Denken und Verstehen mit geformt haben (in alphabetischer Reihenfolge): Dirk Baecker, Christian Baudisch, Leo Bernardis, Kurt Buchinger, Lug Ciompi, Eva Dachenhausen, Axel Exner, Hella Exner, Heinz von Förster, Peter Fürstenau, Peter Heintel, Adrian Holter, Siggi Hirsch, Jakob Huber, Alfred Janes, Trygve Johnstatt, Varga v. Kibed, Roswitha Königswieser, Traugott Lindner, Niklas Luhmann, Umberto Maturana, Jürgen Pelikan, Karl Prammer, Marshall Rosenberg, Michael Schulte-Derne, Sabine Seidler, Ruth Seliger, Steve de Shazer, Fritz Simon, Insa Sparrer, Richard Timel, Stephan Titscher, Rosmarie Welter-Enderlin, Greta Adolf-Wieser, Gundi Vater, Helmuth Willke, Rudi Wimmer, Monika Veit.«

Kontakt: *www.redmont.biz*

Die illustre Runde der Kommentatorinnen und Kommentatoren

In der Einleitung haben wir Sie schon »gewarnt«, dass sich im Text ungefragt hin und wieder zwei Kommentatorinnen oder Kommentatoren einmischen. Zehn haben sich für diese Funktion beworben, Sie können nun entscheiden, wer Sie begleiten darf, aber Sie können auch die Leerstelle, das N. N., selber besetzen. Viel Vergnügen!

Svenny

Schmalhans

Mizzi

Narr

Dr. Gertrud

Tante Nele

Hubert

Conny

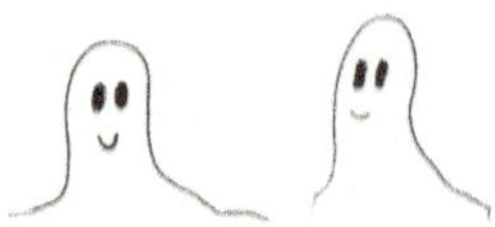

Gustl & Kurt

Hermes

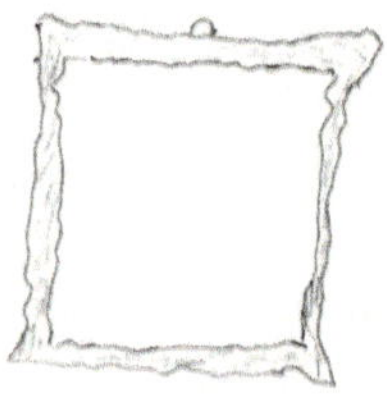

N. N.

Susanne Burgstaller (Hrsg.)

Lösungsfokus in Organisationen

Zukunftsorientiert beraten und führen

264 Seiten, 17 Abb., Gb, 2015
ISBN 978-3-8497-0064-5

Dieses Buch beschreibt den Unterschied und den entscheidenden Nutzen, den lösungsfokussierte Organisationsberatung im Vergleich zu anderen Beratungsansätzen bietet. Anhand ausgewählter Praxisbeispiele zeigt es anschaulich auf, wie durch lösungsfokussiertes Vorgehen schneller und leichter erwünschte Ergebnisse erzielt werden können. Dazu werden u. a. Beratungsprozesse, Beratungsrahmen und Designs beschrieben – immer unter der Überschrift: weg von der Problemanalyse, hin zur Lösungssuche.

Die Anwendungsfelder lösungsfokussierter Organisationsberatung werden durch Beiträge von international tätigen Praktikern anschaulich gemacht. Sie befassen sich mit so unterschiedlichen Feldern wie Coaching, Teambuilding, Führung, Strategie, Personalarbeit, Change Management, Mediation, Sozialarbeit, M & A, Großgruppenarbeit und Risikomanagement. Anhand dieser Themen breiten die Autoren ein umfassendes Set an lösungsfokussierten Werkzeugen aus.

Ein besonderes Kleinod stellt das Transkript eines Coachings mit Steve de Shazer dar.

„Dies ist ein wichtiges neues Buch, das jeder, der mit Entwicklungen in der Welt des Managements und der Organisationsberatung auf dem Laufenden bleiben will, lesen sollte. Lösungsfokus bietet sowohl eine radikal andere Art des Denkens über Organisationsentwicklung und die Herausforderungen von Führung als auch ein nützliches Toolset."

Mark McKergow & Jenny Clarke,
The Centre for Solutions Focus at Work, London

Carl-Auer Verlag • www.carl-auer.de